瑞安市精神文明建设指导委员会办公室
温州大学口述历史研究所　编

瑞安市家风家训口述历史

（第一辑）

中国社会科学出版社

U0712259

图书在版编目（CIP）数据

瑞安市家风家训口述历史. 第1辑／瑞安市精神文明
建设指导委员会办公室，温州大学口述历史研究所编.
—北京：中国社会科学出版社，2018.7
ISBN 978 - 7 - 5203 - 2249 - 2

Ⅰ.①瑞…　Ⅱ.①瑞…②温…　Ⅲ.①家庭道德—
瑞安—通俗读物　Ⅳ.①B823.1 - 49

中国版本图书馆 CIP 数据核字（2018）第 059467 号

出 版 人	赵剑英
责任编辑	安　芳
责任校对	张爱华
责任印制	李寡寡

出　　版	中国社会科学出版社
社　　址	北京鼓楼西大街甲 158 号
邮　　编	100720
网　　址	http://www.csspw.cn
发 行 部	010 - 84083685
门 市 部	010 - 84029450
经　　销	新华书店及其他书店

印　　刷	北京明恒达印务有限公司
装　　订	廊坊市广阳区广增装订厂
版　　次	2018 年 7 月第 1 版
印　　次	2018 年 7 月第 1 次印刷

开　　本	710×1000　1/16
印　　张	24
插　　页	2
字　　数	340 千字
定　　价	98.00 元

瑞安市家风家训口述历史
编委会

目录 CONTENTS

口述者——蔡笑晚

蔡笑晚：

神仙本是凡人做　只怕凡人心不坚

采访者：杨祥银

整理者：郑重、叶桦畅

采访时间：2017 年 4 月 9 日、7 月 7 日

采访地点：瑞安华侨饭店

口述者：蔡笑晚先生，1941 年出生于瑞安莘塍，年轻时由于各种原因没能完成大学学业，因而把希望寄托在子女身上，他坚信把孩子培养成才是天下每位父母最重要的人生事业。他根据早教、立志和自学的原则培养子女，并告诉他们：平凡人只要经过努力，有着坚强的意志也能成就一番事业。因此蔡家的家训是：神仙本是凡人做，只怕凡人心不坚。蔡家的家风是讲求孝道，尊师重教。蔡先生说："我认为真正的孝是爱的传承。我对父母最大的回报，就是把父母给我的爱传递给孩子。因为父母所希望的不仅是我们这一代好，而是我们的子子孙孙都好。我们中华民族的文明只有一代代地传承，才可发扬光大。我们家人非常尊重老

师，因为假如一个人尊师重教做不好，那其他的道德素质也不会高，这会影响他成才。我女儿在这一点上做得很好，她获得哈佛大学终身教授证书之后，就在媒体上表达了对老师们的感恩之情。"蔡家良好的家庭教育，浓厚的书卷氛围，为六兄妹的成才之路奠定基础，他们中出了 5 位博士，1 位硕士。蔡先生在完成自己的心愿以后，考虑更多的是帮助他人。每年 7 月，以他名字命名的"蔡笑晚奖学助学基金"都会奖励优秀高考生和品学兼优的贫困生；已过古稀之年的他现在仍坚持讲学，将自己的教育心得分享给大家。

一　早年经历

采访者：蔡先生，您好！请您先介绍一下自己的早年经历与家庭情况。

蔡笑晚：我出生年份应该是 1942 年，但当时我户口上写的是 1941 年 5 月 7 日，我们就按这个年龄来。我父亲的家庭是一个非常有名望的家庭。我父亲蔡勋于 1905 年出生，是南京司法行政部法医研究所里的一位研究员，那时有四个研究员。我父亲那时之所以能够坐到那个位置，因为我舅公游靖夫是河北保定军校毕业的，就是蒋介石、陈诚毕业的那所学校。我舅公的子孙也都非常有名，《金文大字典》就是我舅公的女婿戴家祥①编写的。舅公还有几个孩子也都非常厉害，都在中国科学院，在杭州还有一个搞水利的，外交官都接见过他们。我舅公是保定军校毕业的，当过国民党高官，大概在解放战争之前退出国军，没有参加内战。因为我舅公的背景使得我父亲能够到了那么高的位置上。父亲原来是浙江医

---

① 戴家祥（1906—1998），字幼和，浙江瑞安人，著名历史学家、古文字学家、经学家。他于 1926 年考取清华大学国学研究院，师从王国维先生，治经学和古文字学。他在金文研究方面成果斐然，所主编的《金文大字典》为我国当代金文研究集大成之作。

学专门学校①毕业的，这所学校是浙江医科大学的前身。我父亲从那里毕业以后，在台州当法医，然后再到绍兴。他在绍兴当了几年法医以后，就到南京的法医研究所里去读研究生，毕业以后留在那里当研究员，非常厉害。我是 1942 年在莘塍周田出生，出生了以后，父亲又出去了。我大姐在台州那边出生，我大姐名字就叫蔡台州。二姐在诸暨出生，名字叫蔡娇娥。老三是在金华出生，我大哥在绍兴出生，就叫蔡越。1942 年，我父亲曾经回到瑞安，当时本来就想回来，但是抗日战争时期国家需要医生，他又出去了。后来他就到金华国民党抗日救国后勤部里工作。原来他是陈诚手下的一个精英，在上海淞沪之战之前，陈诚让我父亲到后勤部担任医务部主任。当时医务部里面还有两个人，有个人解放以后当了中华人民共和国卫生部防疫司司长，这是我的记忆。当时那个人想发展我父亲加入共产党，但是因为我舅公是国民党员，在两难情况下，我父亲就什么党派都没有加入，不过最后还是集体加入了国民党，也算是一个国民党员。但是父亲对我们说国民党的初衷是好的，孙中山提出的三民主义本来就是很好的，只不过后来蒋介石慢慢把它变了。国共合作一开始就有，所以我父亲当时思想还是很正派的。

　　父亲真正回来是在 1945 年抗日战争结束以后。我出生在原来租的房子里面，父亲回来以后就没继续住了，他自己找了房子，也是按照诊所的样式设计，不过现在已经拆掉了。他名气很大，因为法医研究所是国家级别的。他回来开诊所，国民党没有安排工作，其实本来要跟着国民党去打仗，我父亲那时候已经意识到这样不行，幸亏当时没有去。

　　一个家庭的发展，一个孩子的成长，不是一代人所能完成的。我从小就在我父亲影响下，接受了很好的家庭教育。因为从小在这样一个家

---

　　① 浙江医学专门学校成立于 1911 年 6 月，1913 年 7 月改名为浙江公立医药专门学校；1931 年 8 月改称浙江省立医药专科学校；1947 年改名为浙江省立医学院；1949 年后由杭州市军管会接管。浙江省立医学院以造就医药专门技术人才为宗旨，受教育部和浙江省教育厅的领导。1952 年全国高等院校进行调整，浙江省立医学院和浙江大学医学院合并，建立浙江医学院，属华东卫生部领导。

庭氛围熏陶下，再加上我对自己要求也比较严格，使我有一种比较高的人生追求。在我父亲教育下，我从小就萌发了光宗耀祖这颗种子，希望自己长大以后能够出人头地，另外也为国家、为民族贡献力量。我在人民网强国论坛上提出来最重要的一点：不论是一个人还是一个家庭，假如没有人生梦想，就不可能成就一番事业，更不可能会坚持一番事业。所以当主持人问我："您认为怎样才是最美家庭？"我说："最美家庭除了我们传统认为子孝父爱之类外，还包含很多方面。但我认为一个真正的最美家庭必须是有梦想的家庭，有梦的家庭才会最美。"所谓有梦的家庭就是在家风家训影响下，使得每一个孩子都有一个人生追求的梦。我一直在追这个梦，追了快40年了。有一天我听到了习近平主席提出了"中国梦"，那天我真的很高兴，差点就落泪了，看来我们追梦追到时代大潮中来了。后来我就想到，家庭必须得有梦想，只有在有梦想的家，人才会幸福。这也使我想起少年时代从鲁迅先生那里习得的一句话：人类的幸福永远存在于人类不安的追求之中，不存在于和谐之中。我们要不断去追求，才会在追求的过程当中有真正的幸福，所以我非常感谢父亲给我的影响，使我从小就有这样崇高的梦想。每当我的人生经历使我感觉到我的梦想无法实现时，是我从小的梦想才让我一直坚持。

采访者：谈谈您父亲对您的早期教育。

蔡笑晚：我父亲对早期教育非常重视。中国有个颜之推①，提倡早教要从小开始教，长大性格稳定以后就不好教了，很难改变了。我本人在我们家族里发展特别好的一个原因就是我父亲对我的教育特别关注。我大哥去抗美援朝，离开家庭了，我下面那些弟弟妹妹还小。我那个时候特别聪明，正好在他身边，他每个星期回来都会教我一些东西。那时候

---

① 颜之推（531—约591），字介，琅琊临沂人，出生于建康郡（今江苏南京）的一个士族官僚之家，为南齐治书御史颜见远之孙、南梁咨议参军颜协之子，中国古代文学家、教育家，生活年代在南北朝至隋朝期间。颜之推著有《颜氏家训》，是南北朝后期重要散文作品，且在家庭教育发展史上有重要的影响。

蔡笑晚先生夫妇做客人民网强国论坛（2014 年）

他会给我讲一些科学家故事，还有中国历史上的一些故事，这对我形成自己的世界观非常有帮助。其实这些是我小时候父亲在家里开诊所时慢慢讲给我听的。前面说过，我 1941 年出生，父亲 1946 年回来，从 1946 年到 1950 年，也就是从我 4 岁到 11 岁左右，父亲对我的帮助很大。

采访者：除了您父亲给您讲的这些故事外，他还传授具体知识吗？

蔡笑晚：在我脑海里，我父亲博学多才，什么都懂，特别对人文科学很感兴趣，对中国经典很熟悉。《论语》和《孟子》，我父亲都能背出来。而且我父亲还特别喜欢哲学，尤其是古希腊罗马哲学。1957 年，我父亲买给我的第一本书就是《古希腊罗马哲学》，这本书在上海家中。这本书里面有非常丰富的人生哲学，使我们从少年时代就能接触到非常优秀的文化。否则有些东西没有教就不懂，一教以后我们就懂了，懂了以后我们会去追求更多东西。所以在那本书的启发下，后来我买了一整套西方哲学，也包括中国哲学。

采访者：您在 1957 年左右买了哪些书？

蔡笑晚：我买那些能够买到的书。第一本书由父亲所送，还有一本《培根论说文集》①，这本书里面蕴含着很多人生哲理，很有用，很不错。教育孩子不可能一下子教出一个。我从父亲那里传承好的家风，我把它发扬光大，我再传承给孩子，孩子再传给后代。所以我们中华民族为什么有那么多的大家族，因为他们对中国文化有传承，要经过几代人的传承，家族才会越来越优秀。

采访者：您能谈一下有关您母亲的一些情况吗？

蔡笑晚：我母亲叫潘莲影。这名字是我父亲给她改的，因为我父亲觉得我母亲长得特别漂亮，像莲花的影子，所以我父亲给她改了这个名字。另外，我母亲这个人也很幽默，而且有一种乐观心态，总是坚持做人的根本原则。我原本是想建一个"蔡翁亭"，一个"母亲亭"，后来人家建议，因为地方人都叫我母亲"蔡师妈"，就叫"师妈亭"了。现在经常还有全国各地的人来拜祭，记得去年一个湖南的校长也去那里拜祭了。母亲比我父亲小 6 岁，1911 年出生，1987 年去世。我父亲跟我母亲是表兄妹关系，现在表兄妹是不允许结婚的。她是一个贤妻良母，是十个孩子的伟大母亲，奉献了自己的一生，把十个孩子培养好。现在养一个孩子的家庭都说累，你无法想象那时候养育十个孩子有多艰难，我们基本上都是她一手带大的。兄弟里我排老二，兄弟姐妹里面我排老五。最值得我们敬佩的就是父亲去世了以后，我们家庭非常困难时，她还想把读

---

① 《培根论说文集》是英国哲学家、文学家弗朗西斯·培根创作的随笔集，主要收录了一些议论性质的短文，涉及政治、经济、宗教、爱情、婚姻、友谊、艺术、教育、伦理等方方面面，其中的《论读书》《论真理》《论嫉妒》《论死亡》语言简洁，文笔优美，说理透彻，警句迭出，蕴含着培根的思想精华，是他的著名篇章，也是培根文学方面的代表作，在世界文学史上占据重要地位，被译成多种文字出版，至今畅销不衰。1985 年被美国《生活》杂志评选为"人类有史以来的 20 种最佳书"之一；同年入选美国《优良读物指南》的推荐书目。

书成才这样的理念传给我们。当然，早年我已经从父亲那里接受了这样的理念。当时我父亲再三强调，假如你们将来想出人头地，为这个家庭，为这个家族争光的话，必须要好好读书，读书成才的思想一定要坚持下来，而且他教导我们必须要把孩子教育好。当时我们那个地方每个人都说我母亲是一个非常优秀的人，她非常愿意帮助别人。当时我们家其实并不富裕，她还是不断帮助别人。她当时在妇科方面的医术比较优秀，因为我父亲在绍兴时就培训她。她在绍兴读书的学校就像现在的卫生学校，所以她是真正读书出来的。解放前，真正读书出来的女人也不多。她做了很多好事，所以地方上对她的评价都很高。2005 年，地方上要建纪念亭来纪念我父母亲时，以前受到母亲帮助的那些人都来了，后来给我母亲造了一个"师妈亭"。

采访者：您是从哪一年开始读小学？

蔡笑晚：1948 年在聚星小学。我是 1954 年读初一，1957 年初中毕业。当时在瑞安中学初中部，然后是五马中学。我 16 岁时，就考上了瑞安中学高中部，拿到录取通知书时，我非常高兴。但后来乡里通知我被取消了录取资格，当时我们班级里还有四个人也都被取消了录取资格。

采访者：你们五个人被取消录取资格的原因都是相同的吗？

蔡笑晚：差不多是相同的，因为家里成分不好。有两个同学出身地主家庭，而我因为父亲原来在国民党军队里当过法医，我的家庭出身也有点问题，所以这样就中断了我对人生梦想的追求。但是我那时还年轻，我感觉自己还可以奋斗，去拼出一条路。后来我回到家里，我父亲安慰我不要伤心，只要够努力也还是会有出路的。他还给我念了一段《孟子》里的话："天将降大任于斯人也，必先苦其心志，劳其筋骨，……所以动心忍性，增益其所不能。"这段话他经常教我背，意思是能够成就事业的人，必然会经过一个艰苦的经历，所以不要气馁，也不要难过，好好努力。后来我就让他把高中所有的书都买来，放到我的桌子上，然后我就开始自学。一自学我发现比老师教轻松多了，一点都不困难，也不累。高中三年的书，我花半年时间完全可以自学好。我感觉读书原来这么轻松，因为我在初中阶段都是听老师上课，反而有时候听不懂，但我成绩绝对是最优秀的。因为有时候老师讲得快或者其他情况使我听不懂，但是我自己看书就不一样，就不存在这个问题。假如我看不懂，我就再看，总归可以把它弄懂。然后我在家自学半年之后，就在温州五马中学里面上高复班。当时瑞安到温州有轮船，到温州需要三个小时。我为了证明我求学的欲望和决心，拿着五马中学的报名表，走路到温州。

采访者：当时您是一个人还是和您父亲一起？

蔡笑晚：两个人，和一个同学一起。结果我们就在那里报了名。这个培训班里面有个姓叶的老师，他教化学。他非常佩服我们走路来报名，也非常欣赏我们的决心和气概，包括我后来在学校里的表现。因为学校里每天都有考试，所以开学以后经过两三个星期的考试，他就发现我是个人才。他就拍拍我的肩膀和我说："你将来会大有出息。"后来每次考试他都把我的卷子贴在墙上，给同学们作为标准卷。

采访者：当时你们主要有哪些科目？

蔡笑晚：就是所有高考要考的科目，数理化和语文都有，还有俄语和生物，那时候生物叫动物学植物学。当时考试要考七门，还有政治之类。我在那里读书非常好，而且经过考试以后，证明我那半年的学习是有成效的。所以我自学就是从那时候开始，不是老师填鸭式教一点、喂一点，而是自学。1958 年，我在非常优秀的情况下参加了第一次高考，我的成绩当然也没有问题。

采访者：当时您考虑填什么学校了吗？

蔡笑晚：没有，那个时候志愿是你考好了以后才填，考了以后政审，政审完后，然后填表格。这次高考我就被录取了，当时的录取通知书是发到瑞安教育部门。有人去教育部门一查，说我去年被取消录取资格，今年怎么跑到这里来高考了，而且居然还考上。当时我在温州高考，那时候高考报名都要到温州去，我作为同等学力去报考。当时政审要回到户籍所在地。因为父亲有历史问题，结果政审不能通过。这次我是真的伤心了，上大学的梦想又破灭了，我觉得看样子这辈子没机会上大学了。那一年过年的时候我大哥正好在家，我大哥是一个共产党员，而且参加过抗美援朝，后来到东海舰队。他和我说："你现在这个情况，不管怎么考，一辈子都考不上，反正一查下来就要除名。"当时抗美援朝要招兵，参军本身就是一个思想进步表现，大哥参军没有受父亲的影响。当时我们家庭这么多人，他报名去参加抗美援朝，认为是思想进步。假如我那时就报名参加抗美援朝，国家也会让我去，因为这个不存在政治问题，报名本身就是好事。但是读大学就不一样，读大学是国家来培养你。报名参加抗美援朝的人都在 1950—1951 年间，那时候的青年人，假如有勇气去报名，哪怕你家里是地主也不要紧。所以我大哥对我说："你必须要改变政治身份。"我说："政治身份怎么改变？父亲的历史问题我改变不了。"但是大哥说有办法。我就问他有什么办法？他说："要通过你自己的努力去改变，第一要去参加工作，评上先进工作者、先进分子或者先进青年。另外一个要入共青团。假如你在社会上表现特别好的话，就可以加入共青团，就可以改变身份了。政审时就不会到居住地，而是到你所在的单位去查，比如你在小学、中学里教书的话，他们就会到单位里查。"我感觉有道理，我父亲也这么想，我就去教书了，而且我在教书的时候表现特别好。

采访者：1958 年您就去找了一份教师工作是吗？

蔡笑晚：对，教师工作，那时候我才 17 岁，那年我在学校表现特别好。首先，教育部门给我一张介绍单，要去介绍单上的地方报到。当时我们称为公社,我就到公社里面去找校长报到,校长姓宋。他是中心学校的校长,管下面一个乡里所有的学校。

采访者:您还记得当时是在什么公社吗?

蔡笑晚:罗凤公社,就是罗南跟凤山的合称。我到了以后找公社校长,宋校长人很好,他说:"以你的喜好,你希望安排到哪个地方?"我说:"我是来锻炼能力,服从你们的安排。"因为当时比较缺人,不管怎么样,反正有这个胆子,有高考经历的都可以去工作。我们这种教师叫代课教师,不是正式教师,也就是这个学期缺人,就用你,下个学期不需要了,就会叫你走。我自己去教育部门找,教育部门倒是非常欢迎我们,因为他们缺人,没有老师,特别是靠近山区的那些地方,根本招不到人。宋校长就派我去了一般老师都不愿意去的地方。首先是派我到驮山小学,这所小学学生也不过二十多个人,老师有两个,一个教数学,另一个教语文。后来我来了这里以后,感觉这里的空气和水都还可以。原来驮山有个本地人,他也想在这里教书,他就叫我把位置让给他,让我到山下的双岙小学去教书,那里学生比较多一点,有四十多个人。

采访者:当时您教什么科目?

蔡笑晚:我数学、语文都教。因为我有自学经历,我在那里让学生培养自学能力,所以家长都特别高兴。原来那些学生放学以后,回到家里都不学习,都在外面玩。在我的教育下,那些学生养成了好的学习习惯,所以我在当地威望很高。从我 16 岁到现在,双岙这个地方老老少少都叫我"蔡先生"。当时和我们一块儿的那些人包括当地干部前几年都还在,他们有的还到我家里来。那里有个领导,他经常对我说一句话:"你在我们这个地方是藏龙卧虎,你将来肯定有出息,你跟别人不一样。"一般老师到外面,除了教书,就是坐在办公室里自己在看书。批改作业是一件很简单的事,当时我自己还需要争取提高自己的水平,然后去应付下一年高考包括以后读大学。

采访者：您当时去学校是一个过渡，其实自己心里那个梦一直还在。

蔡笑晚：我毕生都怀有这个梦想。我在代课期间表现也很好，所以学生、家长对我都很好。那时正好赶上人民公社化运动，需要宣传总路线、宣传"公社化"、宣传"大跃进"，我就被派到瑞安塘下区凤山公社去宣传，做干部的工作，那些领导对我印象很好，后来跟我关系也很好，他们的子女也在我这个学校里读书。

年轻时的蔡笑晚先生

采访者：当时的学生是来自一个村还是周边几个村？

蔡笑晚：两个村，沙岙和白岙，两者合称双岙。因为我怀着人生梦想去做这个事情，不是说在那里混口饭吃，我是为了我自己将来的成长，所以我在那里表现确实很好，人家做不到的事情我都做。一年后，因为我表现好，后来学校也要发展我入团，然后我就在学校里入团，又评上了先进青年。

采访者：当时入团是不是也相当困难？

蔡笑晚：那时候是相当困难，但我表现特别优秀。第一，校长对我印象特别好，我愿意到最困难的地方去。因为我跟当地那些干部关系比较好，在那个小学里面我就兼任校长，教务长之类都是我。双岙小学里面总共有两个老师。除了我以外还有另外一个老师。所以在那里就实现了我两个目标：入团和评先进青年。另外我在学校里和地方上人际关系处得比较好，后来再去参加高考时，我政审就没问题了。我既是共青团员，又是先进青年，政审时不会查我住的地方，而是到我所在的单位里查。我政审通过了，然后就考上了杭州大学。

采访者：之前我们通过一些报道得知，当时您打算在 1959 年前重新参加高考，因为当时需要中学毕业满三年才能参加？

蔡笑晚：对，就是在 1960 年满了，然后高考考上了。因为我成绩特别好，我数理化三科都满分。我应该是 1960 年春季就去上学了。因为苏联专家撤走了以后，我们中国出现了人才空白，国家为了尽快把人才培养出来，进行了招生调整。

采访者：在杭州大学学习过程中，有哪些事情给您留下比较深刻的印象？

蔡笑晚：大学毕竟跟社会上不同，大学是教学问的地方，而我本身特别适合做学问。我到了大学以后，我和杭州大学图书馆老师特别好，另外杭州大学有几个教授跟我也特别好。其中一个教授叫陈建功①，他是中国非常著名的数学家，我专门跑到他家里，他在杭州饭店租了两个房间。人家看到他都害怕，我那个时候才十几岁。当时他夫人给我们上课。我去找他时，他说："读书不在乎老师教给你多少，重要的就是看你自己能不能够独立学习。在大学里学到的不是具体知识，而是一种学习方法，一种能力。关于具体知识，你到了社会上，到了单位以后马上要被淘汰掉。大部分人到了社会上，大学所学的知识都是用不上的，但能力绝对有用。"所以我那个时候在大学里特别培养了两个能力：一个是自己独立

---

① 陈建功（1893—1971），浙江绍兴人，数学家、数学教育家，早年在浙江大学数学系任教二十余年，后入复旦大学执教，曾任杭州大学副校长。他的研究领域涉及正交函数、三角级数、单叶函数与共形映照等，是我国函数论研究的开拓者之一。

做学问，有独立创新的能力；另一个就是如何追求发展的一种能力，也就是我想做的事情怎样去实现的能力。所以我现在非常怀念那一段生活。

我那时经过中学时期和高考的坎坷以后，在大学当班主席，而且带领很多人去参加一些活动，心里就有一种成就感。这种成就感培养了我的自信，原来成功可以通过自己的努力去争取。当时一个班级有四五十个学生吧。那时兼管学生生活的人叫班主席，不兼的叫班长。两者的区分就是班长干一些具体事情，班主席就是向学生会、老师汇报班级情况。那时这方面能力的培养对我后来行医、处理病人和家属的关系特别有用，对我后来开讲座也非常有用。还有一个就是做学问，这完全是在那个时代学出来的。我在大学学的是物理，数学也特别强。那个时候我就开始写论文，寄给钱学森、周培源[1]等。当时我写的是物理论文。那些论文，我毕生引以为豪。钱学森看了我的论文，把我推荐到中国科学院物理学部，还把我的文章推荐到了《自然》杂志。

采访者：您在大学期间写论文，想去跟这些科学家联系是您自己的一个行为，还是受到一些老师的影响？

蔡笑晚：对我唯一有影响的老师就是陈建功老师和他夫人。我专门跑到陈老师家，他对我就是说了那么几句话，但影响很深，也成为我以后教育孩子的一个重要内容：真正的读书，不在乎学到多少具体知识，而是学到了学习的能力和方法。所以我对杭州大学有非常深厚的感情。

我原来有一篇文章寄给钱学森。钱学森把我的文章推荐给了数学物理学部。后来由于各种原因并未发表。当时和我一起写文章的有三个人，还有一个钱尚武教授[2]是北京大学的，他推荐我们三个人的文章。

---

[1] 周培源（1902—1993），江苏宜兴人，著名流体力学家、理论物理学家、教育家和社会活动家。他是九三学社社员、中国共产党党员，中国科学院院士，中国近代力学奠基人和理论物理奠基人之一。

[2] 钱尚武，1929 年出生，江苏无锡人，教授，九三学社社员，毕业于清华大学，任职于北京大学物理系。兼任《仪器仪表学报》编委，政府特殊津贴享受者。

采访者：当时你们三个人一起写了一篇文章吗？

蔡笑晚：钱老师说我们观点一致，我们可以合并组成一篇论文。另外两个作者，一个是瑞安人，一个是上海人，他们不是我的同学。杨克中教授人很好，我现在想找他都找不到，他当时非常看重我。他推荐我参加天体物理年会，而且都给我报名了，我的论文在会上也公开了。这个老师给我写了很多信，很多信还放在家。我把钱学森给我的回信也一直留着。我有一封信寄到数学物理学部去了，还有一封是我父母写给我的，现在还留在家里。当时中央台来采访我时，他们有些不相信，钱学森会给一个无名小辈写信。当时钱学森在国防科学研究所，等到我把国防科学研究所的信封和邮戳给他们看了以后他才相信。我给钱学森写了五封信，他给我亲笔回了两封，这是一件不简单的事。我感觉钱学森这人特别好，他在那么高的位置上还给我一个无名小辈回信。当时我给全国所有知名科学家都写过信，特别是北京大学、清华大学、复旦大学、上海交大，还有浙江大学的。

采访者：回信的人多吗？

蔡笑晚：我感觉真正亲笔回复我的就是钱学森和钱尚武，还有须重明教授。须重明、钱尚武给我的信，还有组合的那篇文章现在都还在。我自己写论文手抄的底稿还有复印的底稿也都在，当时不算是复印，只是上面摆一张纸，下面放张蓝色复写纸，这样一下子写下来就可以有两份，有时候可以写三份，这样子比较方便，那时候没有复印机。

采访者：您离开杭大之后还坚持做学问是吗？

蔡笑晚：一直坚持在做，现在还在坚持。离开大学回家后，因为我父亲过世了，我母亲一个人的收入不可能养活我们一家人。所以那时候起我开始必须要去赚钱，否则的话无法生活下去。因为我还有三个弟弟，两个妹妹，包括我一共六个孩子。我在家里年龄最大，所以我需要去赚钱。我父亲有十个孩子，我必须要自力更生，但是另一方面我自己也不放弃。早年因为我高考没有被录取，我在家里时，我父亲就叫我学医，他觉得我大学可能没法考上，所以就教我一些医术。我也到父亲的医院里去实习了一段时间，比较有基础。所以那时候我想到了学医。因为我人很聪明，学医跟学相对论相比的话比较简单，什么病用什么药就很简单。因为我水平比较高，可以看懂大学的医学书籍，而且我看那些书籍，绝对比医科大学毕业的学生认真。我可以把我做的医学笔记和看了医学书以后的感想给你们看，我认真地把很厚的一本《实用内科学》看完，书里面用红色、蓝色笔一一画出来，这里做笔记，那里做笔记，非常认真地把一科一科学下来。

采访者：您在之前提到您父亲在解放后还曾在瑞安人民医院工作过？

蔡笑晚：解放以后要促进人民医院发展，瑞安市卫生局局长原来也是个共产党员，跟我父亲很好。还有原来浙南游击队一个地下党员跟我父亲也很好。因为像我父亲这么一个历史情况下，如果没有地下党员关系的话，解放以后会有很大麻烦。因为跟他们关系都很好，所以他们来作证我父亲对地下党是有贡献的。我父亲开诊所期间跟共产党的关系，包括跟当地老百姓的关系都很好，为我以后行医打下了很好的基础，所以我一开张生意就非常好。

采访者：您父亲在当地名声很大。

蔡笑晚：这个名声大得不得了，不是一般大。温州当时只有五个县，五县的人都赶到我家里找我父亲看病。

采访者：刚才您谈到您父亲在青田还待过一段时间，当时是因为什么原因？

蔡笑晚：因为 1957 年发生"反右"运动，原来他在瑞安人民医院，后来上级就把他派到青田去了。

采访者：您父亲去人民医院之后，家里还继续开诊所吗？

蔡笑晚：没有，他是全职医生，住在医院里，后来父亲都在青田医院，我们都在老家，不过我们经常去青田看望父亲。

采访者：您从父亲那里学了不少医学知识是吗？

蔡笑晚：高考没有被录取，我在家里的这段时间，父亲特意教我医学知识，他也考虑到社会动荡，没有一个谋生手段的话也活不下去。那一段时间，我正好空闲在家里，一方面看高中的书；另一方面学医。父亲毕竟受过高等教育，他很清楚怎样开个人诊所，需要特别注意哪些东西，所以那时候学的许多东西为我后来养活孩子打下了一个坚实的基础。

采访者：请您总结一下，您父亲对您产生的影响，乃至这种影响对您后来作为父亲对自己孩子教育的影响。

蔡笑晚：我曾说过，一个家庭，一个民族的文明是从历史上传承下来的，一个家族的家风、家教还有家庭的生存能力都是一代一代传承下来的。我是从我父亲那里开始传承，我父亲是从我爷爷那里开始传承，我父亲怎么样从我爷爷那里开始传承，我不知道，但我怎么样从我父亲那里开始传承，我清清楚楚。我父亲在我小时候教我的那些东西，为我一生打下了基础。另外父亲传给我们的好家风，为我和孩子们将家风发扬光大打下了基础。我们家庭一贯主张以孝为本。如果一个家族不以孝为本的话，那根本无法传承。因为孩子连父母都不孝，那还做什么事业？他怎么去为国家、为民族而奉献？最起码先要有光宗耀祖的思想，才会有报效祖国的目标。我评上当代中华最感人的十大慈孝人物时，主持人问我是怎么教育孩子的。我说："我们以孝为先，然后让孩子立志。首先要孝，然后才会有光宗耀祖，因为我孝顺，我希望我父母将来开心，为我骄傲。然后心里面慢慢会把光宗耀祖的思想扩大，扩大到我们的民族，我们的国家，报效祖国，为民族奉献能量。孝都不存在，还有什么心思去报效祖国？你只是去追求自己的人生快乐，这就没有意义了。孝是爱的传承。我父母对我的爱，我肯定会回报，回报就是孝。但我最大的回报就是把我父亲给我的爱传承给孩子，那是最大的孝。如果我只是享受父母给我的爱，没有把自己的爱传承给孩子的话，这还不是孝。因为父母不仅希望我们这一代好，他们希望下面的子子孙孙都好，这才是真的孝。"我说完，当时大会的人全都鼓掌，真的孝就是爱的传承，我们中华民族也是一样，中华文明只有一代一代传承才会一代一代发扬光大。前人对我们的爱，我们再传给下一代，国家才会发展。

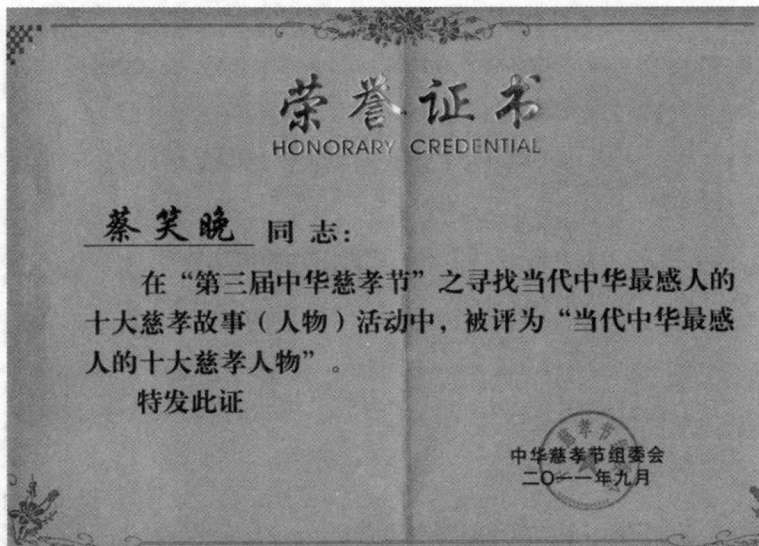

第三届当代中华最感人的十大慈孝人物证书

采访者：您感觉父亲的品质带给您最大的影响是什么？

蔡笑晚：我父亲有三大品质。我父亲告诉我讲诚信是最重要的。第二个就是人生要自信。他教我背"天将降大任于斯人也，必先苦其心志，劳其筋骨，饿其体肤，空乏其身"这一段。还有"三十三天天外天，九霄云外有神仙，神仙本是凡人做，只怕凡人心不坚"。从我小时候他就灌输给我"神仙本是凡人做"这个思想，在我心里有了根深蒂固的一种影响。这样，我以后教育孩子，也用同样的方法，我的孩子现在也用同样方法继续教育他们的后代，祖祖辈辈就一代一代地传承下去。现在我儿子蔡天文的两个孩子都在麻省理工，一个大三，一个大四。今年6月，天文的大儿子从麻省理工毕业，以全优成绩上斯坦福大学直读博士。所以我父亲给我带来的这些影响已经在我身上发扬光大，然后我再把它传承下去。第三，我父亲还说过一句话：做人必须要有崇高品质，这是人的根本，但是现实手段也不可漠视。你不能只靠崇高品质去做事，也必须有一种真正在现实社会里可以混下去的能力。

蔡天文先生的大儿子以全优成绩考上斯坦福大学直读博士（2017年6月）

采访者："崇高品质乃人之根本，现实手段亦不应漠视"，这是您父亲传给您的吗？

蔡笑晚：我父亲跟我说过这句话，特别是那一段国家动荡时期，千万不能成为一个没有能力的人。假如你是一个没有能力的人，那你在这个世界上就混不出来。光宗耀祖也好，报效国家也好，你必须要有能力。所以我教育孩子时必须有真正的学问。我的大儿子小时候多苦啊，到外面被人家打一个巴掌，我们就没办法和他对抗，对抗他就打你，不仅打你还可以告你。所以后来我教孩子们必须要争气，要有真本事。孩子们小时候，人家因为我们的家庭问题肯定会欺负他们，认为我们没有家庭背景。后来就不同了，等他读书出来时，就受到很高的礼遇。现在复旦大学还请天文担任大数据中心的技术部主任。所以我那时候教他的这些东西，让他知道做人必须要有崇高的品质。但是光有崇高品质还不够，你必须有真本事来应付这个现实社会，也就是说现实手段亦不应漠视。我对你们年轻人也可以这么说，你们要有真本事，那你将来就什么都不怕，对国家也有用处。所以我从父亲那里学到第一个是诚信；第二个是自信；然后就是在社会上生存的一种能力，这也是我们后来教育孩子一个很重要的内容。

采访者：您提到您父亲讲诚信，能否给我们举一个具体的例子？

蔡笑晚：父亲讲诚信的例子太多了。有一件事我印象特别深刻，我父亲有一次约了我舅舅说某一天我会回家，回家后过来我们一起吃饭。那天我父亲到家已经很晚了，我舅舅又不在家，我父亲叫我到舅舅家里一定要把他叫过来，等他一起吃饭。本来像我父亲地位那么高，我舅舅只不过是普通农民，为什么要等呢？另外时间已经很晚了，我父亲从八点等到十点，我父亲就一直等他。我说："为什么等他？"他说："我跟他约好了，今天我回来跟他一起吃饭。"后来到了晚上十点钟，舅舅还没过来，我父亲就叫我再去叫一次，我们家距离舅舅家也算不远，但是也有十几分钟的路程，舅舅还是不在家。后来我父亲不好意思再叫我去了，但他自己还是不吃饭，父亲觉得他一定会来，等到后来舅舅终于来了，两个人一起吃饭，谈得非常好。那时候我知道他在大事情上讲诚信，没想到这种小事情上更表现出他诚信的程度。那个时候我大概 13 岁，所以这个印象特别深，这也影响了我，承诺别人的事情一定要去兑现。还有就是病人到我们家里来看病，别人看病要先付钱，至少先付多少钱，然后再去看病。但是我父亲先看病后收钱，不是说今天先看病后收钱，而是病看好了再收钱。一般来说有很多人确实家庭困难，病好了但是付不起钱，后来就没来了。还有一种人因为病好了，不需要你了，也不付钱。有一次过年，我要去收账，手上有一本账簿，我父亲就交代我，他说："你收到了钱，打个钩；他家如果不还，你把它毁掉。"那一年过年我特别感动，当时我已经在中学读书了，我感受到父亲这个品质很可贵。后来我把这个事情告诉我孩子，我说："爷爷当年就是这样教爸爸，所以你们也应该为家乡的孩子做点好事。"所以后来他们成立了基金。

采访者：1962 年您父亲去世之后，您就从杭州退学回家，回家之后当时面临怎样的情况？

蔡笑晚：学相对论，写论文就从那时候开始。假如再这样下去，我母亲就维持不了生活了，所以我就一方面行医；另一方面继续学数学和物理。我一直坚持到 1966 年"文化大革命"开始以后，当时我的诊所被彻底查封。查封有两个原因：一个原因就是我父亲原来的历史原因；另外一个原因就是我的行医属于非法行医，还没有拿到执照。

我是 1963 年下半年开始行医的，在自己家里开诊所，然后有时候也出诊。因为我本人认真学习，行医水平很高，所以很快就成为一个名医，诊所里人都坐不下。因为以前我父亲名气大，主要看内科，而且我父亲也会做手术，他主要教我内科。但是我们那时候不可能做手术，所以我看内科为主，包括小儿科都看。我是中医，也跟一个青田的老师学过。诊所停办了以后，我在家里继续看书。后来"革委会"要求我们成立一个联合诊所，要找四个人合作。当时镇里也批下来了。毕竟我也是有家庭的人，要解决一家人吃饭的问题。

我在 1966 年暂停行医以后，感觉自己的前途真没有希望，就把希望寄托在孩子身上。这也就是我以后把父亲作为事业的第一大原因。所以那时我就把自己名字改掉了，我本来叫蔡炯。那时候感觉我家人要出头都肯定很晚了，所以就改成了"笑晚"，意思就是我会笑得很晚，但是我必须要让自己笑得最好。这个名字从 1966 年以后一直用到现在。

采访者：您记得正式改名是什么时候吗？

蔡笑晚：我心里感觉是 1966 年，法律上正式更改大概在 1967 年。1967 年要重新登记户口，名字就是蔡笑晚，这是我人生一个很大的转折。我相信好人不会不出头，只不过我的追求，从我这辈转移到下一代。

从 1967 年开始，我们成立联合诊所，诊所成立以后需要考医生执照。1982 年 12 月 26 日，我正式参加个体执业资格考试。因为那天刚好我有个朋友去世。我在考试之前先去跟他遗体告别，告别了以后我跑去考试。所以我记得很清楚。

采访者：1967 年到 1982 年将近这十几年间，您都是在联合诊所里面工作吗？

蔡笑晚：没有，联合诊所开了一段时间以后几个人就分开了。分开了以后，我又成立另外一个联合诊所，那时候联合诊所领导人名字叫金德鹏，他对我印象也很好，这个人原来是公安局的，从公安局里出来以后，他被安排在这里工作。诊所的营业执照是"革委会"批下来的，是合法的。后来我被分到九里，所以我们一家八口就住在九里的老屋里，住了十多年，那个痛苦无法言状，老屋破破旧旧的。这个房子里曾经死过人，在我入住之前至少死了五六个人。人家都说："那你们怎么不回莘塍的家？"我觉得我是好人，好人一生平安，我们就不怕。当时那个房子也是租的，现在还在。我在那里住了十多年，四个孩子都是在那儿出生的。1971 年到 1983 年，我们都住在那里，在那里度过了人生最艰难的岁月，人家都不相信。我那时候非常自信，相信在这个房子里面能出头。

二　婚姻家庭

采访者：接下来我们来谈谈您的婚姻生活。您是在 1966 年与谢小湘女士结婚，请您谈谈你们是如何相识的以及你们婚姻生活中的一些经历。

蔡笑晚：这一点我特别感谢她，几年前我参加海峡两岸家庭和婚姻论坛，我在论坛上就我对于婚姻问题的理解以及我们婚姻的经历发表了演讲，这篇演讲现在都还是头条。我们的婚姻用瑞安话来说就是天赐良缘一样，虽然我本人那时候处境非常困难，但是我对结婚对象有着自己的底线，要求还是很高。所以我看了很多女孩子，都没有看上。

采访者：当时你们的婚姻是别人介绍的吗？

蔡笑晚：全都是介绍的。有一个介绍给我的人还很小，大概才 17 岁的样子，但当时我已经 25 岁了，我看到她就像小孩子一样。还有一个年纪有 20 多岁了，看上去非常成熟，但是我感觉这不符合我的标准。我现在的妻子是我一个表姐介绍的，表姐曾经给我介绍过一个，我那天以为再给我介绍的这一个也会是一样结果。但是我夫人来了不一样，我一看感觉可以，后来我就跟她谈了。可能因为我这个人判断能力很强，假如感觉可以，不需要怎么谈恋爱就了解对方了，我在心里就决定了。因为我和她有很多共同话题，然后一谈就谈到中午了。照理说相亲成功以后，男方需要到女方家去，但是我这个夫人她是早上到我家里相亲。我们一聊就到中午饭点，我舅舅就来问我："她要不要准备吃饭。"我说："中午就吃饭。"她带她妈妈过来一起吃饭，照理说如果她懂的话，这顿饭是不能吃的。这顿饭吃了就意味着我们之间定下来了。但我们都不知道这个意思，吃了也就定了。那天是 1966 年的农历二月二十九日，定了以后我约她三天以后来，也就是三月二日，我们到温州市里去走走，就在那一天我们就把结婚的所有事情，例如结婚日期都定好了，所以我们谈恋爱就一天。

采访者：当时这些事情双方家长都没有参与，就你们俩解决了？

蔡笑晚：因为我们年纪都这么大了，我们就自己解决了。我妈妈也很相信我，那时她年龄比我小七岁，也不小了。当时在我们那边来说，女孩子假如到了十八岁还没人要的话，不是一件体面的事情，就是大姑娘了。后来我们就一块儿将结婚日期都定了。

采访者：在你们第一次见面的过程中，您是通过哪些因素确定她就是您要找的人？

蔡笑晚：我就像现在测试学生一样，只要十几分钟就可以决定的，一个是我的原则，就是外表能不能看中。第二，通过谈话一下子我就会发现，她的价值观跟我的是不是一样。那个时候，我已经在非常不好的环境里面。所以，我对她的要求就两点，一个就是能看中颜值，另外一部分能赞同我的一些理念，就是我父亲当年教我的一些东西。到温州的那一天以后，我就发现她也是同意了。那我们就把所有的事情都确定了。第一天的确定叫一见钟情，第二天叫一天拍板。

采访者：你们那天都去了温州哪些地方？

蔡笑晚：我们去了三个地方，第一个是松台山，第二个是江心寺，第三个是五马街。这样三个地方交谈了以后，我们回到家里就确定了结婚的日期。那时家里穷，订婚就没有什么东西，我订婚的那个戒指是铜做的，现在的订婚戒指最起码要黄金的那种。然后我还记得起先是两百块的彩礼，再是两百斤肉，后来我说："再加二十块彩礼，肉也加二十斤。"最后彩礼两百二十块，肉两百二十斤。就这样，我们把结婚需要准备的所有事情都定下了，一个月后就结婚了。

采访者：当时来讲您一个月收入大概有多少？

蔡笑晚：那时候的收入少，后来我们结婚以后也就是之前开头说的抄家以后收入就不错了。因为我的名气很大，我知道陈建功的工资还可以，他妻子一个月的工资两百块还不到，两个人加起来只有五百多块。但我那时候的工资收入在他们之上。这是 20 世纪 60 年代末的工资收入。但是唯一有一点我觉得遗憾的就是没有房子。

采访者：你们结婚的具体日期是哪一天？

蔡笑晚：1966 年农历闰三月初三，我们孩子长大了以后，我非常想去纪念这个结婚纪念日。可是这个日子在 1966 年以后只有 1992 年那一年才会有闰三月初三，所以我们等了将近 27 年才迎来了又一个闰三月初三。我还专门给孩子们写了一封信并写了篇文章，这是我们好不容易盼来的一个结婚纪念日。所以，我在网易论坛上就说：一个人的婚姻成功与否，并不是通过漫长恋爱去确定对方的一些特殊特点，或者去了解对方的一些私密，而是通过婚姻生活过程去培养感情。也就是说，感情是培养出来，而不是你在谈恋爱时去了解对方。你了解越多，反而越不好，因为每个人不可能没有隐私，每个人都有缺点，你了解越多就对他的印象越差，后来在实践过程当中感情慢慢会被耽误。那我什么都不去了解，结婚以后慢慢培养的感情就会越来越深，而且我们在那个过程当中培养了共同的人生目标和价值观，这样她就能很好地配合我，在漫长岁月里一起去培养孩子。我一边要去赚钱，一边要在家里带孩子。没有她共同配合的话，教六个孩子的话，那我就不可能把孩子抚养得那么好，也不可能去实现梦想。所以我这个理论提出来，基本上都公认。现在离婚率太高的原因就是因为谈恋爱谈得太多，好奇心慢慢都没有了，然后又发现对方的缺点，在这个过程当中慢慢将兴趣转移到别人身上，这样子就算结婚了，以后也会离婚。

采访者：后来您夫人有没有和您讲，当初你们第一次见面，您的什么方面吸引了她？

蔡笑晚：第一个，我那时候年轻，颜值高。当然我后来也一直保养得不错，就算现在我 76 岁了，人家都还说我看上去很年轻。另外一个，我当时的气质好。她在那个时代是中专毕业，我是大学毕业。我还在研究相对论，给钱学森写信，我站在那个高度来看她就像大人跟小孩子一样。但是我还会去发现她的优点，我不苛求她有特殊爱好，只需要她性格好，就比如温柔、体贴就够了。

采访者：您夫人是学什么专业的？

蔡笑晚：她在卫生学校学医。后来我发现她有三大优点：第一，她特别爱干净，对我们家庭来说爱干净当然是好事。但是特别爱干净，别人多少会感觉到压力。第二，她特别勤俭，基本上不该花的钱，她是绝对不花。这个勤俭对我们家人来说也有理，因为当时毕竟生活困难，在那种环境下养成勤俭的习惯，到现在还是一直在坚持，所以我们从来都不会浪费一分钱，也不愿意浪费别人的钱。现在别人到处请我们吃饭，我们千方百计拦住人家，让别人不要破费。还有一个优点就是她特别爱小孩子，对小孩子特别关心。不管她到哪里都要把小孩带着，在任何情况下不把孩子委托给别人，也不喜欢找保姆，都是自己照顾。不仅爱自己的孩子，也爱别人的孩子。

采访者：当时您夫人从卫生学校毕业之后，她有去找工作吗？

蔡笑晚：她后来嫁到我家，正好跟我一起开诊所。我来看病，她打针、护理，例如伤口缝合之类。她到现在，一直没有在外面工作过，就一直跟着我走。所以我们两个人形影不离，一直到现在快 50 年了。去年人民政府还给我们办了一个金婚典礼，照片还在这里。我作报告时，主办单位让她坐在我旁边，把孩子培养好，绝对是夫妻两个人的事。所以，我们的婚姻就是这样简单，我非常珍惜丘比特的第一支金箭。他拉出来的第一支是金箭，第二支就不是金箭，所以我心里决定这是一辈子的事情。结婚没有几天，我就带她到我父亲坟头，我给她讲了我父亲的故事还有父亲临终时的重托。因为我父亲过世那一年，我正在生病，我住在杭州医院里。我一生生了三次大病，都是我父亲把我治好的，但是我父亲生病时没告诉我，我当时在杭州，他怕我受刺激。我把这些故事告诉她，我说："我肩上挑着一个家族的担子，不光是我们的家庭，我当然还要对得起父亲的重托。我们蔡家只有我能够担起这个担子，我也感觉到了父亲对我的信任和重托。我们必须要生很多孩子，把他们培养好来实现父亲的重托，也感谢父亲对我们的培养。"她听了之后非常赞同我的这些理念，她就知道我心里最大的愿望就是要实现父亲的重托，担起家族的担子。所以婚姻里夫妻价值观相同绝对重要，这是我们婚姻取得成功的一个非常重要的原因。假如价值观不一样，我想的是教育孩子，她想的是赚钱，虽然也有交叉点，但是赚钱跟培养孩子哪一个为主就不是那么简单的事。所以，我非常庆幸我们的教育理念是一样的。在政府举办的海峡两岸婚姻会谈中，两次都是请我们到场。第一次我作了报告；第二次就给我们颁发了金婚证书。所以婚姻成功也给我们家庭的成功打下了一个非常重要的基础。

采访者：您是在结婚一年后有了自己的第一个孩子吗？

蔡笑晚：结婚以后还不到一年就有了第一个孩子，出生日期是第二年的阳历 3 月 21 日。我儿子出生后不到九个月就能走路，不到一岁就会说话。当时我们根本就不知道他有这个力量，后来我在一本日本杂志上看到：孩子在娘胎里生活特别困难的情况下，出生以后就会特别优秀。

这是根据科学研究而来。

　　还有一个故事就是我们生了第五个孩子的时候，我们决定不生孩子了，再生就太多了。第五个孩子出生以后，我夫人准备做结扎手术。我们都把家里所有事情安排好了，我带着其他几个孩子到医院，准备第二天早上八点钟进行手术。手术时间、医生也定好了，还有化验检查的东西都安排好了，就等明天早上做手术，但是到了晚上十二点以后，突然有一个护士闯进来把我们被子一掀，我就感觉有点生气。你叫我们出来好好说也可以，怎么把被子掀起来。孩子出生的时候是在冬天，天冷，我们心里就不高兴，不过这护士比我们更凶。她说："有产妇要过来住这病房，你们不应该住在病房里。"但是当时因为我们有一个亲戚在医院工作，所以他把我们安排住在这个病房里。我亲戚是下班以后就回家了，他不知道夜里会有产妇来。我就和护士她争吵起来，她比我更凶。我那时因为年轻气盛，在压力刺激下，凶起来也是天不怕，地不怕。我说："明天手术我们不做了，我们现在就走。"我就离开医院到外面去借来小船，然后再把她接出来，上了船之后就回家了。回去没有多久，她奶水就没有了，之后很快就怀孕了。她感觉这次怀孕跟前面几个都不一样，她感觉也许会是个女孩子。那个时候，我们盼女心切，所以就想让她生下来。那天刚好是夜里，她肚子疼起来，我母亲就跟着她一起从老家跑到我们租的地方。因为肚子已经非常痛了，她在路灯下蹲了好几次，蹲下来、站起来好几次，终于到家了，一到家就生了个女儿，我们高兴坏了。

　　采访者：孩子是在您租的地方出生？

　　蔡笑晚：我们从我母亲老家走到租的地方，孩子就是在租的地方所生。孩子出生以后，我们很高兴。第一个想到就是给那个把我们被子掀开的护士送礼，没有她的话，就不可能有这个女儿了。第二天我把礼送过去让我亲戚转交给那个护士，那个护士也高兴得不得了，她也算是给我们带来很好的运气。否则的话，我们没有女儿就会感觉这一辈子总有一点美中不足，就算是五子登科，也会为没有女儿感觉到遗憾，现在就十全十美了。

三　教育理念

采访者：您在几十年的育儿过程当中形成了一套独特的培养理念与方法，能不能就这一方面具体和我们谈谈？

蔡笑晚：首先从教育理念上，我从父亲那里得到的爱必须要传承，这才是孝。一个以孝为基本理念的人，首先要做到爱，也就是家庭教育必须是爱的教育，必须要把爱传递给孩子。在家庭里面创造一个爱的氛围，让孩子们在父爱和母爱的雨露当中健康快乐地成长。也就是说你教他也好，培养他也好都从爱的角度出发，把爱传承过去，付出爱，你才会使孩子成长得好，这是第一个。

我刚才说到我的女儿天西，天西受到了我们绝对的宠爱，她是我们的掌上明珠，这个爱的程度绝对比现在独生子女要更爱。人家都说："你们对孩子教育很严格，这个孩子可能会不行了，会给你们宠坏。"我说："不会，因为我们的爱不是溺爱，而是关爱。"我们关爱她的同时还注意教她，如果你只爱她，满足她物质上的所有要求，这叫溺爱。鲁迅先生说过："动物都会爱孩子。"爱不需要教，这是动物的本性。但是关爱就不同，我们是人类的爱，教育的爱。爱必须为孩子将来发展考虑，使他能够更好地成长成才。所以我们那孩子在我们关爱下，四岁时就有着浓厚的学习兴趣。

我们从小就培养她对图书的兴趣和学习的快乐。比如说要到外面玩，我们就抱她到隔壁学校里，她就可以看到哥哥们坐在哪间教室。她那时候三岁就会走到学校去看哥哥的教室，有时她还拿个凳子爬上来去看。每一天我们把哥哥的书给她看，给她学。一两岁时，她就懂得了读书、写字这些东西，而且非常有兴趣。三岁时，我们就给她一个书包，也给她买一些书，把好看的书放在书包里面，也给她纸和笔让她也坐在一个位置上，使她感觉到自己也是一个学生。这样她就很快乐，所以这个最重要。

这个跟现在家长不同，现在家长的爱只是毫无限制地满足孩子的要求，他想什么就给他买什么，但是都能满足的东西就不是好东西，孩子认为本来就这样子。现在你们都吃得很好，去吃鸡肉都不是很享受。我们那时偶然吃一次鸡，就像大喜事一样，买了吃一块就高兴了。所以我们那时候采取一个什么方法来限制孩子过度的生活上的享受呢？我们就给孩子弄个存折：小的纸板片。比如今天写了几个字，我就给 5 分钱；假如说今天能背几首诗，我就奖励她 1 毛钱，跟她说等到存折上面有 5 块钱时，你就可以去买 5 块钱的东西；如果存折上有 50 块钱时，你就可以买 50 块钱的东西。但是孩子也有一个习惯，她看到自己存折上的钱多起来时，她想的并不是去买东西，而是想让这些钱变更多。大人也是一样，当你钱变多了，反而想要更多，钱少的时候，有人就会把它花掉。所以我女儿到中科大读书时，她存折里有 400 多块钱。后来我就把存折里的钱拿出来把中科大少年班需要用的东西都给她买了。因为买的东西都是她自己赚来的，她就很高兴，有成就感。但是对我们来说，就算存折上没有钱也得给她买，所以这个方法非常好。现在很多家庭都模仿我们这个方法，他要奖励的时候，你把钱给他，他马上就花掉，他第二天就想要更多奖励。这样子他通过自己努力来获得存折上的钱。我大儿子到上海交大毕业时，存折上有 8000 多块钱，他这个钱一方面来自我们家里；另一方面来自学校奖学金。

这是我所发明，这个别人绝对没有。另外我们刚才说到老六，我把老六先说了。老六从小在爱的雨露中成长，她四岁就有学习的兴趣了，非得要去读书。那个时候她才四岁，学校根本就不收，幼儿园也不收，但是她非得要读书。我们到幼儿园找了好多次，但是幼儿园只给读小班，大班不让读。那我们只好去读小班，她只读了一个上午，就不去了。她说："和小朋友在一起没意思，他们什么都不懂，还在那里吵、打人。"但是她又不愿意待在家里，非得到学校，然后我就带她到学校找一个亲戚，那个亲戚就非常乐意帮忙，他说："能读我肯定帮忙。"结果就成功了。这个孩子就坐在他那个教室里，也没有通过校长。他说："能读的话，你就继续读下去，然后我去告诉校长；假如不能读，就回家。"最后我孩子读得非常好。

当时她在瑞安六小，现在是解放路的实验小学。这个时候我们已经搬到瑞安了，住在瑞安东门。1984 年她读小学时，得了数学竞赛一等奖之后，我们就让她跳级。她自己也很高兴，把初中一年级的书全部都学好了。当时按照她的成绩可以到瑞安最好的中学去，但是那个中学不让她跳级。那我问天西："你究竟是继续读初一，还是要跳级？"她说："我自己去试一下。"她去试了半天，在那个中学上了一个上午的课。她说："我不上了，我要跳级，老师所讲的东西我全懂。"

蔡笑晚先生全家福（1983 年）

采访者：她当时跳级到哪个学校？

蔡笑晚：跳级以后到了瑞安第三中学。我们对她的爱，使她从小就培养起学习的兴趣，她也有很强大的学习能力。一个小孩子可以用半天时间，决定自己不读幼儿园，而且也用半天时间，决定自己不读初一，要跳级。我当时也不相信，后来就让她跳级，她去直接读初二，在这个中学里她读得非常好。我们就让她去参加中科大少年预备班，当时我们已经错过苏州中学的考试时间。我家老二已经在中科大少年班了，他把这个信息告诉我，我就跑到苏州中学去要求校长破例，校长也非常好。他说："我可以派老师到瑞安去给你们测试，假如测试好的话，我们还可以让她进来读。"

采访者：苏州中学那个班的学生都要进中科大吗？

蔡笑晚：对，这个班就是由中科大所办，钱也是政府所出，老师也是他们配备。那个校长叫刘伯涛，他头几次还不想见我，我们就找到他家里去，那个时候找他家也不是一件容易的事。他妻子也很好，接待了我们好多次，看我们还在那里，这股力量最后感动了校长，他就见了我们，安排测试了。这个人非常好，非常有水平。开始的时候他不同意，毕竟招生已结束，但是我们交谈后就同意了。

采访者：您当时是靠什么来说服他，毕竟他还没有见到天西。

蔡笑晚：因为我这个人沟通能力很强，我可以和任何人沟通，包括中科大校长。怎么沟通呢？第一，我说很多东西都没有先例，经过这次以后就有先例了，比如你这次破例了，下一次就有先例了；第二，我是一个成功的家长，那时候老二已经是中科大优秀学生。当时我们老二考中科大时也是在非常艰难情况下报的名，学校不同意他报名，结果他在中科大读到第一名。而且后来的发展证明他特别优秀，因为他考上了罗彻斯特大学，公派出国留学。

　　所以刘伯涛最终被我说服，而且我还特别强调我用我毕生荣誉和人格作为这次破例的一个代价。如果我给你推荐很差的孩子，你可以骂我，也可以来批评我，但我确确实实为国家培养人才，将来为国家做贡献。反正我说得他没话可说，他还想留我吃饭。天西也算很争气，现在是哈佛大学终身教授。你现在假如到苏州中学，门口一进去就可以看到蔡天西的像。苏州中学有两个人的像，一个是蔡天西，还有一个比她大五岁的孩子。后来蔡天西考到中科大，在中科大她又是最小的，但是成绩也是最好的。在中科大她又提前一年到了麻省理工，在麻省理工一般人家读研究生要两年，她只读了一年，然后到哈佛大学三年拿到博士学位。一般来说，哈佛大学要读五年。哈佛大学有个规定，哈佛大学毕业的学生，必须先出去然后再回来。于是她就到华盛顿大学工作两年，那个时候她还年轻，在华盛顿大学两年也做得很好，24岁又被哈佛大学聘请回来工作，28岁成了副教授，34岁就成了哈佛大学最年轻的一个终身教授。

蔡笑晚先生夫妇在蔡天西的毕业典礼上

对孩子的爱，如果是关爱的话，就不会把他宠坏。所谓宠坏就是你溺爱他，不是去关心他的成长，而只是满足他物质上的要求。这不是爱，这就是偷懒。家长不愿意教育孩子，只是买点东西塞给他，然后自己出去应酬或者去打牌了，这不行。我的家庭教育理念当中，第一个就是爱的教育，让孩子在爱的教育中快乐地成长，所以我举了蔡天西的例子。

第二个，我在中央电视台里所说家庭教育必须是快乐的教育。孩子成才是一个漫长的岁月，如果在压力中不快乐成长的话，那谁受得了？受不了就不可能成才，但是现在很多家长把快乐教育的定义理解错了，以为让孩子快快乐乐就好。所谓快乐教育，怎样把孩子的快乐引导到和学习读书相关的事情上，而不是让他去打电脑游戏或者到外面东跑西跑，那不是快乐，那是稀里糊涂。这个稀里糊涂的坏习惯养成了，以后他根本就不会读书。我们那时千方百计培养孩子这个学习的快乐，在追求知识中获得快乐。我父亲给了我们一个真正充实又快乐的童年，我心里非常感谢他。所以我们那时跟很多家长包括电视台上主持人都提到这一点：必须给孩子一个快乐的童年。谁不想给孩子快乐的童年？但是快乐定义有所不同，你说的快乐不是我的快乐，我说的快乐也不是孩子的快乐，我们必须让孩子感觉到真正的快乐。有些大人认为快乐就是让孩子吃东西，让他去玩游戏、玩电脑，或者在那里跑、闹、吵，这都不是快乐。这一点是一些人的误解之处，把快乐定义为自己心里的快乐，而不是孩子的快乐。所以我们那个时候特别强调快乐的教育：让孩子真正内心快乐，这个快乐使他有幸福的未来。我们不能够以快乐的童年为借口，牺牲了他幸福的未来。所有的快乐都必须以幸福为基础，假如牺牲了幸福的未来，那就不是真正的快乐，那是大人的快乐。因为孩子快乐，意味着大人就轻松了，所以后来我得出一个结论：家庭教育要快乐，我们对快乐的定义就是让孩子内心感觉到快乐，能够让他的未来幸福。

采访者：那您具体是怎么做的？

　　蔡笑晚：我们引导孩子读书学习的兴趣。刚才已经说到一些，比如到教室里看看那些孩子，孩子学校看多了，她就不想到别的地方去，总想跑到学校里看他们在里面怎么读书。另外我们举行背诗比赛，现在中央台都有背诗比赛了，我们家早在30年前就有背诗比赛，每年过年过节都有。我们背诗还有一个特殊性，你背一句，我背一句，比如说，"春眠不觉晓"，那你接下来背二句。你可以背"春眠不觉晓"后面这一句，也可以背与"春眠不觉晓"一句里面有相同字的一句。还有一个就是数学题，我昨天作报告还给那些在座的家长出了一道小题目。这个小题目就是把最后一个数字拿来放在最前面，那个新的数字是原来的两倍。那个时候天西还只有七岁，她是在小学三年级快读完时，我跟几个孩子一起做题，天西很快就做出来。我们台下那些家长，还有数学老师都做不出来，还有一个居然说根本就没有这个数字。然后我说："等一下，我的报告完了之后，我做给你看，我再说说天西当初是怎么做的。"报告完了之后，他也上来，我就做给他看，看了以后他笑起来，他说自己没想到。我说："这就是一个最关键的东西，世界上很多简单的东西就是因为你没想到，或者不敢去想，或者不认真去想，那你就错过了，假如一想的话，其实很简单。"这样他就佩服了。然后一个清华的学生也上台来了，我也这么讲给他听。

　　我这里还有很多培养孩子学习兴趣方面的内容。我们家里有根举重类的铁棍，我特地去买来，现在可能还在家里。大儿子大概一下能举个十几次，二十几次都可以举，小儿子可以举一两次。这么一个铁棍使家庭氛围里面也比较快乐、轻松一点。我们家里还有个灯光舞场，现在也还在，你们有兴趣还可以去看。灯光一转起来，我们家里这几个人就跳舞，往往都拿录像拍下来，包括他妈妈都一起跳。妈妈、大哥、二哥、弟弟妹妹都在跳，我们家里不仅有一个快乐的氛围，而且又能把快乐的氛围引导到学习上来，在求知中得到快乐。就像刚才做题目，虽然那些哥哥他们一下子做不出来，也可以从中得到了一些兴趣。还有举行背诗比赛也会养成他们去背诗这么一个习惯，既能够使他们快乐，也可以促使他们更好地学习。

　　第三个就是沟通教育。这个沟通，我就说具体例子，其他理论就不说了。这是关于我家老四蔡天润的故事。因为当时他上面有三个哥哥——天文、天武、天师，那个时候真是关键时刻，大儿子大学毕业都要到美国去了，我们用很大精力去照看另外两个在少年预备班的小孩。我们就对老四稍微放松一点，他在外面时间多了一点，他在社会上学到一点东西，他对学武很感兴趣。那个时候刚好社会上流行武打小说、武打电影，像《少林寺》和《霍元甲》。他看了以后非常想学武术，居然背着我们自己去学。过了一段时间，他就到我们房间，把从墙上撕下来的武术广告拿给我们看。我说："你拿这个来干什么？"他说："我不想读书了，我就要去学武了。"我说："你现在是读书阶段，学武会跟我们家庭背道而驰，我们家庭没有武术基础。"他说："我要到中国少林武术学校去学，我不读书了。"经过很长一段时间后，他还是坚持自己的意见，一定要去。那时候他读初三。我在想万一我们强迫他不学武，这样做的话，他会对抗。一对抗就会产生逆反心理，逆反心理一旦形成以后，我们的家庭教育就无法继续下去。我就想叫他写封"决心书"，看他究竟有怎么样决心去学武。他就给我写"决心书"，我还背得出来，第一句是：从今以后我绝不到学校读书，我要学武保护家园，成为一代武术大师，打败武林高手，震动整个世界。我看这句话写得不错，因为这个决心很大，所以我想假如真有这种想法，而且他也真能做到的话，武术也是一条成才的路。再说我们书香门第出个武生也是一件不错的事情，我跟他大哥、二哥，包括他妈妈都商量好了，觉得还是让他去。假如说他真学得好，那也可以，学不好再回到高中就轻松了，后来我还叫我弟弟送他到那所学校。这所学校在江西上饶。学校的名称叫中国少林武术学校，校长叫张振邦。我给张振邦写了封信，我说："我把孩子交给你们了，你们好好地管理他。"张振邦回信说："好，武术也是一条成长之路。"我孩子就这样去学了，两个月还不到这个孩子就想回来，写信给我说："我不想去学武术了，我想回家读书了。"我说："不行，你一定要坚持。当时我们摆酒，全家人给你送行的，哪有这么轻松，你要去就去，要回家就回家？你要学成一代武术大师回来。"但其实我们心里只是给他一个考验，都想他回来。但如果我们让他去就去，他要回来就让回来的话，我怕他回来以后会提出另外一种要求。因为这个孩子多才多艺，他唱歌也唱得很好，跳舞也跳得很好，是一个非常优秀的人。所以我怕他回来以后，又要学唱歌。后来他还是熬到了一学期结束，我就找他认真谈了。我说："你是继续学武还是回到学校读书？"他说："我继续回去好好学习，再不会有别的想法，一心一意把书读好。"然后他考上了华西医科大学，这是卫生部直属的一所很好的大学。另外我父亲和我都是医生，我希望我们下一辈也出一个医生，所以我就让他上了医科大学。

这之后我想：当时如果我不好好跟他沟通，不让他去学武，强制惩罚他，很可能会形成亲子对抗。这个对抗产生了就无法想象，结果就会预料不到。我们感觉当时那个沟通还是很成功的一次经历。所以在作报告时，我就劝告天下父母：当孩子真正非常坚定地要走一条他自己喜欢的路时，你必须给他一个空间，然后在这个空间里慢慢去纠正、挽救他，他如果自己真的回头那就更好了。如果采取一种强迫手段，不沟通的方法，那肯定会是一个不好的结果。所以这个故事在全国都有影响，很多家长都会去听。

采访者：您觉得他这么喜欢练武，除了当时大的社会背景之外，还有其他什么原因吗？会不会因为哥哥那么优秀，自己有压力？

蔡笑晚：这个倒也不会。因为他也不差，也可以把书读好。因为外面诱惑太大，他感觉到自己读书比较辛苦。他以为学武比较轻松，但他万万没有想到，学武比读书更苦。

采访者：他在信中有没有和您诉苦？

蔡笑晚：有。他早晨一起来就要先跑五公里来回，他觉得这个受不了。另外在压腿时，假如压不下来的话，老师过来就一手把他压下来，有的同学压了都好几天不能走路。他说这个太苦，受不了。我告诉他不是学武术太苦，你真正想学好一样东西，都是需要努力，需要付出代价。所以不是你想象的那么轻松，不是每个人都可成为一代武术大师，不是每个人都可以震动世界的。因为他在电影里看到霍元甲、陈真都很出名，他以为自己去学也会成为霍元甲、陈真。所以这是沟通的艺术，后来和他沟通起来就方便了。

第四个就是家庭教育必须是做人的教育。也就是说你想孩子成才，首先要培养好他做人的基本素质，让他们从小就知道该怎样做人，该怎么样尊师重教、孝顺父母、孝顺爷爷奶奶。这些我们都要很具体指示他们去做，奶奶还健在的时候，我们每年都从瑞安回到老家去给奶奶拜年，他们给奶奶叩头，然后奶奶会给他压岁钱，他们都会珍藏好。另外每年都要到爷爷坟头去祭拜扫墓，每年都扫一两次。我们叫他背《朱子治家格言》里面两句话："子孙虽愚，经书不可不读；祖宗虽远，祭祀不可不诚。"《朱子治家格言》这两句拼在一起，意思是说子孙不管他多笨，你都要教他读书，不管祖宗多么远，都要按时去祭拜。这两句并列在一起，非常有道理。教育孩子首先要从孝开始，教育孩子有孝心、尊师重教。因为我们跟学校老师关系都很好，尊师重教做好了，孩子才会真正学得好。如果不尊师重教，在学校里就会被老师所讨厌。这些大家基本上都会做，不过我们做得比别人好一点，认真一点。而且我们本来就有比较好的家风，从小进行道德素质的培养，使孩子能够坚持下来，这是非常重要的一点。

现在学校基本上都有做人这方面教育。不过我需要补充一点，我教他们背一首诗，就是"三十三天天外天，九霄云外有神仙，神仙本是凡人做，只怕凡人心不坚"。这首诗他们都会背，这是我们瑞安古诗里面经典的两句，这两句话对孩子的教育作用非常大，我现在叫学生每天都要背。无论伟大的科学家、领袖人物或者企业家，他们本来都是凡人，但是因为他们心坚，一心一意去努力，最终成功。这就是"只怕凡人心不坚"。这是培养孩子们养成一种强大的心理能力，他们从小就记住了这一点。

最后一个要点就是不论做什么事情都要坚持到底，才会成功，才会胜利。我给孩子们讲了一个有关苏格拉底的故事，苏格拉底每年当学生和家长来的时候，都会给那些人发表一番演讲，学生和家长听完以后热血沸腾。但是有一年他什么都不讲，就叫学生和家长们回去做一个动作。这个动作就是叫他们坚持每天从前往后甩手三百次。但是学生和家长很失望，他们说："我本来就是想听你这个热血沸腾的演讲，这个动作太简单了，这个谁不会啊？谁不会坚持？"他说："你们试着看看，你们坚持下来就好。"说完他就走了，学生和家长们很失望，但是他们也得听他的话。过了一个月，苏格拉底就问这些学生跟家长："你们坚持下来的人举手。"只有90%的人举手，还有10%的人说忘了。过了半年，他再问这些学生和家长，只有50%的人坚持下来的人举手，有一半人已经忘了。一年结束时他又问这些学生，你们能坚持下来的举手，只有一个人举手了，这个人就是柏拉图。我把这个故事讲给孩子们听，苏格拉底的苦心就是说能坚持这个事情的人，也会坚持别的事情。假如这么简单事情你都坚持不了，你能坚持什么？你什么都坚持不了，就根本不可能成就大事业。柏拉图后来为什么能够成为伟大哲学家？就是因为他能够坚持甩手这个小动作，那么他也能够坚持别的事业，所以他成功了。因为坚持是最难的事情，很多的事在刚开始的时候人们总是很高兴去做，时间久了，就慢慢淡化了，以后就忘掉了。比如早教、爱的教育、快乐教育等，如果你不坚持，什么都做不成。唯独坚持才会成功，这就是我教育的五个要点。

另外，后来在提升自己，自我反思过程中，我还慢慢想到了三个"注意"。第一个就是家庭教育必须要走自己的路。因为每个家庭都有自己的特殊性，要按照每个家庭的具体情况去走自己的路，不能用我们的方法去要求普天下的家庭。这句话必须要说出来，否则的话大家会反对。他说你家孩子基因好，或者你本人能力好，所以你要求那么高，每个孩子都当科学家，都成就大事业。但是我们是凡人，我们做不到那么高。所以我需要提出这一点，使大家都接受我的理念。有的孩子根本无法成为科学家，有的家长根本就无法引导孩子到那么高的境界。但是如果你想培养一个特殊人物，你必须要使用特殊手段，就是我上面所说的五个要点。因为我要培养科学家，那我所用的手段必须跟普通人有所不同，而且要用更多的精力。你想轻松去培养这么多优秀孩子，这是不可能。你想培养一个数学家跟培养一个会算账的普通孩子，根本就是两回事。培养一个数学家，从小就要培养他的数学思维。我知道一个人的数学思维实质上就代表他的智商，特别是理科方面的智商。当然文科方面是不一样，假如你数学不好的话，去学理科根本就不够格。我培养孩子，比如让孩子跳级进少年班，我有一套特殊的方法，这套方法现在已经得到科学家群体的认同。

我在《中国教育学刊》论坛上发表了五篇《回答"钱学森之问"》，都得了一等奖。因为我们的教育从一开始就不想出大师，每个家庭都没有给孩子不同的道路，没有想到怎么样从不同的道路当中培养出优秀的孩子；如果让他们从小就开始走大师这条路，这样中国大师就多了，不会不出大师。而真正成为大师的那些人20多岁就成大才。爱因斯坦26岁就提出相对论，普朗克24岁就提出量子力学，当时全世界只有6个人能听懂。所以说明一个问题：家庭教育可以走不同的路，但是不能以平庸的路来否定科学家的路，很多人就是以让孩子走普通的路为借口，让孩子快快乐乐、平平安安过一生这个为理由，来否定走不平常的道路。有的人想过平凡的生活，有的人想过出人头地的生活，但是这两个都不能互相否定，都应该同时存在，都应该平等生活在同一片蓝天之下。假如有来生，我还会走这条路，我会培养孩子当科学家，我绝不会听他们说平平安安、快快乐乐过一生。将来如果每个人都这样想的话，那国家还怎么样发展？中华民族怎么样实现伟大复兴？所以每一个家庭要走自己的路，这是第一条。

第二条，一个家庭教育必须要父母双方全力配合，这个气氛蛮重要。现在我在各地作报告时，发现每次来听课的人基本上都是母亲，很少有父亲到场。所以我写了一本书叫《我的事业是父亲》。这本书一出版以后，销量在同类书中排第一，影响力很大。因为我们这个时代正好处在一个发展的时代，男人出去赚很多钱，假如他忙事业了，就把孩子的教育疏忽了，这样子会给孩子造成无可挽救的损失，比你所赚的钱损失都大。有些教育是母亲代替不了，孩子踩着父亲的肩膀可以走向更高的高度，走向更广阔的天地。有些母亲往往会把男孩子养在自己身边，在自己的范围里成长，所以网络上有一篇文章说"母亲带的男孩子会影响孩子的阳刚之气"。如果父亲参与教育，孩子就会更阳光，包括我女儿也非常阳光，因为她从小在我们这种思想带动下，她也有非常广阔的胸襟。所以我写这本书就是实现两个目的：一个是把我一生做父亲的真正经历写出来；另外一个是通过这本书，唤起整个社会的父亲意识，让更多父亲参与到家庭教育这个事业当中来，让他们认识到把孩子教育好，也是一项伟大的事业，也是人生一个快乐的选择。我总结出来的这些经验，在今天越来越受到认可。亚历山大说过一句话，意思就是在我的军队里至少要一千人完成我的事业。虽然有才华有能力的人很多，但是机遇不是每个人都能碰到。我当时就提出在瑞安这片土地上至少有一百多人可以考上少年班，但是为什么只有我家里两个？中科大 30 周年校庆的时候，我作为中科大唯一的家长代表，我说了这句话，因为其他人没有去为孩子把握关键机遇。我们这么努力去苏州中学、中科大争取，然后让他们参加考试，他们考上了而且还发展很好，所以家长必须要为孩子把握机遇。

最后一点，家庭教育一定要跟学校教育配合好。现在有两个极端倾向，一个是把孩子交到学校以后就都不管了，跟老师说："我们把孩子交给你，你怎么教他，我们都不反对，打他骂他，我们都不会计较。"这当然是错误的做法，这样老师也承受不起。因为老师不可能就只管你们家的孩子，有些东西，特别是一些行为习惯、道德是由家庭教育出来，不可能由老师教育出来。还有一种极端是家庭教育做得很好，但家长看不起学校、老师，对孩子疏忽了尊师重教的教育。这样，孩子心里就有一种自傲自大的倾向。假如一个人尊师重教都做不好，那其他道德素质也不会高，这会影响他一生。幸运的是我们家和老师关系都很好，我女儿获得哈佛大学终身教授后，在温州的报纸上发表了对老师感谢之情。总结起来就是三个关键词：早教、立志、自学。

四　经验推广

采访者：接下来，我想围绕您教育经验推广这一方面进行访谈。

蔡笑晚：好的，我们现在正在做这件事情。教育经验推广最早是从 20 世纪 90 年代开始，我们孩子都出去了以后，我就把经验推广到身边一些家长学生。因为之前忙于自己孩子的教育，就没有时间教育其他家庭孩子，后来等孩子们都出去了以后，我就在瑞安招了好多学生，这些学生在我的培养下都非常优秀。

采访者：当时这些学生主要是读高中还是初中？

蔡笑晚：都有，他们家长都是我的亲戚，对我也比较了解。后来推广之后，我发现这套方法的确非常有效，带出的孩子非常优秀。我记得有一个孩子叫金一政，是我第一批学生，他去年还是前年获得了中国十大科学进步奖。还有一个叫陈一夫，他现在在香港。这两人都非常优秀，当时一个考上北大；另一个考上中国政法大学。金一政后来去了英国剑桥大学学习纳米技术，现在在浙江大学当教授，他在材料学研究方面贡献突出，而且获得了国家十大科学进步奖，很了不起。

学生赠送蔡笑晚先生的画

采访者：在金一政看来，您带给他最大的影响是什么？

蔡笑晚：他非常感恩，认为我对他影响很大。他说："我这一生成功是从您那里开始，因为我从您那里不仅获得知识，而且还获得了自信、能力等。"他得奖时，我正在杭州，他过来拜访我，拿了一台笔记本电脑。我说："这电脑我家里放都放不下了。"他说："不是，这是我的获奖证书。"后来，他对我的评价还刊登在报纸上，这报纸到现在还保留着。我从那时就开始写书了。我还有很多优秀的学生，我主要是教他们学习方法，因为我感觉读书最重要的就是方法。当时这些学生是定期到我家的，星期六、星期天还有寒暑假，一年到头都来。

采访者：您的第一本书是从什么时候开始写的？

蔡笑晚：1997年，那时候我孩子都在外面，所以我觉得书写出来对他们不会有压力。因为我很注意保护孩子隐私，我让孩子按照自己的意愿去发展，不需要刻意向别人证明自己优秀，我希望他们低调、不张扬。

我当时写书时，征求过孩子们的意见，但是具体内容我没有和他们说过，我女儿还替我写了一个序。

采访者：所以他们对您写书是比较支持的。

蔡笑晚：是的，我这是实事求是，不是搞商业化，也不是用来赚钱，他们肯定会支持。他们都在国外不会有压力，后来那本书出版发行后，在全国影响力很大，而且发行量我自己都不敢相信，前两个月下来就达到了十七万，现在第二版已经发行，第三版八月份就要发行了。第二版修订不大，第三版因为我在教育方面也有研究，所以经历了多年考验之后增加了一个内容："钱学森之问"——为什么我们的学校总是培养不出人才？针对这个主题，我还写了五篇文章。另外，这里面还有很多内容是名家的话。

《我的事业是父亲》

其中有一位是王永辉，他是首都师范大学教授，专门研究教育。他说："蔡笑晚的理念确实很优秀，他对中国教育有利，很多家长认为他的教育理念不具备普遍意义，为什么家长会这样认为？中国不可能每个人都当科学家，但是那些真正想当科学家的人就会用这个理念，那些不赞同的人只是因为他们不需要这个层次的理念，中国将来有一百个蔡笑晚就足以回答'钱学森之问'。"他这些言论在科学网上也有，另外我的教育理念在经过岁月考验之后，我感觉作为我们国家的公民，有责任为中国教育奉献自己的力量。

采访者：您获得了什么奖？

蔡笑晚：当时颁奖的是中国共产党中央委员会宣传部、中国妇联，颁发的奖是"全国教子有方最美家庭"，这代表了党中央的奖励。所以这个奖项评选之后，我就没有参评其他的，我觉得更多的奖项应该留给那些年轻人，不要占了年轻人位置。

采访者：当时这个评奖程序具体是怎样的？

蔡笑晚：先从基层开始，从瑞安妇联开始申报，再到温州妇联、省妇联，最后到中央，中央进行审核评比，最后评选出来。因为我有责任心，我有那么多优秀学生，再加上国家对教育重视，以及一些专家的高度评价，我更觉得我有责任把好的教育理念向全国推广。所以从前年开始，我动员我第二个儿子回国，因为他对教育也很有研究，他三个儿子也非常优秀，他在美国研究金融。我说："国家公派你出国留学培养你，所以你必须回来。你在美国是给美国人赚钱，而且现在四十多岁回来的话，你还年轻力壮，国家会因为你放弃了优越的条件而选择回国，国家也会对你好；如果等到七八十岁了再回来，人家就会说你回来是为了养老。"在我的再三劝说下，他上半年就下定决心准备回国，将中国教育做好。我希望他回来做大数据教育，在教育方法上利用大数据来评估孩子教育，在此基础上提升学习方法、学习兴趣和学习成绩。

采访者：现在实施情况如何？

蔡笑晚：现在还在找房子，先成立公司再一步一步做上去。因为我这个牌子本来就很响亮，再加上他的大数据教育，足以做成和外国教育平台一样强大甚至还会超过他们。这个产品是远程教育。现在我的推广是实体式，学生坐在我面前，我给他们辅导。如果采用大数据的话，只需报名后一点击打开就可以坐在家里接受我们的教育。如果用户是 VIP，系统里就会有相应的资料，用户所做的作业、笔记都可以汇总到系统里，用科学的方法来批改作业。现在中国很多早教机构都在使用外国品牌，我们中国完全可以使用自己国家的品牌。我们的这个品牌叫"蔡笑晚教育科技有限公司"，这个牌子上必须有我的名字，因为我现在已经很有名了。现在我们正在运作这个项目，这个项目里有很多教育内容，随着我们国家国力强大，项目运作好之后，我们在教育上完全可以超过外国。现在中国很多专家将外国很多和我们民族思想不符合的理念向国人进行宣传，比如孩子独立性培养。有一个中国教师去美国之后，他提出了一个独立性概念，他说："我是我，父母是父母，今后的路是我自己走的，和父母无关。"这个与我们中国理念完全不符合。我们讲究传承中华民族传统文化，中国人以孝为快乐、以家庭快乐为快乐，如果孩子连光宗耀祖思想都没有，凭什么去爱国。所以我们下一步就是要将"我的事业是父亲"这个概念进一步扩大，扩大到让全中国的人们知道，我们温州人除了会做生意外，也懂得教育；让全世界知道，中国人不仅会做生意，而且还懂教育，让我们的古老文明通过现代科技传承下去，现在全世界有很多孔子学院，这就是国家古老文明的代表。但是如果只停留在原始古老的层面，不符合时代潮流，我们必须要和现在的科学技术接轨，让他们感觉到我们的文明不仅可以传承，还会进一步发展。我们以教学生学习方法为主，但是学习理念必须在学习方法上体现出来。这个主要以自学为主，授课形式和传统老师上课不同。我们用大数据来评估学生的学习能力，并不断完善学生的学习方法，提高学生的自学能力和学习成绩。

采访者：如果在你们这个教育平台上课，学生的学习方式具体是怎样的？

蔡笑晚：我在上课之前首先会给孩子们讲一些立志教育的事。接下来再教课文，课文的话我们会教他们如何学，所以我们很重视书的目录，学之前先让学生看目录，在目录中指出哪些内容必须要学，哪些可以简单学，这样有助于学生时间上的分配，既能学得快，又能学得好。如果不指出来的话，学生可能会浪费很多时间，学到的有些知识，对他们以后没有任何用处。我们会采用不同的方法让学生学习具体的内容。现在中央电视台有一个节目叫《中国诗词大会》。其实我们家庭已经背了四十年，包括一些立志诗。我们给学生十首，然后让他们挑选其中两首来背，我们要求孩子会背的诗最多不超过一百首。一百首就够了，中国古诗那么多，全都背下来不可能，也记不住。

另外像数学的话，我们会和学生说明高一到高三这三年的重难点，因为我们认为有两方面重要内容：第一，现在所学的知识在大学还有可能用到就必须学好；第二，高考考到的知识点必须学好，否则高考考不好，大学就上不了。如果学不好大学要用到的知识点，大学专业课水平就不会高。另外就是做题目，题目必须要做，但只占很少部分。书上题目基本就可以自己做，那些有难度的题目，如果有十个的话只需做一两个就可以，我们现在主张一个题目必须像进行科学研究一样，采用多种方法解题。所以我们的孩子数学都非常优秀，因为从小养成了像研究课题一样来研究数学题目的习惯。所以我们从来不搞题海战术。我们很反对奥数，很多奥数题都是有答案的，你做出来也是重复别人的工作。你如果做一个别人都没有做过的题目不是更有意义吗？我的孙子辈现在大多在读高中，已经在哈佛大学做课题了。所谓课题就是一篇论文，别人没有做过，只要你做出来，你发表出来，就是对世界科学有所贡献。所以我特别注重培养独立解题、独立研究的能力。所以我们将这种方法推广出去后就回答了"钱学森之问"，也就是说孩子能不能成为一个真正的大师不是天生的，而是需要用合适的方法从小开始一步一步进行培养。那些从小没有真正培养，到大学之后再好起来的人几乎没有，所以"钱学森之问"从大学找原因已经没有办法了，必须要让孩子从小立志，养成好的学习方法和习惯。我的实体店已经在做，现在平台正在储备，大数据科技含量比较高。但是现在天武还没回来，回来之后才能启动。不过他已经研究这个六年多了，而且现在我们还不急于招商投资，我们现在首先要踏踏实实来。

采访者：1993 年，您搬到上海，那时您的孩子都在美国吗？当时您为什么会搬到上海？

蔡笑晚：当时，有三个孩子在美国，一个在杭州，两个在上海。因为我在上海，孩子们回来比较方便，要是在温州，孩子们每次回来还要跑到温州，对孩子们不方便，这是第一个大因素。第二个因素，那时在上海的孩子需要在当地发展事业。第三个因素就是我们从小都在农村生活，那时我们也想去外面开开眼界。我搬到上海之前就住在瑞安九里，我们在瑞安城也有一间旧房子。我认为教育理念的推广需要去更大的世界，所以我们就搬到上海，对社会影响会比较大。

采访者：在写完《我的事业是父亲》之后，您后续又出了几本书，这几本书之间有什么关联，又有什么区别？

蔡笑晚：第一本书出了之后，第二本书作为补充。因为第一本书中有我很多家书，当时出版社就想到让我将这些家书再编成一本书，总共有一千多封家书，包括我所写给孩子们的和孩子们所写给我的。这些家书现在还保存着，所以就独立成为我的第二本书——《蔡笑晚教育家书》。

采访者：这些家书在编辑时，您是如何进行分类的？

蔡笑晚：立志、生活、旅游方面等。这个家书已经出版了一次，接下来还会发行一次。但是发行量没有第一本书好，我第一本书所写的内容是教育孩子方面，一般家长都愿意看，但是看家书一般人可能不感兴趣。虽然发行量没有上一本书多，但是比一般那些书还是好一些。第三本书《蔡笑晚家庭教育演讲录》是将我在全国各地演讲内容所汇集的一本书。

采访者：您还记得第一次公开演讲是在什么时候吗?

蔡笑晚：第一次公开演讲是在北京由出版社安排，湖南这几场比较大，来了三四千人。这是在 2007 年，书出版之后我签售了 1000 套，报告会的主持人来自湖南广播电视台，当时出版社给他 1000 套书，他还很有压力，后来现场很火爆。主持人上台告诉大家书已经没有了，不要再买了。到现在为止，我的公开演讲举行了两百多场，毕竟我年龄也大了，必须控制一个月不能超过两场。

采访者：《蔡笑晚家庭教育演讲录》是第三本书，之后您还出了一本书是吗?

蔡笑晚：这本书专门写蔡天文，因为天文得了统计学最高奖——"考普斯奖"，统计学里没有诺贝尔奖，所以这个奖就相当于诺贝尔奖，产生的影响非常大。因此中国作家出版社找到我家要我专门写一本关于蔡天文的书，所以我就写了一本。这本书主要讲蔡天文如何从小开始一步一步走到世界统计学最高点，这本书我写的时间不长，因为出版社着急出版。

采访者：写这本书时，您和蔡天文沟通过吗?

蔡笑晚：是的，他让我实事求是，因为我们家庭不需要包装。稿酬不重要，这本书是对我们自己的总结，希望对社会有教育作用。这本书是 2009 年所写，版权五年，现在时间到了，我们也要再版了，也需要补充一下。这几年他事业上很成功，他在《小崔说事》这个栏目里提到："我父亲给了我一个很好的方法，这几年我一直用这个方法来培养我孩子。我两个孩子都很了不起，在麻省理工专业排名都是第一。"他的大儿子今年毕业，一般孩子毕业后都要读硕士，然后再读博士，他儿子直升斯坦福大学博士。他学的是人工智能专业。斯坦福大学在这方面最好，他妹妹也肯定直升博士。我这个孙子有一次考试时，用 7 分钟就完成了一张正常情况下要用 45 分钟才能完成的卷子。交卷之后当场就打电话给天文说："你儿子比你更厉害。"这说明我儿子的教育方法是在我的方法基础上进一步完善。我非常庆幸自己那么有自信，把蔡天文从一个乡村出来的学生培养成为世界最高级别的科学家之一。在初三分班时，重点班将天文分出去了，我当时就凭着自己的自信，把他领回家里自己教了。如果他有不会的知识，我在家里教他，然后参加中考。所以不仅要有教育方法，而且还要有自信。我们要对自己有自信，对孩子更要自信，否则一个被重点班分出的孩子，怎么能自信走好自己的人生道路？那时候初中就分班了，好的学生分到重点班，差的分到普通班，重点班学生好，所以学习气氛也好。这里总结出来的经验就是一个家庭对于孩子培养，除了好的方法，还需要有自信，更重要的是要有强大的学习氛围和榜样的力量。

采访者：在您所教的那么多孩子中，影响大的大概有多少人？

蔡笑晚：从书的发行来看，影响很大的有几百个吧，具体联系不多，都是我们本地人和全国各地的人。

采访者：刚才说了第四本书，还有其他书吗？

蔡笑晚：还有好多本，天西、天武的书也都写好了，天武那本书得等到他公司成立之后，大概在 2017 年年底再出版。

采访者：这本专门写天西的书，您是从什么角度来写的？

蔡笑晚：一个是从成长角度；另一个是从女孩子的角度。天西是个女孩子，另外天西的培养方法和天武、天润有所区别，因为到了第六个孩子时，我们本身也很有经验了，教育理念已经成熟了，所以天西一辈子都很顺。另外我们家三个孩子都是从中科大毕业。所以我们那时候就有眼光，当时就把孩子送到中科大去学习，没有跟风；如果跟风的话，我们孩子都在清华北大，我们想把他们送到真正能够培养他们实力的学校，很多东西都在我们预料之中，因此我们很开心。

采访者：您刚才也谈到，您这种教育理念可能比较适合和您有相同背景的家庭，您平时也比较强调家庭教育要走适合自己的路。那么对于当下中国的家庭教育，您有怎样的思考，又希望作出怎样的改变？

蔡笑晚：我谈到一点，关心一个孩子也好，关心一个学生也好，不仅要关心他的现在，更要关心他的未来，关心他的一生，这才真正对他有益。否则，你只关心他目前的分数，或者是学校高考的升学率，那你是自私的，因为你不关心他的人生命运。我现在发现有些学校不让孩子选考物理，因为物理难考，物理考不到高分，学校升学率就会下降，声誉就难以保证。这个对学生影响就会很大，也许他将来会成为一个科学家，不学物理的话，所有名牌大学都不会收他，这会影响孩子的未来。这是第一点，关心孩子未来才是最重要，不能因为学校、父母利益影响孩子。第二点是现代教育没有培养孩子独立自主学习的能力，只是让他们学习很多知识，做很多作业，浪费时间，作业做多了，对孩子一点用都没有。

采访者：您刚才讲到，培养孩子独立自主的学习能力，在您看来，如何具体落实？

蔡笑晚：这个我刚才已经谈到一点，我说先看一本书的目录，再看内容，哪些简单学，哪些重点学。接下来看书时，我们就叫他们只要能看懂，就一直看下去，然后做几个题目，只需要读懂百分之八十就好了，不需要全懂，有些难的就先放过。这里说的不需要全懂，是指某些独立的难点，而不是对已学的东西，读书学习的大忌是一知半解。

采访者：您这种方法适用于所有阶段的孩子吗？

位于上海的笑晚学堂

蔡笑晚：是的，小学四年级之前的孩子可能自主性差一点，五六年级到大学这个方法都适用，而且越好的孩子越适用。研究生、博士生更是适用。

采访者：据说您的孩子大部分都有跳级的经历？

蔡笑晚：是的，而且不是跳一级。天西跳了五级，天武跳了四级，天文跳了三级。跳级是建立在独立自主学习能力之上，不然跳级就没有意义，而且现在总体来看，学制还是需要好好考虑。

采访者：现在很小的孩子就已经有做不完的作业，很多作业都是重复性的。您是怎样看待这种教育方式的？

蔡笑晚：我们孩子那个时候根本不做作业，我去学校说服老师，我孩子不做作业，二年级知识都学好了，做一年级的作业根本就是浪费时间，三年级的都会了，做一年级的作业有什么用。老师和我关系都比较好，而且孩子成绩比较好，因此老师们都会同意，在这一点上我们做得非常好，我还要感谢这些老师。

采访者：这是对于那些会的孩子，对于那些不会的孩子该怎么办？

蔡笑晚：这也要分几种情况，有的孩子没作业的话就不看书，只看电视、打游戏，这样的话还不如让他多做点作业。现在老师的心态是这样，我不布置作业的话，孩子们在家就会浪费时间，所以还不如多布置点作业。第一点要关心孩子未来；第二点要独立自主学习；还有一点就是面对现实，因为我们这个时代，考试避免不了，既然要中考高考，就要面对这个现实，如果不面对，未来就很惨，考试也是一种素质，考上好的大学才能实现美好未来，这就是第三点。这三点基本已经概括了教育方面的东西，其他方面比如立志都要伴随着这三点进行，立志也非常重要，除了培养一个人生目标，还培养了一个人生志向。

采访者：立志方式有几种？

蔡笑晚：关于立志方式，我总结了五种特别好的方法。第一个就是立志诗词，小时候我们瑞安很流行一首诗，我外祖母和父母都教我这四句话："三十三天天外天，白云里面出神仙，神仙本是凡人做，只怕凡人心不坚。"这四句话听起来很简单，但是对我影响很深，我一生都记住这四句话，这四句话对我们家族都有很大影响，让我们都明白一个道理。"神仙本是凡人做，只怕凡人心不坚"也就是说伟大的英雄其实都是凡人，他们之所以伟大就是因为能够坚持到底。我们教给孩子的第一首诗就是这首。还有毛泽东主席那首"孩儿立志出乡关，学不成名誓不还"，我们孩子不管是上大学还是出国留学都要背这首诗来立志。

第二个就是讲故事，现在家长也给孩子讲，但是他们讲故事都是消磨时间，孩子不高兴时给他讲个故事。我们那时候都是给孩子讲居里夫人、爱因斯坦这些伟人故事，我们不是消磨时间，而是让孩子来立志。

孩子听了以后热血沸腾，我女儿就说以后要当居里夫人，但是那时她连居里夫人是谁都不知道，但是居里夫人在她心里就有了深刻影响，她以居里夫人为榜样，将来也要到巴黎高师去读大学。我告诉她现在最好的大学是哈佛，她说："那我就去哈佛。"这样从小开始她对自己定位就高了。现在她真的去了哈佛大学，而且还当了终身教授，所以立志故事也很重要。

第三个就是家庭立志氛围，现在很多家庭墙上挂的都是一些乱七八糟东西，我们那时候家里挂的都是牛顿、居里夫人、爱迪生、法拉第这些科学家，放的音乐都是立志歌曲，还有我毛笔字写的立志诗词都贴在墙上，孩子们就会自然而然感受到非常好的氛围。

第四个就是旅游立志，现在很多人都旅游，我们那时候旅游还不普遍，但是我们意识到旅游可以开拓胸襟。因为看到五星红旗，看到古老的中华文明，对孩子都会很有用，孩子们从中受到启发，将来就想成就一番事业。所以我们经常会带他们去全国各地旅游。例如到了长城，我就教他们背诵毛泽东的《不到长城非好汉》，鼓励他们长大以后当英雄、做好汉。

那时候经济不宽裕，记得在北京旅游时，我们从北大走到清华，打的的钱都不想花。到了北大、清华门口，想进去看看，当时进不去。我就教育他们，如果你们不好好读书，连北大、清华的门都进不去，如果你们读得好，进出都自由了。那时候孩子们感触就非常深，我刚才说到因为少年班，他们放弃了北大、清华的梦。大概2008年、2009年，天西就是长江学者之一，她在清华大学讲学时，她特地叫我们从家里来到清华大学。她说："我们不但在清华进出自由，而且还住在清华大学。"清华大学专门给她一栋别墅，我女儿很高兴，当初怎么都进不去，现在进出自由了，所以旅游立志对他们鼓舞很大。

第五个就是家书立志，我给他们写了那么多家书，都是为了立志。后来电话通了，很方便，写信麻烦，但是我感觉家书有用。孩子在离家

蔡笑晚先生一家在北京天坛公园留影（1978 年）

之后，他看到父母的信就像跟父母见面一样，非常有意思，也能明白父母的苦心，立志效果很好。如果写家书的话，我可以写很多立志诗句，孩子们可以反复看，看了会受启发。当时崔永元当场把我一封家书拿出来，那封信里刚好有这句话："人生最有意义的事情就是当你停止生存时，能够以你创造的一切为全人类服务。"崔永元当时说："这些话在电话里说来，孩子会以为你疯了，但是在家书上可以写，句子很漂亮，他们看了也会很轻松。"这就是立志五部曲。

采访者：接下来，我们围绕您于 2006 年设立的"蔡笑晚奖学助学基金"来谈谈，当时您设立这个基金的初衷是什么？

蔡笑晚：我们孩子读书都成功了，我也感到我们的父老乡亲对我们曾经有过很大支持，我们那时候已经稍微有能力了，也想设立一个基金专门奖励当地优秀的孩子，帮助贫困的孩子，来表达我们自己的一点心意。老大、老二、老六共出资 100 万元，我们没有向社会筹集，现在发出去总共 100 多万元了，已经 10 年了。我们的本金还是 100 万元，再依靠利息之类来运行。

采访者：一般一届有多少学生，每个学生奖励是多少？

蔡笑晚：总人数大概有二三十人，一个年度 10 多万元，前年到今年都是 15 万元，包括奖助学两部分。一方面奖励那些考上清华、北大的同学；另一方面帮助那些交不起学费的同学。

第五届"蔡笑晚奖学助学基金"颁奖仪式暨家庭教育知识讲座（2011 年）

采访者：这些学生是通过什么方式选出来的？

蔡笑晚：如果有同学需要助学，可向当地政府申请贫困证明。奖学金主要是针对每年中高考优秀学生，考上清华北大每人 10000 元，特别优秀的老师侨联也会给予奖励 8000 元，因为学生是老师培养出来，这也很有意义。以后我们基金会的发展就会慢慢正规化，让当地老板来一起参与，他们也会很愿意，毕竟我们是读书家庭，没有大量资金，不过天文还是有一些号召力的，可以向社会号召。

采访者：这个工作现在已经开始做了吗？

蔡笑晚：已经开始思考了，毕竟这个需要好的管理机制，否则人家会以为我们有私心。我这次放假，想了解基金会运作以及之后的发展方向，了解以后再来落实基金会的管理。

采访者：您和那些受奖励的孩子接触多吗？

蔡笑晚：不是很多，因为他们上大学之后，都不在本地工作，大概碰到几个，但联系不多，毕竟我们也是公益活动。

采访者：我觉得像这种基金会，特别是您创办的这个基金会功能应该是多元的，不仅仅是奖助，在历届学生中能够形成一种互助关系，这种影响力还是很大的。

蔡笑晚：这就是我们的初心，也就是想从奖助渠道来培养一批学生，形成互助关系。

五　蔡氏家风

采访者：最后我们来谈一下蔡氏家风，您能不能再具体阐释一下？

蔡笑晚：其实家风形成是一个历史的过程，我们的家风从我祖辈开始就树立了，先把我父亲培养出来，父亲再把我培养出来，我再把我孩子培养出来。在这个过程中，家风得到了不断发扬，但是核心的东西不变，就是对文化的认同。我得过"第三届当代中华最感人的十大慈孝人物"，我们家庭首先就是讲究"孝"，以"孝"治家，另外还有爱，爱是由父母亲传递给孩子，先要有爱的传递，才会有孝道的传承。第三，所有这些前提是家庭的和睦，夫妻的和睦是孝和爱的基础，夫妻吵架，就不可能关心孩子，孩子也不可能孝。杨澜采访比尔·盖茨时问："您感觉到这一生最得意事情是什么？"他说："我娶了一个好夫人，这是我一生事业的成功。"

采访者：假如这个问题让您回答，您会怎样回答？

蔡笑晚：我也会这样回答，我在书里就这样写。家庭中夫妻价值观不同的话，根本就无法培养出好的孩子。你这辈子娶到好妻子，你就胜利了。不过我再强调一点，夫妻和睦并不一定是相濡以沫，我还特别在中央电视台提到"相濡以吵"。假如夫妻之间三观完全不同是难以生活下去的，但是三观一致不是你想要就会有，这需要培养和珍惜。我在海峡两岸婚姻论坛上进行过一个多小时的发言，我说过一句话：夫妻之间的沟通只有在三观相同时可以沟通，现在年轻人谈恋爱时间很久，无非就是想多了解一些对方，但我认为这不正确。我认为真正的感情是靠结婚之后自己去培养、去珍惜，否则恋爱多久都没有用。还有一个就是对父母的孝，很多人认为对父母心里孝就好了，反正父母都去世了，去祭祖有什么意思？这话不是这样说，《朱子治家格言》上有两句话说："祖宗虽远，祭祀不可不诚；子孙虽愚，经书不可不读。"祭祖时就是在教育孩子，让孩子孝顺，读书也是一样。所以家风的树立，必须要有具体形象，否则家风就无法传承。另外，我们家里还有一个孝厅，以前大户人家都有一个孝厅来放父母灵牌。我们以前在放书的地方留出一些空位来摆放父母亲照片，旁边写两句对联，让孩子们到家时在爷爷奶奶面前叩个头，报个信，出去时向爷爷奶奶告别。这都是我们培养孩子孝道方面很具体的东西，我们也会给孩子讲述爷爷奶奶的故事来培养他们的孝道。另外，我还总结了蔡氏家风家训，现在网络上点击"蔡笑晚教子格言"都会跳出来。我昨天要求几个孩子来测试，那些孩子和家长看了之后都非常佩服。因为这些教子格言每一句几乎都很有用，不仅教育他们人生要立志，而且还教育他们如何应对社会，怎样做人，怎样读书。前天我去参观王阳明故居，看了之后非常感动，说明我们中华文明无须崇拜外国观念，足以引领炎黄子孙走向世界前列。

采访者：您将自己家风家训传承给孩子，他们会不会继续传承下去？

蔡笑晚：肯定会，但是形式会有所不同。因为我的孙子辈好多在美国，中文水平不行，需要培养。我还打算将家风家训翻译成英文，这总结了中华文明和我人生经验的精华，一个真正的家庭要将自己的家训传承下来，这些非常宝贵、非常有用。

口述者——黄良桐

黄良桐：

低调做人　高效做事

———

采访者：郑重、曾富城

整理者：郑重

采访时间：2017 年 6 月 8 日

采访地点：新江南人家

口述者：黄良桐先生，1943 年出生于瑞安马屿，一生痴心于教育事业。1962 年，他从瑞安师范学校毕业后在海岛北麂任教十六年，不怕艰苦，任劳任怨。在"文化大革命"期间，各地纷纷停课，学校连课本也买不到。黄先生坚持要上课，几经周折在文成县买到课本，保证了按时开学，北麂学校"文化大革命"期间不停课，被传为佳话。他调入瑞安教委后致力于普教工作，尽自己最大的努力不让一个孩子失学，他立志"我所从事的工作要列全省前茅"。黄先生说："我不在乎职位高低，只在乎奉献的实在价值，为实现我的目标，我情愿坚守教育第一线。"黄先生家的家训是"低调做人，高效做事"，教育子女做人要低调，做事要高标。在黄先生的言传身教下，他的家庭出了 7 名教师，和他一样奋斗在教育战线上。黄先生退休后仍奉行自己的信条——修身养体、

永葆晚节、情系教育、奉献余热，为实践初心孜孜不倦地服务着，为家庭做表率，为社会做奉献。

一　怀揣教师梦

采访者：黄老师，您好！您是一位优秀的教育工作者，您的家庭是瑞安教育界著名的教师之家。我们想对您进行口述历史采访，了解您教育生涯中的故事以及您家庭的优良家训。一个人的早年经历对他今后的人生会有一些影响，请您给我们介绍一下，首先请您简要谈谈您的出身及家庭情况。

黄良桐：我于 1943 年 3 月 7 日，农历二月初二出生在瑞安马屿的农村，家庭成分是下中农，祖上三代都是种田的。我爷爷还是比较重视我父亲的教育的，让他读到小学四年级。我们村校只有一到四年级，五六年级要到外地去读，后来他就没有去读了。他识字不多，但是自学还是不错的。解放初期，他是农村的一个半脱产干部。土地改革、分田地，他都是参加的。他是半脱产的，没有工资，有补贴，主要还是在农村种田。当时政府的驻村干部都找他联系，村里有什么需要调解的，他都出面去调解。我是父亲最大的儿子，我出生的时候他25岁。

我是 1950 年开始读书，就是在刚刚解放的时候。我小学初小就在我们本村小学读，高小要到四里外的沿厚小学读。我小学时期的校长很好。开始的时候他是我们初小的校长，后来也调到高小去当校长了，也很有缘分。他对我们要求很严格，却很体贴。他叫陈超俊，当时有四十多岁了，他儿子当兵回来，也去教书了。他对文化是很重视的。当时我家里困难，到小学毕业升初中的时候爸爸不想让我读了。当时爸爸想：家里比较困难，读书比较耗本钱，还是早点替爸爸"分担"好。但我一定要读书。老师把这件事情反映给校长陈超俊，他就赶到我家里来做我爸爸的思想工作，在讲了读书重要性的道理后说："解放前你们读书机会少，现在我们贫下中农翻身了，读书机会好了，良桐想读书，会读书，我们一定要支持他成才。"爸爸在经过思想斗争后，终于同意了。我到初中里学费都减免了，还发了助学金。我爸说："政府真好，培养人才重要。"

关于小学最好的老师，我觉得除了校长陈超俊以外还有我的班主任倪永芬老师，后来才知道她是塘下人。她特别和蔼可亲，我对倪老师也特别亲近，我很喜欢到学校里读书。记得有一年初夏，倪老师把棉被、冬衣都晒好收起来了，一天突然刮起冷风，有的同学回家去拿衣服，倪老师毅然把自己的衣服拿出来给学生穿。我领到一件绒马甲，放学了老师还让我穿回家去。那时候我没有穿过绒马甲，我回到家还舍不得脱下来。妈妈说："你不要把老师的衣服穿脏了，马上换衣服。"我依依不舍地脱下绒马甲包好送还老师。我顿觉到一股温暖的母爱萦绕着我。我要当老师的念头油然而生。

我的初中是在马屿中学读的，我是马中第一届学生。那时的马屿中学就是现在的瑞安第五中学。教语文和音乐的章培基老师，让我终生受益。他是温州师范毕业的，唱歌、跳舞、吹笛子、拉二胡、打篮球样样精通，还写一手好字。他当我们班主任的时候，我们班里挂着一排胡琴、笛子等乐器，有空就可以去拉拉吹吹，每个星期天早晨我们都从五里外跑到学校的墙围外"偷听"章老师吹笛子。我觉得这么好听，一定要学，然后就开始自己做支竹笛，学吹笛子。我自己做的笛子不太标准，章老师看我颇有兴趣，就买了根笛子赠送我。我如获至宝，就开始拼命学吹笛子了。笛子一学起来，班级里有什么活动，我就用笛子、二胡来伴奏。从那个时候开始，我喜欢上了民乐，现在进入耄耋之年仍依恋琴笛自取其乐，还常常活跃在舞台上。

1959年，我考入瑞安师范，觉得又是一方天地。在瑞安师范学习期间，很多老师的人格和才艺感召着我们。对我影响最大的是杨奔老师。他出生于1923年，原名杨丕衡。1938年2月，他到瑞安湖岭参加浙南游击队，在政委郑嘉顺①身边从事文秘工作。1949 年 5 月温州地区解放后，他被分配到瑞安县委宣传部任干事。解放初期，他担任《浙南大众报》编辑。为扶植文学新人，他悉心修改作者的来稿，每一篇都给予回信。著名作家叶永烈② 14 岁时写了首小诗，就是他修改发表的，后又写信鼓励。到现在，叶永烈先生仍然在《清明》《文学报》等大型报刊尊称杨奔先生为"启蒙老师"。他教书很朴实，讲课能一讲到底，对课文很熟悉，功底也很好。讲课时，他把自己渊博的学问和丰富的阅历巧妙地穿插其中，如春风化雨，滋润着学生的心田；对学生的作业，他当日便细细分批分次改定，次日便发下，批改之快、之细令学生赞叹不已。他在讲评学生的作文时，能根据不同的写作特点，深入浅出地加以准确、生动的点评，使学生受到很大的启发和鼓舞。他来教语文，我们都特别喜欢听。杨奔老师一生教书育人，对学生循循善诱，充满热情和爱心。在瑞安师范学校教书期间，为帮助学生获取课外知识，他自己动手刻蜡纸、印讲义，筛选名著名篇并列出思考提纲印发给学生。他的人格风范受到一批又一批学生的称道和敬重。他坚持业余创作，一生笔耕不辍，著作累累。他曾参加编写《汉语大词典》和温州市及苍南县民间文学三套集成。个人著作有《描在青空》《深红的野莓》《霜红居夜话》《外国小品精选》及其续集等。其中《深红的野莓》荣获浙江省 1991 年新时期优秀散文奖。杨奔老师还是浙江省作家协会会员、温州市作家协会顾问、中华诗词学会会员、温州诗词学会理事。他还于 1991 年被载入《中国当代文艺

① 郑嘉顺，1923 年出生，福建福鼎人，1935 年，在革命大潮的影响下，12 岁便加入浙南特委机关工作。1939 年，全省党代会举行期间，他被调到秘书处，此后四年多，他一直在刘英身边工作。解放前，他曾任瑞安县委书记；中华人民共和国成立后曾任中共温州地委书记温州地委专署专员、地委副书记。1981 年 9 月 22 日，中共中央、国务院批准温州地区和温州市合并，实行市管县的新体制，他出任温州市人民政府代理市长，中共温州地委书记。
② 叶永烈，1940 年出生，浙江温州人，著名科普文艺作家、报告文学作家，笔名萧勇、久远等，毕业于北京大学化学系。他以儿童文学、科幻、科普文学及纪实文学为主要创作内容。作品《真理诞生于一百个问号之后》被选入人教版小学语文六年级下册；其《床头上的标签》《炸药工业之父——诺贝尔》被选入北师大版语文教材六年级下册。曾任中国科学协会委员、中国科普创作协会常务理事、世界科幻小说协会理事。

家辞典》和《中国当代方志学者辞典》。时任温州市委书记李强同志以前也是杨奔老师的学生，2003年杨老师去世的时候他发出唁电，温州地区很多领导、学者也都赶去吊唁。杨老师给我们终生不渝的教诲就是"讲真话，做真人，学真本领"。

　　采访者：这真是一位好老师。您当时选择读师范的原因是什么？

　　黄良桐：我读师范有三个原因：一是受我恩师的影响，老师这么好，这么伟大，我要是能成为像他们一样的老师，那就心满意足了；二是我家庭的意向，当教师光荣，读书省本，可早点替家庭"分担"；三是我早就坚信教师是人类灵魂的工程师，教师的事业是太阳底下最绚丽的事业。我读师范，就是要专心做教育工作，为培养振兴中华的接班人出力。

　　采访者：您在瑞安师范学校担任过什么职务？

　　黄良桐：开学前，学校领导先把我们几个作为学生干部培训了一周。经选举我担任瑞师团委会组织委员。叶彩娟老师是专职团干部兼任共青团瑞安师范委员会书记，在她的带领下，经过三年的锻炼，我受益不少。被评为"三好学生"。

　　采访者："让红领巾与白发一起飘扬"是您的夙愿，能谈一谈您的付出吗？

　　黄良桐：我入团在初中，入队在小学，我是解放初第一批入队的少先队员。在瑞安师范学校读书的时候就开始当辅导员了，那时候是兼任瑞安师范的附属小学（就是现在的市实验小学）校外辅导员。从那个时候开始红领巾就与我结下了不解之缘，红领巾在我的脖子上飘扬到现在，实现了"让红领巾与白发一起飘扬"的理想。为什么呢？因为少先队是少年儿童的群众组织，少年儿童在自己的组织里无忧无虑地开展活动，不知不觉地经受教育和熏陶，效果是最好的。少先队教育活动是课堂教学的补充，是学校教育的重要组成部分。少先队教育本身就是一个大课程，《少先队队章》《少先队教育活动纲要》及一系列规章都是很科学的，是少年儿童锻炼成长的好阵地，中国的少先队成为世界上最为先进最有影响力的少年儿童组织。党把少先队建设的任务交给共青团和教育部门，奉行"以团带队"方针，成立了由团教两家和学校领导组成的"少先队工作委员会"，具体抓这项工作。由于共青团人事变动较快，教育部门就要有相对稳定的人来抓少先队工作。1979 年我调到教委的第一项工作就是做团、队工作。我当了教育科长和市教委党委委员后，仍抓（或分管）少先队工作，分别兼任市少工委副主任、少先队工作学会会长、少先队活动课教研组长、家庭教育学会秘书长等职。退休后，仍然退职不退岗，担任少先队校外辅导员、少工委副主任，积极履行少先队建设使命。我们奉行"强基础（七有十率）、抓队伍（校内外辅导员）、塑品牌（创特色）"的指导思想，在"团教一家"的共同努力下，我市成为浙江省少先队工作先进单位。我市建队率和少年儿童入队率都达到 100%；辅导员队伍的聘任率和培训率都达到 100%；少先队活动的覆盖率和活跃率都达到指标要求；全市建立了 20 多个少先队活动基地，建立了瑞安市少年警校、少年军校、少年团校、少年科技校、少年艺校、少年体校、少年法校、少年创意校、少年卫校、少年农校等十大特色学校，进行专业化学习和训练，全市各学校都有少先队活动阵地；全市建立了少先队代表大会制度（每五年一届，已办了六届）；少先队工作年会制度；科研活动和论文评比制度成为常态。专就近年来说，我们聘请了中国少先队工作学会副会长、社区少先队专业委员会主任李启民教授、中国少先队工作学会社区少先队专业委员会副主任傅忠道教授、全国总辅导员、团中央《辅导员》杂志总编柯英教授以及省团校副校长吴建民副教授等专家学者来指导国家级课题研究，如莘塍实验小学的《少先队知识产权教育实践与研究》、塘下镇中心小学的《利用塘河文化资源培养队员爱国爱家乡朴素感情的实践研究》、市第二实验小学的《新农村少先队惜福感恩教育活动的实践与研究》、东山小学的《加强少先队员在经典诵读中培养综合文化素质的实践与研究》、外国语学校的《知海事、巡海疆、爱海洋实践教育活动》等 10 多个，获奖论文 20 多篇，在全国少先队课题研究会上交流。这些课题成果成为全国性的品牌。为了宣传少先队业务，我为辅导员、学校领导、少先队员、家长和师范生讲少先队课几百场。我对少先队的工作情有独钟，为加强学习便于交流，《辅导员》杂志我每期必读，退休至今仍坚持自费订阅《辅导员》杂志，研究少先队事业的工作效能和发展趋势。我曾经获得全国少先队科研突出贡献奖、全国学赖宁活动优秀指导师，在职时和退休后分别两次被评为浙江省少先队事业功臣。我现在 70 多岁了，还戴红领巾参加少先队活动。有人说我"痴"，我说："我是痴情红领巾事业。"

二　北麂岁月

采访者：1962 年 8 月，您被分配到北麂工作，工作时间长达十几年，请您谈谈这段经历。

黄良桐：1962 年 8 月，我作为瑞安师范学校优秀毕业生分配到北麂工作。那个时候是困难时期，我们这一届本来有七个班，精简到四个班。后来我毕业了以后，瑞安师范也解散了，下一届城镇户口的都转到温州师范去读书，农村户口的都精简下放了。我们师范毕业的时候瑞安人有七十多个，原农村户口的只有四个人分配，都到海岛去了，我就到了北麂。城镇户口的人都分配到湖岭、高楼等山区。

1963 年下半年，瑞安团县委因工作需要要调我到团县委工作，因为我原来是瑞安师范学校团委会干部，组织上派人到北麂公社征求意见。时任北麂公社书记林邦锡同志说："北麂岛是海防前哨，好教师难得，就让他留下来吧。"后来，他征求我的意见，我见他舍不得让我走，我就答应留了下来。后来，人家都说我"痴"，我笑着说："我是党培养的，就让组织安排吧。"我坚持待在海岛，痴情教育。结果是我的一个同学去了，后来他当了团市委书记，进步很快。我的同学和朋友都打电话来问，说我是"驯服工具"，是"傻瓜"。我还是履行了但丁的话——走自己的路，让人去说吧。

20 世纪 60 年代中后期，我们学校缺少课本。一天，学校临时负责人周日昆突然对我们说："咱们去文成县新华书店买书，你们有信心吗？"他分析了文成新华书店可能有书的因素，大家觉得有道理，于是就决定由周日昆和我去文成买书。

我们乘渔民的舢舨轮到平阳县鳌江镇。第二天我们摸黑挤上鳌江开往山门的汽车，车上没有位置，只好站着，开了两个多小时车突然停住了，因为前方道路塌方，我们只得在水头下车，绕过山门直奔猿岭。山路弯弯，前不着村后不着店。周日昆告诉我，走这条路要小心，山上有猿猴，所以这条岭叫"猿岭"。我们使劲爬山，爬了两个多小时，快到岭平时，一拐弯看到了一座小破庙，几个行路人在站着喝什么，这对我们又饥又累汗流浃背的赶路人来说是多么惬意的事啊。我们快步来到小庙前，原来是一位老人在卖粥，没有一张桌子或凳子。我们走到时，那几个人把几乎没有米的一碗粥就喝完了，接着，他们拿起筷子在小罐里夹一块用豆豉腌成的柚皮，吮一吮嚼一嚼，也就当是下粥的菜了。他们每人付了一毛钱。我们也照样画葫芦，完成了中餐。周日昆说："不来这里，这样的生活怎么体验得到啊？"我笑着说："真是千金难买的好时机，永远值得回味。"我问卖粥老人："这里到文成县大峃镇还有多少路？"老人听不懂温州话和普通话，旁边的路人抢着告诉我们："这里叫岭头，到山脚有 10 华里起伏的山路，往下翻就是文成地界了，从山脚到大峃还有 30 华里路。"我们生怕天黑前赶不到大峃，不敢多逗留，辞别了他们就赶路了。到了夕阳下山，不那么晒了，因为大旱没有渡船，我们蹚过珊溪溪、涉过李山溪，翻过李山岭，到大峃已经是晚上九点钟了。这是一件印象很深刻的事情，路这么难走，天气这么热，我们中午也没有吃什么东西。第三天，我们拖着疼痛的腿来到文成新华书店，说明了来意，书店的同志热情地接待了我们，满足了我们的要求，并答应除教本因教师备课急需，由我们随身带回来外，其余课本都由书店设法按时运到。最后在北麂供销社和渔民的协助下，学生们兴高采烈地领到了新书。

北麂由大明甫岛、小明甫岛、北麂岛、下岙岛、关老爷岛等 16 个岛屿组成。20 世纪 60 年代北麂每个自然村都办起了学校。当时，北麂岛有 6 所学校（瑞安全县有 1527 所小学）。下岙是个孤岛，交通不便，生活最艰苦，本岛教师轮流过去支教。1968 年上半年轮到我去任教，南北岙共 17 户人家，32 名学龄儿童，是个四复式的教学班。开学那天非常热闹，简易的教室里挤满了学生和家长。经过点名，四年级缺了嵇竹林同学，一盘问，家长们告诉了我。原来，在假期里嵇竹林跟父亲去"捉岩头"，不小心把脚摔断了。他的父亲六十多岁了，体弱又驼背，母亲已亡故。他家住在北岙，到学校所在地南岙要爬 5 里多山路。吃过中饭，根据同学的指引，我来到嵇竹林家。他爸爸不在家，竹林一个人躺在床上，看见老师来了，流出了眼泪。我问他能不能去读书，他点了点头。于是，我帮他穿好衣服整理好书包，背他上学。山路漫漫，爬上翻下，每当从凹地背到岭背，我气喘吁吁，两脚发抖，到学校要翻过三个山背。一路上家长们见我满脸通红，汗流浃背，不由自主地惊叹："现在的老师真好啊！竹林啊，你一定要好好读书啊，要不，对不起老师啊！"竹林在我背上羞涩地轻轻应诺着，一定要把书读好。就这样，每天一来回背着，那时我才 25 岁。这件事惊动了大队（村）干部，他们只要没下海捕鱼也主动帮着背，一背就背了三个多月。从此，竹林更用功读书了，上完中学，他就去苍南灵溪亲戚家打工，现在是自己经营了，当上了小老板。

那时，学生上学天经地义，不管遇到什么困难，社会和学校千方百计予以排除，像这样脚不能走，被背上学的学生不乏其人。东联村的王圣秋，因为患了小儿麻痹症，两脚不能站立，老师、同学和家人替他背了九年。他初中毕业后，当上了会计。王圣秋逢人就说："没有普及教育就没有我的今天。"

那时，我们老师始终坚持一个观点，教书育人是我们的天职，培养优秀人才是我们的宗旨。于是我们排除干扰，以校规为抓手，抓好教育教学工作。那一届初中毕业生升学考试，有很多北麂考生升入瑞安中学。瑞安中学毕业后，张银光、黄道松同学考上浙江大学，许多同学考上重点大学或浙江水产学院，学生成才后，在各条战线上成为骨干力量，用现在的话说：他们为共筑中国梦奉献着智慧和才能。

1968年我调回瑞安城关工作了一年，由于北麂缺教师，组织上又把我们调到北麂。我被分配到立公小学。当时，立公小学只有一个三复式班，一名教师，我把小学低中年级的所有课程全部开了出来。家长们看到孩子学语文（当时叫政语）、数学（当时叫算术）、常识、唱歌、图画、体育学得那么有味道，个个赞叹不已。我白天为孩子上课，晚上为民兵上文化课，还要备课改作业。社员们都说："师范毕业生真能，毛主席教导出来的老师就是好！"白天要教，晚上也要教，我要当一名好教员。1969年下半年，随着"农村学校下放到大队来办"，我的工资拨到大队，大队给我打工分，参加大队分红，我便成了立公大队的社员。大队对我特别照顾，我的工分档同等于大队书记和大队长。我平时是教员，农（渔）忙假时，我就是社员，参加大队分配的诸如记工、司秤、晒海带、管理晒场等力所能及的劳动。社员对我很好，我和大家的关系很融洽。宣传毛泽东思想是干部和教师的神圣职责。我平时利用各种场合向学生和群众宣传毛泽东思想，带着学生编排文艺节目慰问驻岛部队，部队首长又组织我们与战士一起组成"北麂军民文宣队"向全岛军民宣传毛泽东思想。不久，公社和部队领导根据形势发展的需要组织军民文宣队学演革命样板戏《沙家浜》，我们欣然接受了这个政治任务。我们历尽了千辛，排除了万难，把这场戏排演成功，经过锤炼和加工，参加了瑞安县样板戏大联赛，获得了优胜。我们被派到全县各地巡回演出，所到之处，受人欢迎的场景，难以言表。回来后，我被评为优秀的毛泽东思想宣传员。这样，我集"教员、社员、毛泽东思想宣传员"于一身，县里召开学毛选积极分子代表大会，指名要我以《当好"三员"，全心全意为人民服务》为题，在大会上作典型发言。

原北麂军民文宣队在瑞同志留影

（前排右三为黄良桐先生）

北麂军民《沙家浜》剧组 35 周年留影

（中排右一为黄良桐先生，摄于 2006 年）

采访者：关于在北麂，您还有哪些印象深刻的事？

黄良桐：关于在北麂的故事，我再讲一点，紫菜是北麂岛的特产，是人人喜欢的珍美食品。当时我们遵照毛主席"学生以学为主，兼学别样，即不但要学文，也要学工、学农、学军"的教导。学校的课程进行了改革，增设了生产劳动课，有种山的、有烧蛎灰的、有义务劳动的，我们初中高年级选择了养殖紫菜。当时的公社和大队领导都很重视，在呑口外划一片水面最大最平且朝南的大石头群给我们做养殖紫菜基地。

养殖紫菜是一门科学，需要技术。水产公司帮我们请到农业部水产养殖专家给我们上课，培训养殖紫菜的知识和技术。学生们进一步了解了紫菜的食用效能和养殖紫菜的意义后，积极性更高了。我们依据课本知识结合当地实际，遵循紫菜的生长规律，按照紫菜养殖流程，开展实践活动。我们重视第一工序——消毒清理岩头，精细第二工序——选苗播种，着力第三工序——管理护殖，规范第四工序——采摘洗晒。本着"安全是前提，长知识强技能是宗旨"的精神，大家同心协力，身体力行。经历了这四道工序的磨炼，师生们收获累累。虽然所得到的钱都归学校勤工俭学收入了，但对于我们师生来说，有着无与伦比的精神价值，让我感到终生欣慰。

采访者：1979 年您调到瑞安教育委员会，这次调动的原因是什么？

黄良桐：上调的原因很简单，本来规定师范毕业生到海岛工作期限为三年到五年的，而我在海岛工作头尾已有十七年了，每年县政府来北麂慰问，看到我还在，这么艰苦怎么没有调动啊？他们向教育部门提了建议；教委也正需要在基层学校有实际经验的同志来充实教委的力量。

三　当好普教科长

采访者：请讲一下您在瑞安教育委员会的工作经历。

黄良桐：1979 年正月，我调到瑞安县教育委员会。开始我是抓学生工作的，德育、体育、艺术和科技教育。1984 年教育委员会开始机构改革，我当上了普教科长，管理高中、初中、小学和幼儿园，1991 年成为瑞安市教育委员会党委委员。有好心人对我说："党委委员是领导层面，兼了科长就是'工头'，还是不兼科长好。"我说："我不在乎职位高低，只在乎奉献的实在价值。为实现我的目标，我情愿坚守第一线。"就这样，我当了20 年科长。我诚心悦意地聆听

瑞安市教育功臣奖牌

着同志们的"闲言"：憨干。有的人到了 56 岁或者 58 岁就要退二线，我一直干到退休。1986 年，当时瑞安县普及初等教育通过了省市的验收。1996 年我们瑞安市实现了基本普及九年制义务教育和基本扫除青壮年文盲。我们瑞安市荣获全国特殊教育先进县（市、区）和浙江省"两基"工作先进县（市、区）称号。接着，我们紧锣密鼓地部署高标准"普九"和创建教育强市。1999 年，中国向世界宣告了"普九"和扫除青壮年文盲的喜讯。美国人曾说中国有这么多人口，要普及义务教育是不可能的，后来我们宣布做到了。

　　当时中央要评最有功劳的人，一个地区评几个，比如教育战线的评一个，党政领导评一个，捐资助学最有成效的也评一个，称普及教育先进个人。就这样我在 1999 年被评为全国和省"两基"工作先进个人，瑞安市嘉我"教育功臣"称号。浙江省召开表彰大会时，我做了专题发言。

　　这里我介绍一下几个比较好的制度。义务教育法"宣传月"制度。从 1986 年开始，我们连续几年开展义务教育宣传月活动。为宣传义务教育法和年度教育工作会议精神，瑞安市广大党政干部和教育工作者，在一年一度的宣传月活动中，人人充当宣传员，深入千家万户，宣传普及教育的意义，解决难题，千方百计让学生进得来，留得住，学得好。我到机关、农村、工厂、学校以及乡镇干部培训班讲课上百场。"扩留生"制度，普及初等教育和"两基"期间，每学期全体教师在党政干部带领下，挨村逐户地毯式做"扩留生"工作，动员少年儿童入学。自掏腰包为贫困学生交学杂费的干部和教师很多。

　　在普及义务教育的过程中涌现了许许多多感人的故事，这些故事就发生在我身边，也说明普及教育工作任务的艰巨。20 世纪 80 年代学生辍学现象很普遍，解决这个问题也是最艰巨的任务。当时林溪一个村庄里有一个小学五年级的学生金燕燕，由于家庭经济压力大，被迫辍学到瓯海一家工厂当童工。每天夜里她都要想很多很多，回忆起以前幸福的生活，老师表扬她的话语，自己曾经向老师表达要当人民教师的愿望，现在却无法实现这个愿望。她越想心里越难过。夜里常常说梦话。有一天上班，她突然大叫："老师来了。"周围的人说："金燕燕，你大白天又说梦话了。"话音未落，只见金燕燕飞也似的扑向刚出现在门口的两位老师，原来老师真的来了。他们是林溪小学王校长和金燕燕的班主任，发现金燕燕辍学了，再三打听，找到了她。校长把她带回学校，减免了学杂费，老师还送她书本，她回到了温暖的课堂。经过努力学习，她考上了师范学校，毕业后执意留在山区任教，实现了自己的愿望。她现在已经调到瑞安了，在红旗实验小学当教导主任，这是义务教育带来的成果。她现在当了教师，而且还是人大代表。我们当时抓普及教育，不落下一个人，一定要把学生找过来，让他们念书。即使有的人去外地了，校长和老师也把他找过来，这就是普及教育的意义，让教育改变人的命运。

采访者：您在1997年曾获得全国和省特殊教育工作先进个人，在20世纪90年代就开始关心特殊教育是吗？

黄良桐：我当时为什么会关注残疾儿童这个群体？因为我是普教科长，义不容辞。根据全市900多个村居调查和专家指导下的筛查，残疾儿童占百分之十左右，除了肢体残疾和轻度视听障碍送全日制学校随班就读外，留下来的这批残儿的入学问题是一个值得研究的重大课题。这些人一到入学年龄，家长都开始苦闷：别人家的孩子都去读书了，我家孩子没能就读。家长看在眼里，急在心里。残儿更是哭哭啼啼，自暴自弃。解决这个问题成为当务

特殊教育先进工作者奖牌

之急的民生问题。瑞安特殊教育由于政府重视，所以起步较早，20世纪80年代就办起了聋哑学校，后来又招收了盲童，建造了新校舍，撤并一所私立聋哑学校，改名为"瑞安市特殊教育学校"，老师有特教专业毕业分配来的，也有就地取材送去培养的。学校办得有声有色，残疾儿童享受着幸福的学习生活。他们参加省技能比赛能获重要奖项，参加全国少儿残运会屡屡得金牌。

听障毕业生成为厂企的抢手货，词坛和保健推拿店非常看好视障毕业生。一些盲童读了书以后，开了按摩店，以前在家里很苦的，现在当了老板，家人都非常感激。例如仙降下林村的魏学章两岁时失明，一家人很伤心。到了入学年龄，同龄的孩子都去上学了，他却去不了，全家人又陷入痛苦中。瑞安东山盲校（瑞安市特殊教育学校分部）校长陈启松从飞云学区学龄名册中发现了他，于是立即赶到仙降下林村，动员他入学。魏学章的爸爸听说儿子有入学的机会，笑着说："盲童有书读，共产党真好！"魏学章上学后学习很勤奋，一个盲童也能琴棋书画和电脑件件皆通，参加文艺演出也获奖。他的穴位推拿更是胜人一筹。学校办了个实践基地，我们教育局为实践基地挂了牌，请他去当指导老师。因为他受过正规训练，顾客都喜欢他。后来学校把这个基地给他承包了，他就成了专业化的老板。现在他的事业非常兴隆，娶了漂亮的媳妇，生了个活泼的孩子。一家人温温馨馨，他爸爸高兴得一直说共产党好！

瑞安市特殊教育筛查人员培训合影

（前排右三为黄良桐先生，摄于1995年）

黄良桐先生（前排右三）
在瑞安市东山特殊教育学校调研

采访者：您在教育部门干过教育业务的方方面面工作，有何体会？

黄良桐："小车不倒尽管推，党叫干啥就干啥。"我当过温州市人民政府督学，干过督导工作；兼任过瑞安市教育发展和人才规划办公室主任，干过人才规划工作；兼任过瑞安市语言文字办公室主任，干过语言文字工作；兼任过瑞安市青少年科技协会理事长，干过青少年科技工作；兼任过瑞安市老年学会常务理事，干过社会老年研究工作；兼任过瑞安市家庭教育学会秘书长，干过家庭教育研究工作等。我干一行爱一行，行行干得很有味道。我觉得要干好事情，什么岗位都一样，什么都要懂得，专心去干，这样对社会贡献才大，要像钉子一样有钻劲和牢劲，要干事就要干好，要干好就要内行，并要逐步成为行家、专家。我想钻业务，就得干一行，专一行，成一行，我认为这是成人成事之道。别人没有发现，我去发现，别人找不到的解决办法，我找到了，这个就是贡献。人生价值包括自然生命、社会生命、精神生命。第一，我要保护和修炼好自然生命，这是本；第二，我要融入社会，释放自己的才能，为社会服务，强化社会生命；第三，创造精神生命，精神是无止境的，我要永葆锐气，促成发光，让新理念来丰富自己的精神生命。这样，即使第一生命不存在了，第二、第三生命必定还在延续着你的生命。我是这样想的，也是这样教育孩子的。

四 发挥余热

采访者：您是哪一年退休的，退休生活是怎样安排的？

黄良桐：我是 2003 年退休的，退休生活是真正的"还我自由"，享受人生的美好生活，是一生中最绚丽的年华。然而，我只享受半个月，就枷上了"牛鞅"——瑞安市退离休教师协会副会长兼教育局机关分会会长。我的老年生活信条是：修身养体、永葆晚节、情系教育、奉献余热。我把自己的生活信条交给大家讨论，我问大家要不要改，大家说就这样，不要改。大家都觉得不错，这成为老年朋友的共同信条。我就把我这几句话在我们的大会议室里裱起来，鼓励大家都要这样。我们退休后参加各种各样的活动，参加各种各样的政治学习，上面的号召我们也写起来挂到墙上，自引为勉。通过学习和培训，我们老年朋友树立了"老年不等于老化"的"积极老龄化"理念。在实践中，我们建立了学习、活动、组织、慰问、庆贺、关爱、财务、体检、培训、档案十大制度，让老年朋友老有所养、老有所医、老有所学、老有所乐、老有所为。

我在瑞安市退离休教师协会副会长兼局机关分会会长的岗位上一干就是十年，现在我还担任瑞安市少工委副主任、新江南人家小区老协会长、教育局机关退离休支部委员、新四军研究会理事、社区教育协会顾问等工作，为老年人服务孜孜不倦。

瑞安市关心下一代工作委员会是我"情系教育，为少服务"的平台。

黄良桐先生（二排左三）参加温州市退教协会工作研讨会（2007 年）

我们按照《关工委工作章程》开展工作，建立了"五老扶苗队"、"关心下一代工作教师团"和"家庭教育讲师团"，指导各乡镇和学校都成立少工委，开展"五好关工委"评选活动，"献爱心资助贫困大学生"活动已成制度，每年举办"手拉手座谈会"，开展关工委工作科研制度，推进关心下一代工作向纵深发展。我是组织者和实践者，多次被评为温州市级先进工作者，科研论文也多次获温州市奖。

当今社会进入老龄化，如何提高老年人的幸福指数、如何提高老年工作水平、如何发挥老年人余力继续为社会做力能所及的服务，成为亟待研究的课题。瑞安市成立了老年学和老年医学学会，我任理事兼教育组组长。我组织老教师积极探究，特别是在"老有所为"方面，写了许多调研论文，分别在浙江省、温州市和瑞安市老龄刊物上发表。

我一退休就参加了老年大学学习，其中 6 年当了民乐班班长，树立了"乐学、惜缘、互动、友善"的班风，积极探究"第一课堂求进步，第二课堂乐实践，第三课堂讲奉献"的教学模式，我们班学员向社会演出 200 多场，制作光盘 3 枚，连续 3 年被评为优胜班级，我也多次被评为优秀学员。

黄良桐先生（后排左一吹笛者）参加庆祝省
第 21 个老人节暨"二老一少"表彰大会（2008 年）

瑞安市退离教协会、教育局关工委助学生座谈会
（前排右一为黄良桐先生）

采访者：您退休后仍不忘教育事业，接手了小学生放学后托管服务工作。瑞安市专门成立了社区教育协会负责该项目，您担任会长，需要做哪些工作？

黄良桐：小学生一般是下午 3 点半至 4 点半放学，但家长一般都要下午 5 点半后才能下班，学校放学与家长下班时间相差 1—2 小时，学生的教育和管理存在着安全和安定的隐患，"空当期"成了很多家长不得不面对的难题。开展小学生放学后托管服务工作，就是希望能有效解决双职工子女放学后无人看管的后顾之忧。只要我还干得动，就会继续为瑞安的教育事业出力。当初瑞安市委市政府将小学生放学后托管服务工作作为民生工程来抓，责成教育局和城市学院组建社区教育协会操办，指定由我去牵头筹建。我想想我都退休了，年纪太大了。他们说："你年龄虽高了点，没有关系，你身体好，工作有窍门，办法多，点子多，喜欢干，也能干。"于是我被选为市社区教育协会会长兼托管服务中心主任。我们通过调查研究，建立了组织，经过试点，确定了办学模式。这种模式是：政府主导，瑞安教育局主管，瑞安城市学院主办，学校工作站施行，家长参与，社会监督。执行了"两个流程"，就是办学流程和财务管理流程；遵循"三个文本"，就是市政府《纪要》、教育局《实施意见》、社教办《实施办法》；施行"八大制度"，包括宣传、调查、联络、财务、安全、档案、科研、考评等制度。重点抓了安全管理工作和课后活动与课程拓展有机结合工作，托管服务有声有色地开展了起来。结果家长、学生、教师、学校、社会的反映都很好，各方都收益。现在很多学生参加了托管服务活动，效益越来越好。开始的时候只有十一所学校，现在发展起来有八万多人了，有九十五所学校，这对社会安定团结贡献确实很大。我们主要是为了拓宽渠道，争取更多机制对青少年进行教育，配合少工委、妇联、社科联、家庭教育学会等机构，开展形式多样的活动，保障下一代健康成长。

我担任社区教育协会会长期间，兼任社区教育讲师团成员。我积极参与"终身学习宣传月"活动，宣传终身学习道理和典型经验。我还写了《给力读书》发表在全国性的刊物——《老年周刊》上。

我现在住在育才社区新江南人家小区，被推选为老协会长兼业委会成员。我们本着"嘉邻里亲和友善文明建小区，诸业主协作共赢同圆中国梦"的理念，大家共同生活，共建家园。我们建立了休闲茶话厅、少儿春泥实践馆、铜钟太极馆、图书阅览室、书法室、乒乓球室、健身场、戏水池、弘德长廊。各个场馆座无虚席。早锻炼，晚歌舞，非常热闹。我们开设了面向社会的"爱心"茶点，常年为小区居民免费供应小米粥。我每年撰编励志弘德的春联贴遍小区，让居民感受文化的熏陶。逢年过节都有各具特色的庆贺活动，小区喜气洋洋。有人说我"忘了年龄了"，我笑着说："大家快乐，我快乐。"

五　教师之家

采访者：您的家庭是瑞安著名的教师之家，请问您家的家训是什么，您平时怎样教育您的子女？

黄良桐：我们家的家训是"低调做人，高效做事"。我认为做人一定要低调，志向一定要高。

低调做人就是低调处世，虚怀若谷，有礼有节。我认为做人要放低身段，学会文明礼貌用语，学会说话留有余地，要给人留台阶，要学会低头弯腰，要懂得吃亏是福，要懂得"上帝为你关闭了一扇门，就一定会为你打开一扇窗"和"你失去的一定会以另一种方式给你补回来"的道理，学做有气量的人，得饶人处且饶人，做人处事要方圆，要善于发现别人的优点，学做一个善于与人相处、与人共事的人。这样的人是有修养的人，其实就是高尚的人。

高效做事就是做事要高效率，要站得高，看得远，选择的标准要高、目标要高、要求要高、姿态要高。我认为选准目标后就要挑战目标，在志向上要不忘初心，牢记使命；锲而不舍，持之以恒；勇于实践，敢于担当。我们在策略上就要调查研究，思路清晰；目标明确，信念坚定；抓准重点，做好细节；正视挫折，永葆进取心；总结经验，树立自信心；集中精力做好每一件事，运用合作双赢的原理学会共事。当教师的人就要忠诚"太阳底下最灿烂的事业"，教师职业虽然不可能有惊天动地的创举，但是润物细无声，人的成长都离不开教师的辛勤教导，我们必须以敬业的精神、高效的目标干好自己的事业。在我家，我认为"低调做人，高效做事"就是孩子们对长辈最大的孝顺。

我家要建立的家风是志为本，勤为源，廉为基，善为魂。我觉得要想做事，先学做人，只有学会做人，才能成就事业。我对孩子的教育是从取名开始的，要求孩子顾名思义，永久践行，也体现了家训。我给大儿子取名"成廉"，意思是要清正廉洁，清廉是志向的基石，是为他人做好事的动力；我给二儿子取名"成涛"，意思是波涛是一滴滴水累积而成的，我们要发扬"滴水穿石、积水成海"的精神，从小事做起，把事情做好；我给大女儿取名"小萍"，意思是要像小小的绿萍一样默默无闻地传递着绿色世界；我给小女儿取名"霜蕾"，意思是不怕艰难，要在严冬霜雪中锻炼成长，绽放花朵，缀美人寰。

平时我教导孩子们主要是讲讲基本道理，拿书给他们看看，比如《三字经》《弟子规》《青少年修养》及少年爱国、好学、励志、美德等系列丛书，让他们自己看，启发他们自己找书看。我重视启蒙教育，更注重自身的示范和熏陶。家庭氛围对孩子们的影响很大。由于我崇尚教师职业，我的儿女们也都选择了教师这个光荣的职业。大儿子是杭州师院毕业的，现在瑞祥学校当书记（原兼校长）。我的大女儿在莘塍中心小学当副书记。我二儿子，原来是莘塍实验小学校长，现在陶山当学区主任。我自己也担任过校长，所以人家都说我家有四位校长。我妻子及二媳妇和二女儿都是教师，全家共有七位教师，《瑞安日报》曾报道过。

因为我们家中成员大部分是教师，所以家庭聚餐的时候，有时就成了一个小型的"教育研讨会"。大家会把最近一段时间教学中遇到的问题，或者当下的教育热点问题拿出来讨论。比如班级里面的后进生如何转化，在教学过程中学生的考试能力与动手能力如何有效结合等问题，都成我们在饭桌上的热门话题。

黄良桐先生全家福（前排左三是其本人）

另外，我的孙女是瑞安中学毕业的，成绩蛮好，现在考上中国美术学院，当上了学生会主席，美术和书法频频获奖，如有可能，她也会成为一名教师；还有一个外孙女现在读高中，明年高考，她也准备考师范院校当教师，到那时真是名副其实的教师之家了。

采访者：您是一位老教育工作者，关于家庭教育中孩子的成长，请您谈谈您的看法。

黄良桐：我认为理想是成长之魂，学习是成长之基，习惯是成长之本，敬业是成长之道，教育是成长之源。家庭成员之间无论年龄大小，辈分高低，只要理想确立了，学习风气盛了，好习惯养成了，敬业成风了，互动形成了，一个"不教而教，不学而学"，朝气蓬勃的家庭就会永远相伴着你，一个"低调做人，高效做事"的家风就能在不知不觉中形成。

我就谈这些，与大家共勉；舛误之处，祈求斧正。

口述者——林学凑

林学凑：

吃苦耐劳　乐于助人　为人诚信　讲求孝道

——

采访者：郑重、曾富城

整理者：郑重

采访时间：2017 年 5 月 19 日

采访地点：奥光动漫集团有限公司

口述者：林学凑先生，1962 年出生于瑞安林川，吃苦耐劳、乐于助人、为人诚信与讲求孝道是林家的家风。他的祖辈们教育子女的方式往往是身教重于言传，这对他后来的事业产生重大影响。1979 年，高中毕业的他到瑞安工艺画帘厂当画工。5 年的画工生涯，让他打下坚实的美术基础。1984 年，他被调入瑞安工艺装饰品厂，后任副厂长。这段经历，让他有了管理企业的经验。1989 年，林先生接手濒临倒闭的瑞安民族工艺品厂（"奥光"前身），借助岭山区木材资源丰富的优势，"就地取材"，建立了木制玩具生产基地，从此走上创业之路。1995 年，他在该厂的基础上建立浙江奥光工艺品制造有限公司，扩大了经营规模。在企业快速发展的同时，他始终不忘回报社会，除了自己做公益事业之外（包括捐

款、献血），还带动其他企业和员工加入这个行列中。在生活中，林先生不仅自己数十年如一日地恪守孝道，而且把"孝"文化在企业中传播开来，让员工明白"孝敬父母不能等"。近年来，奥光动漫集团有限公司在林先生的带领下，凭借着良好的信誉，优质的产品，真诚的服务，蕴含孝道的企业文化赢得世界各地客户的青睐，成为2016年温州地区唯一一家入选"国家文化出口重点企业"。2017年，企业获"全省重点文化企业"称号。

一　早年经历

采访者：林先生，您好！您创办的奥光动漫集团有限公司坚持诚信经营，始终把信誉当作企业与个人的立身之本，多年来凭借着良好的信誉，优质的产品，真诚的服务赢得世界各地客户的欢迎。我们想对您进行口述历史采访，了解您个人创业和企业诚信经营、创新经营的历史。请您先简要介绍一下您的出身情况。

林学凑：我于1962年出生在瑞安林川镇。我的父母都是务农的，因为家在农村，生活条件还是比较差的。我家里有四个兄弟姐妹，我是老大。我们家做卫生纸是副业，主业是农业，所以我感觉那个时候家里的生活条件比周边的人可能要差一些。我那时候是一边读书，一边务农，做一些家务。

我印象最深的是父母不爱用嘴巴教育我们，讲得很少，他让我们自己去做，这一点对我来讲印象太深了。比如说他们的勤劳、吃苦耐劳、乐于助人。父亲给我印象最深的是在炎热的夏天一直坚持劳作，很勤劳。关于乐于助人方面，首先要讲的是我爷爷。小时候，我爷爷在周边几个村里口碑都是很好的，他有很多的手艺，比如说做木工。他还可以在炎热的夏天用自己的一套方法帮助别人解暑，是非常热心的，没有拿别人钱，也没有收礼。我父亲也是一样，农村里边的邻居有什么困难，他都是主动去帮忙。他自己身边没有钱，还去别人家借来帮助他人。后来我父亲当了村支部书记。当时村里要修公路，但是没有资金，他就自己带头集资。他自己也没有钱，那个时候我们已经工作了好几年了，我们兄弟买了一个戒指给他，他把这个戒指卖掉，然后把这个钱捐给村里。这件事大概发生在20世纪80年代。

采访者：您母亲是一个怎样的人？

林学凑：母亲是非常善良的，在我的印象当中从没有跟人吵过架。另外她也非常勤劳，家务方面的事情全部是她操劳。那个时候我们有四个兄弟姐妹，有农业，还有副业，就是做卫生纸。家里的事情全部都是她来打理的。虽然农村人都是比较勤劳的，但我觉得我的母亲更勤劳，这对下一代的影响很大，所以我觉得身教重于言传。

采访者：您的学习经历是怎样的？

林学凑：小学我读了五年，那时候刚好班里的人比较少，上初中的时候两个班级并在一起，我直接跳级上去，我小学的成绩是很好的。但是跳上去以后，初一开始成绩就不好了，对课文不太懂了，跳上去以后对成绩有影响。另外一个就是家里事情比较多。我们林川那边的高中只办了一届，就是农高，我就在那里读书。考高中的时候我觉得我的数学和化学成绩很差。

采访者：您在1979年高中毕业之后就进入瑞安工艺画帘厂担任画工，该厂的性质是什么？您从事这份工作的原因是什么？请介绍一下您的这份画工工作。在工作期间，您有哪些收获？

林学凑：我17岁就高中毕业了，18岁的时候，因为我叔叔是瑞安工艺画帘厂的书记，我就进入厂里当画工。这个厂的地点就在林川，它是一个集体企业，那个时候的画帘厂都是比较红火的，因为它的产品是出口的。那个时候同时进去的大概有十几个人，跟一个老师学画画。我的文凭是农高毕业，在这一批人里面我的学历可能是最低的。另外我的知识面也是最窄的，因为在乡下，平时接触其他方面的东西比较少。当时在厂里我个子是最小的，我18岁时只有1.49米，不到70斤，所以那时候是比较自卑的。因为我叔叔在那边当书记，我觉得我必须要努力。我白天在工厂里上班，晚上回家画画。那个时候我们家里连桌子都没有，电灯也没有，没有电就把煤油灯点起来，第二天早上两个鼻孔像烟囱一样。那个时候比较努力。因为我白天上班也是有画画的，晚上自己更加努力画画。我觉得只有靠努力来提升自己，这样我的技能提高得就比较快。我们厂主要生产的是竹石画帘，上面有山水、人物、花鸟等，比较精美。

我是1979年开始工作，一直工作到1984年。我觉得在画帘厂工作收获最大的是我画画技能的提高。在进这个厂之前一点基础都没有，但在之后的五年时间里，我的技能提高得很快。我跟着一个师傅学习，师傅画画的技能很好，我对他非常尊重，他对我也非常关心，我印象还是比较深刻的。我们两个人关系特别好。

采访者：1984年，您被调入瑞安工艺装饰品厂，原因是什么？这个厂和您原来所在的瑞安工艺画帘厂有哪些关系？该厂的性质是什么？

林学凑：这个厂是从工艺装饰品厂分出来的，它也是属于二轻局主管的企业。当时我过去开始是当车间主任，1987年被提升为副厂长。我是1989年离开工艺装饰品工厂。这个厂也是集体企业。

采访者：请您谈一下您在瑞安工艺装饰品厂的一些工作情况。

林学凑：我刚过去的时候也是比较努力的，我一直在坚持学习，比如晚上我还要到温州读夜校学画画，白天在湖岭。当时交通也不方便。下午最后一班去温州的车好像是5点钟，过了5点钟就没有车了。有一次错过了班车，我骑自行车到温州，晚上骑了 4 个小时，到那边已经 9 点多了。然后第二天早上 4 点钟就起来了，骑车骑回瑞安。这一段时间里画画的技能又提高了。其实我刚开始到画帘厂的时候没有这方面的兴趣，后来画着画着就感兴趣了。那时候我主要是画素描，画一些基础的东西。

采访者：您当副厂长具体要负责哪些工作呢？

林学凑：主要还是负责业务。这个厂是生产工艺品。生产木雕，也是出口的，但是我们的产品都是通过一些外贸公司出口，比如通过浙江省工艺品进出口公司、上海工艺品进出口公司出口到国外。那个时候效益还是不错的，那个年代有产品做出来都不用担心卖不掉，供需方面现在是供大于求，那个时候刚好相反。我们的产品以木雕为主，是软木雕。

采访者：在您工作初期，有哪些让您印象比较深刻的人？

林学凑：有三个人我今生不会忘记。第一个就是我叔叔，因为有我叔叔我才能够进入这个企业；第二个是装饰品厂的一个厂长，因为他培养我、提升我的能力。在这个装饰品厂我刚开始负责业务，主要还是有他的提拔和帮助、辅导，我才能晋升，这是我永生难忘的。现在这两个人都已经过世了。还有一个是我的股东金先生，在学习方面和做人方面，他一直是我的榜样和老师，包括现在也是一样。我跟他合作了将近三十来年，像温州民营企业，与股东合作几十年的应该是比较少的。我们认识是在 1979 年，那时我们是师兄弟，他也是画画的。他刚开始也是在画帘厂，后来跟我一起分到工艺装饰品厂。平常他搞设计，我开始是搞车间管理，后来跑业务，最后是分管业务的副厂长。当时跑业务要到外地去。上海、杭州、山东、北京都要去，那个时候跑业务是觉得比较自豪的。原来我们都是在瑞安、温州这些地方跑跑，像北京、上海、青岛、广州这些地方都没去过，去了以后眼界就开阔了，所以那几年的经历其实对我的成长帮助很大。

二 辛勤创业

采访者：1989年的时候您离开了瑞安工艺装饰品厂，是什么原因？

林学凑：那个时候温州这边改革开放近十年了，我们温州是在全国14个改革开放城市之一，当时政府鼓励创办民办企业，所以我们几个人就离开了瑞安工艺装饰品厂。

采访者：1989年，您离开瑞安工艺装饰品厂，接手濒临倒闭的瑞安民族工艺品厂，这个厂面临的主要危机有哪些？您离开原单位转而接手一个面临危机的厂，是出于怎样的考虑？

林学凑：民族工艺品厂原来是做纺织行业的，后来它的业务量降下来了，降下来以后打算不做了。之后我们就把这个厂的员工，包括厂房都接手过来。这个厂也是在我们老家林川那边。当时这个厂是一分为二的，我跟金先生两个人买了一半，还有一半是另外几个人买的。刚开始我们还是以民族工艺品厂这个牌子去接单的，到1995年我们成立了奥光公司。

采访者：您当时接手这个工厂是借钱买下来的吗？

林学凑：是的，那个时候我本身也没多大的积蓄，虽然买这个企业不需要太多的钱，花了十几万元。不过当时十几万元不能算是个小数目，借钱的时候亲友们的态度是支持的。

采访者：当时瑞安的相关政府部门有没有提供帮助？

林学凑：我们得到了瑞安二轻局的大力支持，我从在画帘厂工作开始一直在这个系统里面，我们现在还是属于二轻局管理，所以也是有感情的。

后来我们就做玩具和节日礼品，就是与国外的圣诞节、万圣节、复活节、情人节相关的产品。我们的玩具生产稍微晚一点，当时在泰顺那边做玩具的很多。后来我们碰到一个美国的客户，他提供了美国地图、26 个字母，让我们做拼图。我们也是通过贸易公司——山东工艺品进出口公司来做。当时我们的业务都是通过一些进出口公司出口，那个时候没有自营，要自己去联系这些公司。我们把产品送到进出口公司，进出口公司可参加春季和秋季两次广交会，我们的产品摆到广交会的展位上面，然后国外客户过来订货。我上面说的美国客户是山东工艺品进出口公司的老客户，答应与我们合作。我们当时也是抱着试试的心态，因为在这方面我们也是不太专业的。后来样品出来了，客户也确认了，那个单子也就成功了，然后我们的玩具正式开始慢慢做起来。

采访者：1992 年的时候，您所在的企业订单量减少，是什么原因呢？

林学凑：那个时候本身这个订单金额也不是很大，我们是通过外贸公司出口，它这个订单是有波动的，比如说今年可能会多一些，明年有可能会少一些。那个时候也受人际关系因素的影响，比如说关系好的话，那么这个订单就会给谁多一些。企业在这种环境下维持了五年，销售渠道不能拓展，又遇上那几年出口贸易经济低迷，湖岭、林溪一带原有一些规模较大的工艺礼品企业不少都倒闭了，我们也是面临困境。但是一手创办的企业投注了我所有的心血，就这样放弃怎能甘心？于是我开始寻求自己销售的渠道。我去了瑞安市外经贸局，想自己争取自营进出口经营权，但是无论从资质、政策等各方面讲，都不具备条件。就在无计可施的时候，我察觉到有几家做其他出口行业的企业有自营进出口经营权，我就去向它们打听了。

采访者：在 20 世纪 90 年代，您一直想争取自营进出口经营权是吧？

林学凑：对，所以说当时我们业务的发展跟拿到自营进出口经营权这块也是有很大关系的，当时如果要批一个自营进出口经营权的话，要到省商务厅、国家商务部里面批的。我们当时想了一个办法，就挂靠到温州进出口公司下面一个部门，我们是通过这个部门直接接单，我们到广交会直接买摊位。那个时候虽然需要买摊位，投入是比较大的，比如还需要自己的业务员，但是订单的金额，包括客户的数量就完全不一样了，在这方面我们还是走在前面的。

采访者：您是怎么找到它们的？

林学凑：是我自己过去跟温州那边的进出口公司联系，它们也愿意这样做，因为这是双赢的。它们把牌子给我们，我们给它们管理费，所以我们过去跟它们一谈就能够谈下来。当时我是有一种强烈的愿望，就是想自营出口，瑞安外经贸局很支持我，也愿意牵线搭桥。

"奥光"成立以后我们还是以温州进出口公司下面那个部门的名义出口产品的，一个是批自营进出口经营权确实很难，还有一个是我们当时也没有这么着急，因为我们这边已经是自由了，只不过是需要一些管理费给温州进出口公司，所以 1999 年那个时候就拿下来，应该也不算迟，在行业里面是比较早的。

采访者：您刚才在前面提到的那位美国客户，后来你们之间是不是还有很多合作？

林学凑：后来我们还做过木质的日历，这个销量也是很大的。然后还有其他的一些拼图，这个客户和我们合作了十来年。

采访者：当时工厂选址在瑞安湖岭山区，您能具体介绍一下湖岭山区有哪些有利的方面吗？

林学凑：这个事情有三方面。一方面是工人，我们用的基本上都是当地的工人。当地工人，我们不用给他们提供吃住，因为家就在附近，所以成本比较低。第二个是工艺品这个行业淡旺季比较明显，淡季的时候企业里不需要养那么多工人，对于工人来讲也有好处。我们允许农民工人在农忙的时候，请假回家干农活，不扣任何奖金，等农忙过后再回到企业继续上班。每年的农忙时节，农民工人请假回家干农活，这直接带动了林溪工艺品产业的发展，解决了林溪农民就业问题。第三点，玩具是木质的，主要是松木，是用本地的松木，我们本地木材比较丰富。那个时候山上的木材是当柴烧的，我们如果做玩具的话就可以用起来，而且我们采购的成本也比较低；作为农民来讲，他们觉得卖木材的收入也是不错的。

采访者：淡季、旺季一般在什么时候？

林学凑：春节过后是淡季，下半年会比较忙，一般来讲是这样子。还有就是如果有大客户的订单下来就会很忙，因为我们的销售当时掌握在别人手里。总的来讲下半年会忙一些，上半年闲一些。

采访者：1995 年您成立了奥光工艺品制造有限公司，当时就是在民族工艺品厂的基础上建立起来的，厂址有没有变动？

林学凑：没有变动，还是在林川镇那边。当时我为什么想要成立这样一个公司呢？当时民族工艺品厂经营内容有局限，我们觉得"奥光"这两个字会好听一些，译成英文就是"Top Bright"，是最高、最亮的意思。"奥光"这个名字是我的一个股东起的。

采访者：公司建立以后，它的规模等方面和原来相比有哪些改进的地方？有什么创新的地方？

林学凑：我们重视研发，加大了投入，比如说聘请国外一些设计师做我们的设计顾问。在管理方面我们也稍微调整了一下，原来是和家庭作坊制一样的，虽然我们有两个股东，其实那个时候还是很不规范，成立了奥光公司以后，我们就建立起一般的公司制度。我们从 1997 年、1998 年开始聘请国外的设计师。他们在深圳是迪士尼公司的设计师。如今，奥光公司已经发展成为以瑞安总部为核心，下面设 10 多个子公司、分公司的跨区域性企业，拥有国家设计专利 300 多项，生产的木制智力拼图玩具销售量占全球市场份额的 30%，产品远销欧美等国家和地区。现在"奥光"拥有了江苏沭阳①，上海浦东、松江，瑞安林溪、飞云五个工业园，成为中国最大的木制拼图生产企业，并实行集团化运作，可谓今非昔比。

采访者：您刚才讲到企业的管理更加规范了，在管理规范这方面您也下了很大的功夫。原来您弟弟也在公司，父亲也在帮忙，关于规范企业这方面您可以讲一下其中的故事吗？

林学凑：当时我父亲在企业里面，虽然没有什么职位，但是他讲话还是比较有分量的。后来我又从外省聘任了不少管理专业的大学生，进入各部门，从事技术、设计、人事、研发等事项。公司各方面开始建立制度，工作程序按规章执行。这样原先简单的劳动操作，变得条理化。刚开始运作，钱投入不少，却见不到效果。员工们不理解，父亲责备我不让自家人管理公司，还乱花钱，他比较反对。管理要规范起来的话，开始的时候肯定是要付出一些代价的，他就看不惯。当时这样做，企业损失还挺大，这样子他就看不惯，说他们没有全心全意把这个企业管好，只是坐在办公室里看看电脑之类的，这件事情站在他的角度来看也是可以理解的。为什么现在有很多企业都规范不起来，就是这个原因。规范的话也是需要一个过程的，前面肯定是需要付出很大代价的，企业起色应该是有的。我这样做是为了规范管理，工作流程制度化，不能人为操作，也就是从"人管人"到"制度管人"的转变，但这需要一个过程，表面上看成本在增加，利润在减少，但从长远的角度考虑是有利于企业发展的。一件事情从不同角度看会有不同的结果，我考虑更多的是企业

---

① 沭阳县是江苏三个省直管试点县之一，因位于沭水之阳而得名，简称沭，地处徐州、连云港、淮安、宿迁四市接合部，属鲁南丘陵与江淮平原过渡带。

未来的发展。不久，企业走上正规化的轨道，产量稳步上升。所以任何事情都有利有弊。父亲看到的是弊的方面，看不到利的方面。

采访者：林先生，您在 20 世纪 90 年代末和 21 世纪初的时候有没有碰到同行业的竞争？

林学凑：有的，我们温州泰顺，还有丽水云和做木制玩具的企业都很多。我们在价格方面没有很大优势，因为他们那边有产业链。再一个就是泰顺跟云和那边工人的工资比我们这边要低一点。所以当时我们主要还是注重产品的开发和创新，我们聘请了国外的一些设计师。我们在这方面投入很大，效果非常好。我们一年有几百款新产品出来，所以当时我们在这个领域还是处于领先地位的。

采访者：在当时来说创新的木制玩具有哪些？

林学凑：我们做的产品主要是平面的拼图，拼图的创新主要是平面上的一些图案创新，就是说图案的变化要快，比如在色彩、造型上能够让小孩喜欢。

采访者：2002 年的时候欧美国家突然提高了玩具安全标准，当时是什么原因，对公司的影响有哪些？

林学凑：当时我们有个最大的客户叫香港纯益公司，它是代理欧洲进出口事务的一个大公司，有一张 1000 多万元的订单。我们的产品基本上做得差不多了，后来测试通不过，这个标准我们都是知道的。另外还有一些标准，比如甲醛含量、气味测试，这些我们不太清楚，我们对中间商可能也没有很重视，最后我们的气味测试达不到欧洲的要求，然后订单就不能发货了，价值 1000 多万元的成品因此囤积，那批玩具囤积了三年，损失也是比较大的。后来我们把这个产品进行了一些返工处理，达到了检测标准，慢慢地把这些货发出去，发了三年。当时刚好到了年底，我们的供应商担心货款拿不到，员工也担心工资发不了，那个时候我们自己也是比较着急，因为金额毕竟这么大。后来我们就去跟银行商量，银行支持我们，贷款1000多万元，解决了奥光公司的燃眉之急。我们员工的工资一分也没欠，包括供应商的货款，我们全部都付掉了。因为公司在之前的信誉良好，所以才会得到这样的帮助。这个很重要。

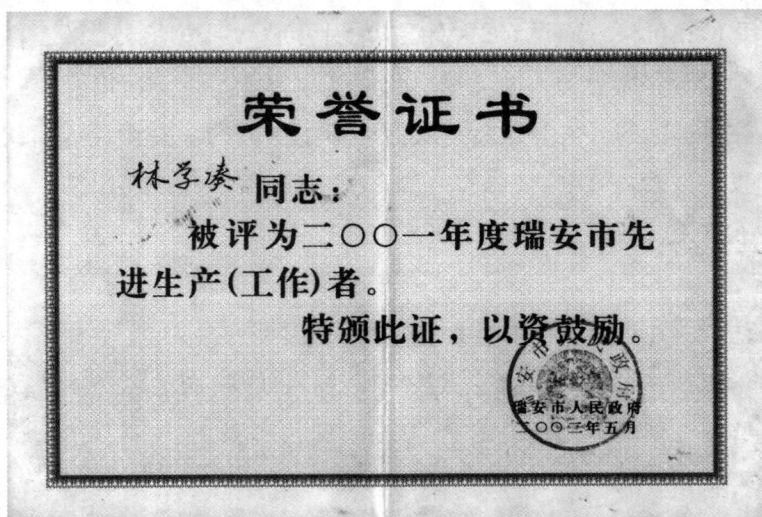

荣誉证书

林学凑 同志：

被评为二〇〇一年度瑞安市先进生产（工作）者。

特颁此证，以资鼓励。

瑞安市人民政府
二〇〇三年五月

林学凑先生被评为2001年度瑞安市先进生产（工作）者

采访者：2004年奥光接到沃尔玛一份50万元的订单，之前有跟沃尔玛公司合作过吗？

林学凑：这个我们也是通过香港美威公司，它是中间商。这个产品是属于我们的新产品，一上市这个客户就下了一张大的订单，大概是50多万元。这个订单下来以后，因为刚开发出来的产品工艺、技术都是不成熟的，没办法按时完成。我们运输一般都是海运，海运运到国外要一个多月，当时我们公司内部也有一次争论，空运肯定是不同意，因为如果空运的话相当于把货送给客户的一样，也有人说，这个货，公司不发的话，到时候打折卖掉了，还有50%或者30%的利润，这个本钱还可以收回来。但是我觉得这是一个眼前利益跟长远利益的问题，也是一种信誉问题，后来我们定下来用空运，发到美国。货发出去以后，这个客户也比较震惊，他觉得中国的企业不可能会这样子做，我们做到了，他很震惊。最后我们跟这个客户接了一个多亿的订单，算了一下，我们赚了一两千万元。最初那个单子发出去虽然亏了几十万元，但是后面的收获更大，第一个就是维护了诚信；第二个是赚得更多。

林学凑先生获"2006 中国诚信企业家"称号

采访者：2007 年国家质检总局实施一个出口玩具质量许可制度，当时您是不是对公司的管理、产品质量等进行了一些整顿？

林学凑：当时广东美泰公司生产的玩具在美国被查出铅含量超标，这个产品在美国市场全部召回，就是这件事情引起了我们国家质检总局的高度重视。因为玩具对化学元素特别是含铅量的要求比较高，所以引起国家质检总局的高度重视，然后所有的玩具制造商都要拿到玩具出口许可证才能出口。当时我们停业整顿了三个月。那三个月我们损失也是很大的，因为有些客户不理解，为什么不出货给我们？比如说中间商下面还有客户。我们跟他们解释，有些客户真的解释不通的话，订单就取消了，或者我们给他们赔偿。后来我们也是温州地区第一批拿到玩具出口许可证的企业，浙江省质检局的局长来到我们这里考察，他对我们这种做法也比较认同。

采访者：因为这也体现了对于客户负责和讲诚信，虽然自己有损失，但是从长远利益来看其实是有利的。

林学凑：所以任何事情你都要把眼前和长远两种关系处理好。当时我们也有很大的损失，有很多企业都在抱怨。后来浙江省质检局局长过来，我给他汇报，我说："这个其实是对我们企业负责，如果我们不去重视这方面，等出了问题，这损失就更大。"玩具出口许可证是对企业的管理体系，包括采购系统的一个规范和要求，先要评估合格，然后才发这个证。

采访者：2008 年的时候发生了金融危机，外贸出口受到影响，当时公司有没有受到影响？

林学凑：在 2007 年前的六七年里，我们的订单都是做不完的，所以我们在不断地扩大生产。开始是在瑞安买了 30 亩地，后来因为开发区里边有些政策还没处理好，只能造两栋厂房，两栋又不够，然后我们又去上海买了将近七八十亩地，后来又到江苏沭阳，买了更多的地。2008 年美国金融危机发生了以后，对外贸出口影响很大，当时我们在沭阳买了500 亩地，但是后来退给他们 350 亩，我们建了 150 亩，因为受金融危机影响。第二个就是我们调整了方向，原来我们是纯出口，后来我们做国内市场，做自己的品牌，做自己的渠道，当时我们还通过电商在线上做，这是我们一个比较大的调整，从贴牌到品牌，从纯对外贸易出口到关注国内市场。2008 年以后也没有好起来，前几年的形势也不太好，所以我们现在这几年都是在调整，一直在转型。

采访者：2010 年的时候，您的公司成为世博会的特许供应商，当时做了哪些事？

林学凑：我们做世博会的产品，对我们的品牌和研发都有很大的提升，我们是花了很多钱。其实到最后我们还是没有赚钱，但是我们做了这项工作后公司的设计能力和公司的形象应该是得到了提升。当时是要经过一些选拔，这个非常严格。在世博会开幕之前，世博会特许办早已在全中国筛选世博会特许商品生产产家。2009 年，上海博大集团委托我们奥光公司生产一些与世博会有关的产品，这个集团已经取得世博会特许产品生产商的称号。三维立体中国展馆模型就是我们奥光公司设计和生产的。中国展馆模型根据实物大小按一定比例缩小，中国红为主色，底部是原木基座，配上阴刻隶书印章图文，原汁原味地呈现出中国特色风韵。当这个中国展馆模型在上海亮相时，世博会特许办的工作人员觉得很不错，当时立即向上海博大集团下订单生产 2000 套中国展馆模型，参与世博会的小批量试产。

我想我们自己也要申请成为世博会特许产品生产商。我们设计了八十多款产品，当时投入也是比较大的，因为我们要做自己的品牌。我们把图片发往世博会特许办，赢得了世博会特许办的青睐。不久，上海世博会礼品专营商务考察团到我们"奥光"在上海的公司进行实地考察，我们奥光公司的生产服务能力、企业规模、研发实力、信誉度等得到了考察团的肯定。我们凭借什么脱颖而出的呢？一个是我们的设计能力，比如说中国馆，还有国外的一些馆，我们把样品打出来，经过他们的确认才建造起来。

采访者：到 2011 年，您花了百万元来购买喜羊羊与灰太狼等一些动漫品牌的形象和应用授权，请您谈谈这件事。

林学凑：这个其实不止百万元。这是我们产品的一种融合，跟动漫的融合。和动漫融合有两种方式：一方面我们授权国外的一些动漫形象，比如朵拉、海绵宝宝、小马宝莉，我们授权了四个动漫形象；另一方面，我们自己制作了一部《汉字智立方》动漫片，总共是 78 集，所以我们的产品里面融入了动漫，让小孩子更加喜欢。第二个，我们融入了科技，奥光公司的木制智力玩具适龄客户为 0—6 岁儿童，立足玩具制造，开始向早教等行业拓展，希望由文化创意带动玩具制造和品牌销售。另外，我们的玩具融入了 AR 技术①，本来我们这个产品是不动的，融入 AR 技术以后会动起来，可以跟小孩互动。第三个是跟 3D 打印技术结合起来，3D 打印技术应该是比较成熟了，所以这是产品的一种创新。

我觉得研发新产品，必须要有童心，这样才能知道孩子们需要什么。我和孙子玩的时候，可以发现他对哪些东西感兴趣，什么玩具可以开发他的智力。另外，我还经常给孙子买玩具，了解市场动态。虽然公司里有专业的研发团队负责新产品开发，但我还是会经常提供一些创造灵感，让研发人员到市场上调研。

采访者：您是哪一年担任瑞安市礼品行业协会的会长？为了加强协会的建设，您做了哪些工作？

林学凑：我已经担任 15 年了，去年换届了。第一届会长是我们瑞安新潮集团的董事长，他当了一年不到，要去当瑞安企业家协会会长，所以这个位置需要一个人接任。当时我们这个企业在行业当中规模更大一些，所以选我当了会长。

为了加强协会的建设，我做的主要工作是：第一，我们申请成功了一个国家级的工艺礼品生产基地。2005 年，中国轻工业联合会授予瑞安市"中国工艺礼品生产基地"称号，这是一件大事情。这主要是瑞安市委、市政府及市二轻局等部门关心、支持，及全行业同仁共同努力的结果。这个需要中国轻工业联合会的考核，牌子是它们那边发的，所以那

---

① 增强现实（Augmented Reality，AR），是一种实时地计算摄影机影像的位置及角度并加上相应图像的技术，这种技术的目标是在屏幕上把虚拟世界套在现实世界并进行互动。这种技术最早于 1990 年提出。随着随身电子产品运算能力的提升，增强现实的用途越来越广。

个时候我们也做了大量的申报工作。第二，在金融风暴初期，我已经敏感地意识到这次世界性经济危机会给出口外向型企业带来灭顶之灾。我多次组织协会企业，进行深入调研，并将调研结果反映给政府和管理部门。在2008年礼品行业协会上，我把引导企业做好品牌建设、以龙头企业为主体组建行业集团作为协会工作重点。那几年，我通过引导协会企业主动承担社会责任，及时总结发展中的成功经验，开辟国内市场，在金融危机中突围。第三，这是有关我们林川镇下面的一个村——溪坦，这个村实际上是中国工艺礼品生产基地一个核心区。这个村有50多家企业，全部都是做工艺品的，这几年来因为劳动力成本不断提高，还有一个问题是原来的外地工人很多，现在外地工人都走了，工人就招不到。另外，成本也在增加，所以这个行业必须得转型提升。我们当时为了转型提升，成立了礼品文化创意产业，做了一个规划，现在也是在实施阶段。我们还建设了溪坦工艺礼品文化创意街区，这条街区被列入浙江省22个试点街区之一，现在我们也是在逐步地建设。

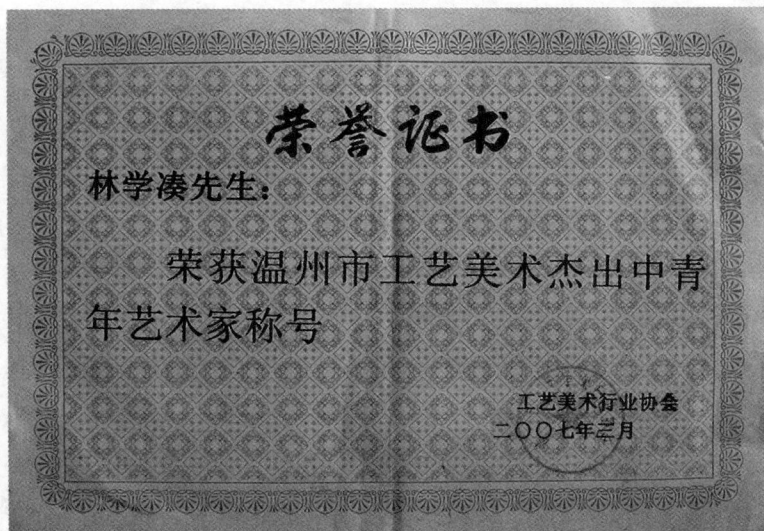

林学凑先生获2007年"温州市工艺美术杰出中青年艺术家"称号

林学凑先生获 2009—2010 年度浙江省工艺美术行业协会"优秀企业家"称号

三 用传统文化管理企业

采访者：您对中国传统文化很感兴趣，这个兴趣是从什么时候开始的？当时是一个怎样的契机，您最初感兴趣的原因是什么？

林学凑：为了自身加强修养，这么些年来，我从未间断学习。我认为知识折旧得最快，学习必须要与时俱进。早在 20 世纪 90 年代初期，我正处于创业艰难时期，为了去香港听一次课，花了一万多元钱。潜能开发大师安东尼·罗宾①到新加坡讲课，我去听了三天，中西方的文化都要学一学，可以融会贯通。我曾经参加了中国人民大学国学院和聚成资讯

---

① 安东尼·罗宾（Anthony Robbins），1960 年出生于美国加利福尼亚，世界潜能激励大师、世界第一成功导师、世界第一潜能开发大师，主要著作有《激发个人潜能Ⅱ》《激发无限的潜力》《唤起心中的巨人》《巨人的脚步》和《一分钟巨人》等，而且被翻译成数十种译本。1995 年，安东尼·罗宾当选为"美国十大杰出青年"；1995 年，被授予其最高奖项"金锤奖"。

集团联合创办的华商书院商界领袖博学班，还参加了福布斯商学院的学习。2008 年金融危机来了，我们办企业也办了将近二十来年了，当时动力不足了，原来办企业就是为了自己生活过得更好，自己的生活包括家人生活。2008 年，生活已经有很大的改善了，再加上办企业确实很辛苦，再碰到金融危机，所以那个时候思想上有些矛盾，这个企业接下去怎么做，做还是不做，要做的话要怎么做？所以当时还是比较迷茫的，后来听说有一个华商书院国学院，我就去上课，听听国学与现代经营管理，让中华文化为现代管理服务，让国学精髓古为今用。国学提倡修行，在工作生活中修正不良的品行，从而实现自我管理，提升道德素养，也就是"学以修德"。还有人要修行，"德"要修心。老子在《道德经》里也讲道："上善若水，水善利万物而不争。"最高尚的品德如水一般，给予万事万物且不求索取。人为的善不能与水相比，但可以从点滴做起。

我学了以后自己的观念有了很大转变，其实做人不只是为了自己，是先为自己自打一个基础，如果没有一种更大的心愿的话，那么不管赚了多少钱，还是有烦恼，还是有很多痛苦。那个时候我觉得办企业应该也要让员工得到利益，让员工得到成长，让员工能够有发展的空间，应该要去回报社会。我的想法改变了，这也是一个转折点。所以从过去到现在我一直在学国学，中国传统文化里边有很多的智慧。我们这几天讲《心经》① 已经讲了四个晚上了。我一个朋友介绍一个师父过来，虽然《心经》是佛教里边的内容，但佛教里边有更大的智慧。佛教不是说信佛的人要去学，不信佛的人也可以去学，因为它在某种程度上是一种智慧，不是一种宗教。听了这些内容以后，信念、动机就不一样了，为人处世方面完全不同了。所以说人为什么会痛苦，为什么会有这么多烦恼，就是考虑自己太多了，自私自利思想太严重了。你越是自私自利的话，压力越大，你的事业也好，生意也好，就越难发展。

---

① 《般若波罗蜜多心经》为《金刚经》降伏其心篇，简称《心经》。全经只有一卷，260 字，属于《大品般若经》中 600 卷中的一节。

结 业 证 书

学生 **林学凑**，性别 **男**，于 二〇〇九 年 六 月至 二〇一一 年 三 月

在 中国人民大学国学院 聚成资讯集团 联合创办的华商书院商界领袖博学班修完规定课程，

成绩合格，准予结业.

院　名：**中国人民大学国学院**　　院　名：**华商书院**

院 长(代)：　　　　　　　　　　院　长：

证书编号：HS01109　　　　　　二〇一一年三月二十二日

2011 年华商书院商界领袖博学班结业证书

采访者：在打造企业文化的过程当中，您做了哪些工作？

林学凑：比如引进《弟子规》作为培训课，中国传统文化中，儒家的根本就是《弟子规》，如果把《弟子规》落实好了，那你的人际关系就很好了，你的事业就比较顺。《弟子规》讲的就是先做人，后做事，当时我跟他们一起学习。《弟子规》被引进了奥光公司的员工培训课，第一节课内容就是"百善孝为先"。一个人能够孝顺，就有一颗善良仁慈的心，有了这份仁心，就可以对许许多多的人有益。我们从"首孝悌"讲起，让孔子的教诲来教导员工的行为规范。所以学了《弟子规》后，我们一定要去落实，怎么样落实呢？我们公司特别要求，每位员工要记得自己父母的生日，在员工父母生日的那天，公司为他们送去一份祝福。我们公司有礼品送给他们，一方面是为了让我们员工记得自己父母的生日。有些人工作忙了以后可能连父母什么时候生日都不知道，这当是一个提醒。公司要求每个员工把父母的生日报上去，然后公司会提醒他们。第二个是让员工更加主动地去跟父母联系，不但要知道孝道，还必须要去做，一定要知行合一，这样子才能够达到这种效果。

我教育集团高中层领导干部：君子周而不比，小人比而不周。这句话出自《论语·为政第二》。君子为志向而团结，小人为利益而勾结。我觉得要求别人做到的，自己要先做到；批评别人之前，要先检查自己。我和其他股东说："办企业不是为了个人挣多少钱，而是带领群众致富，积极回报社会。"合作那么多年来，我与股东的关系一直很融洽。

采访者：您对于儒家阐释的经商之道有怎样的见解？

林学凑：我认为将儒家思想的精华与现代企业管理有机结合起来，在企业管理过程中处处体现"以人为本"，建立起一套行之有效的人性化管理体系。"以人为本"是现代企业管理的一个全新的经营理念，来源于儒家所倡导的"以人为贵"的哲学思想。"以人为本"的管理理念是企业腾飞的决定性因素之一。我们"奥光"推行的目标式管理是"以人为本"思想的体现。我们制定总目标，再进行分解细化，落实到每个部门、岗位。员工在明确目标的指引下，能更好地发挥主观能动性。这样，在企业管理经营中，能确保员工的主体地位，更好地增强企业向心力与凝聚力。我认为除了经济利益外，员工的很多思想被经营者忽视了。经营者们只看到员工要求经济利益的一面，只看到员工对薪资、奖金和福利待遇的需求，但是员工对管理的参与感被忽视了。我们会让员工主动参与企业的管理，为企业发展献计献策，这增强了员工的归属感，营造了和谐的劳资关系，促进企业又好又快发展。

采访者：您在打造学习型企业的过程中还做了哪些事情呢？

林学凑：我们的培训有很多，刚才讲了孝道、素质方面的培训，还有一些工作技能方面的培训。我们外派员工，让他们到外面去接受培训，学习不同的技能，我们还把老师请过来，在公司里面培训。

采访者：您选用员工最重要的标准有哪些？据说您这里有一个品行评价表，会对员工进行一些考核。

林学凑：原来我们做过几年，主要是让员工知道公司重视品德方面，现在没有做了。其实品行考核这个东西是比较抽象的，跟其他方面的考核完全不一样的，这只是一种提倡，一种引导。我们主要是在面谈的时候，从侧面去了解员工。

采访者：你们公司在关爱员工方面有哪些特色工作？

林学凑：刚才讲到的要记得自己父母的生日，然后有些员工如果有什么急事或者发生了什么问题的话，公司都会去帮助他们。

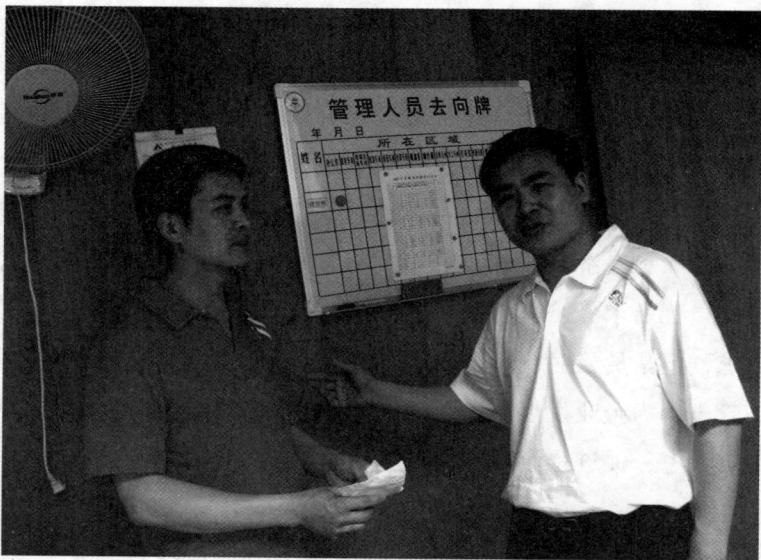

林学凑先生慰问四川地震受灾员工（2008 年）

采访者："奥光"把信誉看作立身之本，关于奥光在诚信经营方面还有一些其他的事例吗？

林学凑：诚实信用很重要。《礼记·中庸》中说："诚者，天之道

也。"经商绝对不能背离"诚"的要求,这也是我多年来信守的原则。德
国一家公司,是欧洲最大的一个玩具商,这个客户跟我们合作了二十来
年,现在也一直在做。我们为什么能跟它认识,跟它合作这么久,主要
的一点就是"奥光"会承担责任,说话算数。比如我们的货发到客户那
边,他们的钱已经汇过来了,只要客户说哪里有问题,该是我们来承担
的一定会承担,我们会直接退钱给他们,要么就是在下一次汇款里给他
们,我觉得这也是我们跟他们合作这么久的一个原因。

采访者:据说您还带领员工去投身公益事业是吗?

林学凑:我们会坚持为慈善机构捐款,年终为企业所在地老人发放
红包,每年为福利院残疾儿童送上礼品和玩具。公益方面像献血,我们
都是比较主动的,而且我自己也去献血,献了好多次血了,有几次过去
献血血库里的血是满的,他们不需要我献了。

林学凑先生在献血

采访者：关于企业做的一些公益事业，您自己除了献血以外还做了哪些公益事业？比如说捐款助学方面，从什么时候开始做得比较多？

林学凑：应该是十几年前。其实这块我们跟其他有些公司相比，我们做得还是不够，但是我们有这么一种意识，要去帮助一些需要帮助的人。我以个人的名义做的公益也是比较多的。公司方面，我们都是通过一些机构来做公益事业，比如慈善总会、红十字会。

采访者：您现在是湖岭慈善分会的荣誉会长，您为家乡做了哪些工作？

林学凑：我们主要也是捐钱到湖岭的相关机构，就是湖岭的慈善分会，然后这个分会去安排，修桥造路等具体的事情都是我弟弟去做的。

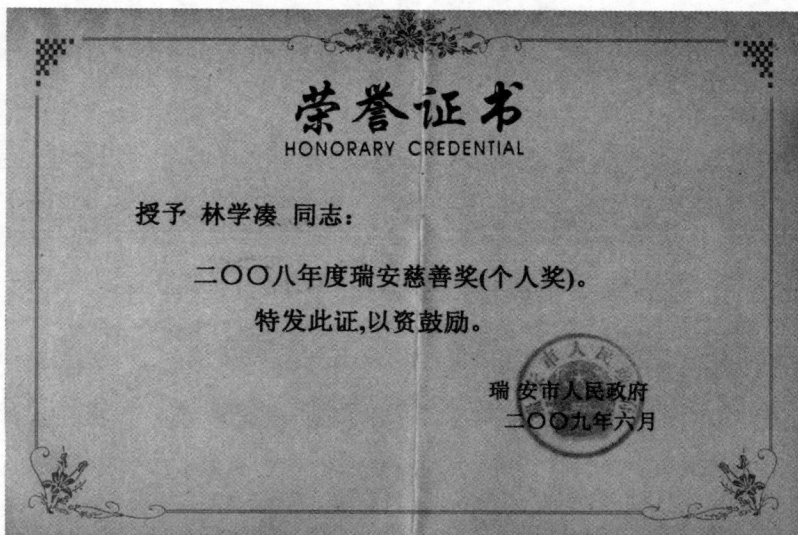

林学凑先生获 2008 年度瑞安慈善奖（个人奖）

林学凑先生荣获 2016 "世界温商百名风云人物——影响温州经济 30 人" 称号

采访者："奥光"在为客商提供售后服务方面也做得很好，能不能举一些例子？

林学凑：出口这块，我们的产品不是到终端的，其实用这句话来讲是不恰当的，这个不是售后服务，就是一种诚信。我们电商才有售后服务，比如说客户买了我们的产品以后，因为他是终端客户，如果产品有什么问题，我们规定可以退回的。其实我们"奥光"的诚信主要体现在产品的质量、售后服务上。企业与客户的关系，决不是一方盘剥另一方的关系，而是互惠互利，相互依存的关系。在经营活动中，一定要讲求仁心，追求高尚品质，一直以来，我们恪守质量观念，尽力把投诉率降到最低。

采访者："奥光"前几年是想在国外设立几个办事处和公司吗？

林学凑：因为现在我们的战略跟原来的战略是不一样的，原来我们只是想在国外多接一些订单之类的，现在我们在出口这块做自己的品牌，所以我们要在美国跟欧洲成立一个品牌的销售中心，关于这个的目标是今年下半年要设立两个国外的品牌推广中心，主要是自主品牌。

我们的企业在不断地发展，我们现在有投资公司进来，帮了我们公司很多忙，因为毕竟我们的管理没有这么规范，它是上市公司，进来以后使我们整个管理发生天翻地覆的变化。具体情况是这样的：2010 年，我们引进了新的投资公司——泰豪集团，形成新的公司格局，并着手上市。我觉得还是要规范管理，让公司开放面向社会，路还漫长，通过对内部管理的长期有效规划，逐步打造清晰的发展脉络。

四　家庭与家风

采访者：下面请您谈一下您个人的家庭情况，您是哪一年结婚的，有几个孩子，对子女的教育方式是怎样的？

林学凑：我就一个女儿，1988 年结婚，我女儿 1989 年出生。对小孩的教育，我觉得应该教育孩子学会谦卑。为什么这么讲呢，每个人都有很多不足的地方，如果一骄傲的话，那么你就没有改正的机会了，别人会指出你的缺点和不足，这样子就会比较麻烦。所以我觉得做人必须要谦虚，这是第一点。第二点就是要孝敬长辈，我自己要做出榜样。第三点就是要帮助一些真正需要帮助的人。我觉得这三点是比较重要的。还有一点，一定要学会吃苦和吃亏。吃苦耐劳的家风是祖辈传下来的，从我的爷爷、我的父亲就传下这个品质。吃亏这一点，在我刚才谈到企业发展历史的时候就提到了很多这样的事例，这种吃亏体现的是长远的眼光。如果你愿意吃亏的话，从生意的角度来讲，别人就喜欢跟你合作，从朋友的角度来讲，别人就愿意跟你在一起。吃亏更重要的是要提升自己的肚量，所以说吃亏、吃苦是福。

采访者：请您谈一下您与孩子的相处的方式和教育方式，您在日常生活当中是怎么跟孩子相处的？

林学凑：我女儿小学的时候就到上海去了，她知道父母是比较辛苦的，也是很关心她的。她高中也是在上海读的，大学去了美国。在教育方面我经常跟她讲："我就是培养你读书，你大学毕业了，后面的事情都要靠你自己，包括成家、买房子，一切都是靠自己。"她是比较自立的。我也跟她说："爷爷也没有留下太多的物质方面的东西给我们，这样子我们自己会更加努力，然后我们得到的一些东西会更加珍惜，因为这是自己付出得来的。"这一点她也是比较认同的。

采访者：您的孩子常年在外，你们会用什么方式进行沟通？

林学凑：小学的时候我们有时候还是用书信沟通。我估计七八封应该有的。如果她觉得这些书信对她启发很大的话，她会把它保存下来，电话一讲的话过去了就过去了。有封信我女儿在结婚的时候还把它拿出来了。我们之间打电话也是比较多的，打电话比较方便。我女儿很自立，她从美国回来以后，和三个同学在上海建了一个儿童游乐园。后来她生了孩子以后就把游乐园关掉了，现在一直在家里带小孩。她现在有两个小孩，她觉得孩子小的时候还是需要母亲多去关爱、关心他们的，我也是这个观点，我说："你把小孩培养好，比做任何事情都更有价值。"

采访者：您和您的家人应该也是很孝敬长辈的，能举一些您家人之间的例子吗？

林学凑：我的父亲有高血压，后来中风了，病了一年多，将近两年时间，他生活不能自理，我岳父最后也是生活不能自理。我的女儿和我一个亲戚，她们平时都去照顾他们，帮忙给爷爷和外公擦身体。我感觉是非常震惊的，她们都是小姑娘，愿意去给爷爷、外公擦身体很难得。我自己刚开始的时候也觉得好像上不了手，第一次做了以后，第二次、第三次就觉得这件事情是很容易的，我估计她们看到我这样子做，然后也跟着这样做。我父亲去世的时候，应该是 78 岁。

采访者：这就是家庭教育和优良家风的重要性，您家庭的家风是什么？

林学凑：总结一下，我们家的家风就是吃苦耐劳、乐于助人、为人诚信与讲求孝道。为人谦卑，这也是祖辈传下来的好的为人处世之道。我父亲就是一个谦虚的人，他虽然是村支部书记，他在村民面前从来没有觉得自己高人一等，他要做好榜样，然后去帮助别人。我自己也是一个党员，在瑞安工艺装饰品厂的时候加入党组织。当时我在业绩方面做得比较好。

现在我得到了社会的认同，这几年有这么多荣誉，比如获得第三届瑞安市道德模范诚实守信模范，我也很欣慰。还有其他的荣誉，我会让给别人，因为一个是自己确实没有做得这么好，另外一个是比我做得好的人还有很多，所以就把这些机会让给别人了。能够得到社会的认同，这是我最大的收获，比任何东西都有价值。实际上人的一生是非常短暂的，几十年过来，你如果能得到别人的认同，这一生就不算虚度了。你吃得再好、穿得再好、车子再好，那些只是表面的东西，要为社会做一点自己的贡献才是重要的。

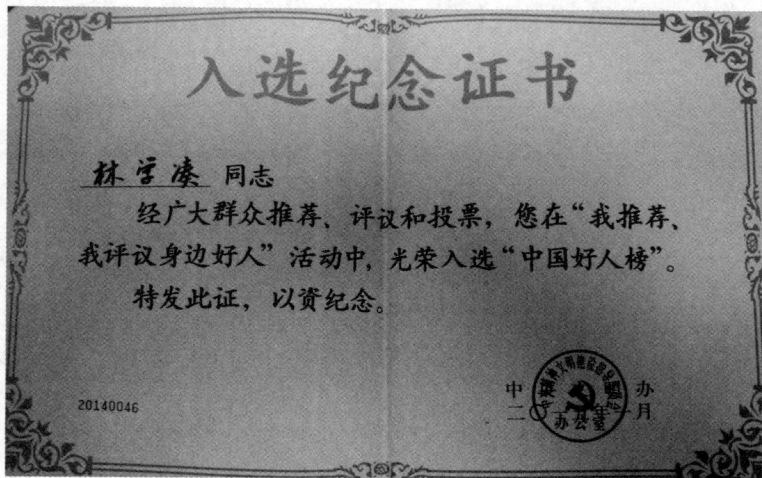

入选纪念证书

林学凑 同志
　　经广大群众推荐、评议和投票，您在"我推荐、我评议身边好人"活动中，光荣入选"中国好人榜"。特发此证，以资纪念。

20140046

林学凑先生入选 2015 年 1 月份中国好人榜

采访者：我们发现您是一个比较注重德行修养的人，您觉得现在的民营企业家要想成就事业，需要注重哪些方面的德行修养？

林学凑：我觉得应该是四个字：包容、诚实。为什么要包容，因为现在的时代不是单打独斗的时代，那个时代已经过去了，现在应该是合作，合作就是说每个人的想法是不一样的，每个人的能力也不一样，每个人都有他的优点和缺点，所以一定要有包容的心，然后才能合作。第二个是要诚实。我记得温州夏梦服饰有限公司的一个老板跟杰尼亚①合作。那个时候做服装的公司比"夏梦"大的有很多，杰尼亚最后却选择了"夏梦"。为什么杰尼亚会跟它们合作？因为"夏梦"老板第一句话讲出来就是实话，有些企业第一句话讲出来就水分很多，后面继续讲下去就会自相矛盾，被别人看出来，所以杰尼亚对"夏梦"老板的评价就是两个字——"诚实"，做企业必须要诚实，这样企业才能走得更远。这就像建高楼时候的地基，不诚实，地基就不扎实，大楼建起来也会坍掉。

采访者：今天非常感谢您在百忙之中抽出时间来接受采访，我们了解了您的早年的经历，创业的情况、企业现在经营的情况，特别是了解了您的家风对您以及企业的影响。

林学凑：谢谢！我现在也是一直在传承好家风。我觉得一直是在路上。

---

① 杰尼亚（Zegna）是世界闻名的意大利男装品牌，始创于 1910 年，最著名的是剪裁一流的西装，亦庄亦谐的风格令许多成功男士对杰尼亚钟爱有加。多年来，杰尼亚品牌一直是众多社会名流所青睐的对象，杰尼亚不追求新奇的款式和华丽的色彩，以其完美无瑕、剪裁适宜、优雅、古朴的个性化风格风靡全球。杰尼亚品牌除西装外，现已开拓了毛衣、休闲服和内衣等男装系列。迄今，杰尼亚已在巴黎、米兰、佛罗伦萨、东京、北京、上海、大连等世界服装名城开设了 220 家专营店。

口述者 —— 潘世锦

潘世锦：

勤劳淳朴 踏实肯干

———

采访者：郑重

整理者：郑重、刘美华

采访时间：2017 年 4 月 7 日

采访地点：滨江大厦

　　口述者：潘世锦先生，1944 年出生于瑞安侨乡桂峰，父辈中就有许多华侨。1973 年，潘先生远赴荷兰与父亲共同创业。经过将近五六年的艰苦打拼，他们的酒楼生意才渐渐红火起来。在自己富裕起来的同时，他还把家乡的亲友带出国，并想方设法帮助他们在异国站稳脚跟，安居乐业。他在担任旅荷华侨总会会长期间，为提高华人社会地位，维护华人合法权益，传承中华文化，促进中荷两国交流做了不少工作。勤劳淳朴、踏实肯干是潘家的家风，他们一家热心公益，自 20 世纪 80 年代初至今，一直为家乡的基础设施建设和教育事业贡献自己的力量。2016 年 10 月，潘先生得知家乡要建造桂峰金鸡山至青田的公路后马上筹资捐款。同时，他还和其他侨领发动自己在海外的亲朋好友进行捐资。消息一经发出，海外华侨的热情势不可当，捐款数额持续递增。此事引起社会各界的广泛关注，得到

浙江省领导的肯定与支持。

一　早年经历

采访者：潘会长，您好！非常高兴您能接受我们的采访，首先我们想了解一下您的早年经历，请您简单介绍一下您的出生年月和家庭的一些情况？

潘世锦：我出生于 1944 年 11 月 12 日，出生地是瑞安桂峰乡坳后村小方山自然村。桂峰是瑞安著名的侨乡，这个对我来说影响太大了，因为我出生在桂峰乡一个海拔非常高的山区，这是一个生活非常困难的地方。在我出国之前，家里还处于吃不饱的状态，我是在吃不饱的情况下出国的。当时我的父母亲对我说："假如你能多读点书，就能离开我们桂峰，如果你出去了，就有饭吃了，我们的要求并不高。"

采访者：当时您家乡的交通怎么样？

潘世锦：交通很差，大家都是步行走路，1979 年我回国时仍然没有改善。所以后来我出资 10 万元，支持修建桂峰至永安必经路上的南坑路桥。

采访者：请您介绍一下您家族的历史，您家族里面出国比较早的有谁？

潘世锦：我家族出国比较早的是我大伯，名字叫潘铭贤，当时我是小叔把我带出去的，他名叫潘铭仁，1934 年出国。我爸爸是 1957 年出国的。出国的时候，我爸爸还没有开店，当时他在我叔叔开的一家皇城酒楼打工。我是 1973 年出国的，我出去的时候是帮助我叔叔打理店里的工作，在那里边做了一年时间。后来我跟我父亲在海牙开了家酒楼，由于刚出去，经验不够，第一次开店没有成功，店开了一年多的时间就被关掉了。店关掉后我没有办法，必须要去找工作。那时候去找工作，因为我在国内是教书的，再加上我身材偏瘦，人家看着我的条件认为我根本不会做工，所以去哪里打工大家都不欢迎。有一位姓潘的先生，活了102岁，2016年才去世的，他是我的老乡，看到我这样的情况，就叫我去帮他做工。后来他店里面也没有生意，就把店卖掉了。然后我又去了另一个老乡开的东亚酒楼打工，我在那里打了两年半的工。我原本以为自己找不到工作，知道有工作了很高兴，我就尽力去做。后来我自己累得血都吐出来了，不知道伤到了哪个地方，太辛苦了。于是我就去医院拿了几粒药吃了，然后没事了。当时跟我一起做工的伙计就和我说："老潘，你自己要知道，你现在身体不好，病了你就要多多休息。"我是给人家打工的，就算去休息了，也必须坚持做下去。后来我就去医院拿了几粒药吃了，吃了药没事后就放心了。

采访者：那我们先回过头来讲，我们知道您家族中的潘铭贤先生是1934年出国的，当时具体是什么原因？父辈有没有跟您讲起过这段历史？

潘世锦：当时那个历史我也不太清楚。总体来说，他们出去时也是比较困难的。因为当时我们国内正在打仗，他们也回不来，就在那边卖花生糖，这种生活是很辛苦的。那时候他出来很辛苦，侨史里面应该都有记载，华侨都是辛辛苦苦偷渡出去的，具体情况我也不太清楚。后来他在荷兰生活创业，到了解放前夕，他就回国了。当时他在荷兰还是卖花生糖，回来以后在我们家乡开了个药店，药店也没有开成功。我伯伯回到家里边，不久就生了病，去世了。

采访者：他回来以后带出了第四个兄弟是吧？

潘世锦：爸爸的第四个兄弟是解放之前跟他差不多时间出去的，他留下来，我大伯就回来了。后来他娶了荷兰当地的女子为妻，在荷兰生了四个孩子。我出去是这个叔叔把我带出去的。

采访者：下面请您讲一下您父母亲的一些故事。

潘世锦：父亲是 1957 年批准出国的，我父亲的出国之路非常艰辛。他出国时我们中国和荷兰还没有建交，还是用台湾的护照出去的。出去以后，他没有定居，没有户口，后来给警察抓去，在牢房里边住了一年半。我爸爸从牢房出来以后，身体不好，生病在医院里面住了两年半。我爸爸为人老实，一直帮人家打工。后来帮我叔叔一起打工，我叔叔因为外边家庭比较大，有时候在报酬上面也算不清楚。我爸爸在那边很辛苦，直到我出去以后，才一起开了家酒楼。

采访者：您父亲出国要申请台湾政府驻澳门领事馆的护照？

潘世锦：首先我们要出去的话，先要到澳门去，那时候都是这样走的。当时领事馆也没有，是国民党的领事馆，都是坐船出来的。

采访者：父亲的言行方面对您有哪些影响？

潘世锦：言行方面，我觉得我父亲是一个非常勤劳节俭的人，他出去一直在辛辛苦苦地打工。我们到荷兰以后，他教导我们应该勤劳，老老实实去做事情，学会一个本领，做饭、学习语言都要去努力，今后慢慢去发展。

采访者：您刚才提到您父亲原来在家乡是种田的，您是他的第几个孩子？

潘世锦：我爸爸有五个孩子，我排行第三，有两个姐姐和两个妹妹。我爸爸出国的时候，我还比较小。

采访者：在家乡的时候，他的哪一些事情是您印象比较深刻的？

潘世锦：我爸爸很勤劳，这一点我印象比较深。那时候刚刚完成土地改革，我们分到田以后非常高兴。我爸爸是一个勤劳的人，因为田比较少，不够种，他就想办法把田扩大，种点粮食。我记得印象非常深刻的地方，我一个姐姐那时候也是十几岁，我跟姐姐两个人播种一片田。

采访者：请您谈谈您的母亲。

潘世锦：我母亲这个人心地非常善良，肯帮助别人。她自己有一口饭吃，总要省一口饭给人家。比如说我们地方有些比我们家里更困难的家庭，她总想分一点给别人，有一升米还要给人家半升。到了荷兰之后，她虽然没有收入，就一点养老金，我们孩子给她一些钱。但凡是她兜里面有几块钱，总爱照顾一些刚刚出去、还没有基础的人。她真是很善良的人，比方说每次从荷兰回到国内，看到老人或穷苦的人，哪怕都不认识，跟她一点关系都没有，都愿意帮助人家，给人家一两百块钱。

采访者：您母亲是什么时候出国的？

潘世锦：我妈妈是 1978 年才出去的。我父亲回国比较迟，大概 1962年或 1963 年他第一次回国。我妻子是 1976 年出去的，我开亚洲酒楼后，我再申请，让我妈妈出去。

采访者：您的母亲是出生在 1919 年吗？

潘世锦：那个时候可能是瞒下来了，因为我的母亲年纪大了，不能申请，所以写小了。我们讲虚岁，如果今年还健在的话就有 99 岁了。父亲大我母亲 4 岁。

采访者：然后请您谈一下您和您姐妹之间的故事。

潘世锦：我的大姐非常辛苦，因为我爸出国比较早，家里边的事情都是由她去做。她从小就跟我爸爸一起去种田，后来我爸爸出去了，家里的重担都在她身上了。她本来已经嫁出去了，因为我爸爸出国，又将她一家人搬到我家里来住，照顾我们。在妇女中，当时农业这方面她算是第一把手了。现在她八十几岁，她几个孩子都在国外，孩子们的事业都很成功。本来不缺钱，她完全可以把生活过得好一点，但是现在她仍然不舍得用钱，也不舍得吃，家人想给她请个保姆，她也不要，八十几岁的年纪，身体也不太好，但还是很勤劳。

我二姐跟我妈妈一样，性格非常好，对人非常友好。一看到人有困难，只要她兜里面有钱，都会主动帮助人家。老四（大妹妹）在国外，一家人在西班牙开店。她在店里面也比较勤劳，自己去做。现在孩子也很成功，生活过得也挺好。老五（小妹妹）家庭孩子比较多，有四个子女，现在也都成家立业了，事业也做得比较好。老五书读得比较多，她高中毕业后才出国，她有知识，也会做事，在国外语言也学得比较快，有时候她还帮助别人说一些话，办一些事。这个妹妹因为她语言等各方面能力比人家好，店里边有什么事，大家都是叫她去帮忙做。

采访者：在您童年时期，您有哪些印象深刻的事？现在能回忆一下吗？

潘世锦：童年时期，我爸爸一个人去做工，那时候生活非常困难，但是我们兄弟姐妹之间都互相帮助和支持，有一点吃的东西都是互相谦让，我觉得这些对我有很深的影响。比如说到后来，我爸爸出国了，他假如带一些东西过来，我们都很客气，好东西都相互推让，为其他人着想。我们兄弟姐妹之间关系非常好，这很难得。

采访者：这体现您家庭和睦，您刚才说您是从 8 岁开始上学，学校是坳后的一所初小？

潘世锦：对，我在这里开始当学生，后来任教师，当过校长兼团支部书记。

采访者：在这个学校，对您影响比较深刻的老师有哪些？

潘世锦：我的启蒙老师吴老师，他现在已经去世了。他对学生的教育比较认真、严格，也比较公正、公平。比如说我今天要表现好，他就表扬我，假如我做得不好，他就批评、指导、引导我，教导我今后应该怎么样去做。我觉得他在那个时代是一个不错的教师，再加上他发展比较全面，文学、数学、唱歌这些方面都很好。

采访者：当时一个班大约有多少位学生？

潘世锦：二十多个学生，学校有两个老师教小学。当时环境很差，很简陋，连门和窗都没有，过去那个时代我们学校都是这样子，不像现在学校里面有空调。那时候读书条件真的很艰苦，冷天风刮起来坐在里面，再加衣服也不暖和，真苦！

采访者：您读初小是四年，到了高小是读两年？

潘世锦：高小是读两年。我读高小时到了另外一个地方。我们的班主任是一个姓周的老师，他是永安人，已经去世了。这个班主任教书，我觉得他非常认真，教育思想也比较新。从初小到高小不要考试，那时候到初中一般来说考试也不多。毕业一个班三十个人，大部分都能录取，那时教育普及了，初中哪怕有困难基本都能上。

采访者：高小的生活怎么样，学校的环境如何？

潘世锦：也是一样的，只是比初中要好一点。湖岭中学不错，但是那时候读书也很苦。我们是第一届毕业生，那时学校正在建设中，教室都没有建好。除了学习，我们还要帮忙去搬木头、抬石头，这些都是要我们自己去做的。我们刚去的时候，学校就一栋教育楼、一个礼堂、一栋寝室，后来我们新建了两个教室、一栋寝室、一个大礼堂。

采访者：您是哪一年进入湖岭中学的？

潘世锦：1958 年"大跃进"的时候我进入这所学校。我是湖岭中学的第一届学生，那时候学校刚办起来。1958 年那时候最苦，我觉得最大的苦是我们那时候吃饭很困难，根本吃不饱，没有办法，我们自己就跑到外边去，把能吃的东西弄过来。番薯叶这些东西，我们用自己的劳动把它弄过来，晚上做清汤。后来我们到桂峰山区去读书，一去就是六天时间。我们要带够吃一个礼拜的自家做的咸菜，生活真的非常困难，这是给我留下的一个印象。学校里面的厨房老师，他们都有饭吃，而且都吃得饱饱的，我们都很羡慕他们。我心想：我要好好读书，今后有饭吃就好了。再加上我们读书的时候，学校环境还非常不好，正值"大跃进"的时候，所有的学生都要做工，半工半读，真的很苦！

采访者：这种半工半读的生活持续了几年？

潘世锦：大概三年时间，到 1961 年，我们又遇最困难的时期，那时候我们和苏联关系搞得不好，苏联科学家都回去了。1958 年，正值"大跃进"时期，本来说吃的东西有了，后来却没有了，1961 年更难。吃的东西那么紧张，日常生活还是照样，地方没有办法，只能饿肚子，真的是饿着肚子去读书。

采访者：这个背景可能也是刺激当时你们家乡有很多人开始想出国的一个很重要的原因？

潘世锦：这是一个很重要的原因。那时我们国内那么困难，家里这么穷，所以要出去。1958 年，那时候出国的人还不多。我父亲决定出国，家里人觉得很好。本来出国是一件很幸福的事，但我爸爸运气不好，没有居留证，被警察抓去，一出去就坐了一年半的牢。他坐牢出来以后，用了一年时间才拿到居留证。

采访者：那时候父亲拿到居留证需要什么条件吗？

潘世锦：肯定有条件，一定要有担保，有工作，要租房子住，这个条件都一样的，到现在还是没变。爸爸因为坐了一年半牢，出来后身体没有照顾好，后来生病了，在医院住了两年半。那几年我家里边也很困难，爸爸也没有钱寄过来，所以说我大姐在我家做得非常辛苦。一直到我娶妻之后，爸爸才有钱寄回来。我的妻子也记得，我家里一张椅子也没有，还是我岳母家把一套椅子做好，送过来给我。家里边一张床、一根柱子也没有，没有办法，只好向人家亲戚借块板，将板搬过来做床，那时候真的很困难！

采访者：您在湖岭中学上学的时候需要住在学校吗？

潘世锦：我住在学校，因为比较远，走山坡路。

采访者：在这所中学里面有没有一些对您有影响的好老师？

潘世锦：我们有两个班主任，其中一个是李老师，李老师去世有两年时间了。这个老师是我们班的班主任，她对我教导也比较严。她说："潘世锦，你应该要好好学习，将来要成为我们班里的一个好榜样。"我在班里成绩不是很好，在中间位置，但是我心比较直，肯说话，可以说我在班里表现还是比较好的，所以老师对我的教导比较严格。还有一个沈国华老师，可惜他后来生病了，很年轻就走了。他是我的第一任班主任。他人很好，也很热情，对学生也比较关心。我出国回来，他还来找过我。他希望我在瑞安七中里设一个助学金，后来没有设起来他就去世了，我真的觉得很遗憾。

采访者：您在班级里面有没有担任过干部？

潘世锦：我从来没有做过大的干部，做过小组长，到1961年毕业了。

采访者：当时您去考高中了吗？

潘世锦：有去考过，当时有个问题，本来那时候作为一个华侨子弟是有照顾的，我可以被录取。后来不知道上面的政策搞得怎么样，开始确实是叫我去了，去了以后刚好叫我去读书的这个人身体不好去世了，起先是他管理我的。他这一走，就不好办了，然后就没有去上学了。后来我回去了，开学过了一个多月又通知我去读书。假如我又开始读书的话也已经迟了，怕学习跟不上，就干脆没有再去。我要去的是瑞安中学，过去高中只有瑞安中学。当时本来有照顾华侨子弟的政策，后来因为这件事情错过了机会，我没有读了。1962 年我就参加工作了，当时去的是凤山头小学，就只有我一位老师，这也是一座刚建的学校。

采访者：请您谈一下当老师的经历吧。

潘世锦：那时候当教师，我是从初中刚刚毕业，也没有教育经历。在那边有一个跟我们同乡的女士，她是我们乡的妇女主任，也住在那个地方。生活上她很帮助和照顾我。在那样的条件之下，再加上只有我一个教师，要教几个班，我的压力比较大。在当时真正想教好学生是很难的，一个人教三个班，三个班级有二十多个学生，再加上我只有初中的文化程度，所以很辛苦。当然我觉得那时候自己还是比较认真的，每天会把明天的工作提前备好。我认真备课，责任心很强。

采访者：据说当时农村里面重男轻女的思想还比较严重？

潘世锦：这个肯定的，这一点我做教师的时候深有体会。我去做家访，一般来说女生上学机会少，我们慢慢做一些思想工作。现在男女都一样，女生也一定要有文化，假如她们没有文化，无论到哪儿都很困难。后来女生读书也多起来了，但总体来说女生没有读书的比较多，男生一般都有书读。

我在这个学校当了半年的老师。半年后国家又有一个政策，要下放一部分教师，我也是下放中一个，后来我就去坑元乡新垟村小型水电站当了一年的会计。那时会计业务主要负责统计村里面整个队要多少粮食，生产需要多少员工。农村会计主要是分红，其他账目就是我们办公费用的东西。会计这个业务我比较生疏，所以我请我的好朋友胡先生帮忙，我经常让他隔两个月过来帮我把账做一下。1961 年我结婚了，组建起自己的小家庭。1963 年我就被调回到老家坳后造水电站。

采访者：当时还是造小型水电站，后来造好了吗？

潘世锦：水电站造好了。当时造水电站没有经验，我们现在一定要钢筋水泥，那时候不会用这些，还比较简陋。一造好，一开水发电就塌下来了。这是一次惊险的经历。我们本来打算在里边开一个庆功会，结果就倒下来了，很惊险！我和一个书记一起跑出来。

采访者：这时您在老家坳后水电站担任会计吗？

潘世锦：对，主要的工作是水电站的建筑费用，我要把账目记好。国家拨款多少钱，我们村里投资多少钱，有多少义务工，我们都要把它算出来。水电站用的什么东西，我们都要把账记起来。做这个工作经历差不多有一年时间，然后我又去坳后小学，在那里担任校长，村里的团支部书记也当了很长时间。

采访者：20 世纪 60 年代坳后小学有没有新的发展和变化？

潘世锦：有，那时候大不同了，小学里面差不多有六个班，四五个教师。我出国的时候，学生比较多了，有一百八十多个。那时候大龄青年搞试验田，试验田是种稻。我们团里面也搞了一个田种新稻，书记划一块地出来，任务分摊到社员身上，大家一起干。我自己做校长，晚上我们把学生做的肥料叫青年一起送到稻田。那时候正处于学习雷锋的火热阶段，共青团工作搞得比较活跃，看到路边有老人担子担不动，大家都跑去为他接担。比方说粮食放到操场上，一遇大雨，大家跑过去帮忙把粮食收进来。晚上我们搞了一个宣传队，我们不仅在自己村里面宣传，而且还要到我们整个乡去宣传。那时候我们坳后村共青团在全市来说是个先进团队。我们坳后办夜校办得比较成功。那时候提出要扫盲，在农村里面让一些不识字的人认识一些基本的字，这些工作好像都是当地的学校负责组织夜校。我们学校里面夜校起码有两三个班。我们桂峰乡是瑞安最偏僻、最高的山区。当时我在坳后小学任教的时候担任校长。我担任校长的时候，学校的工作比较忙，又有这么多的功课。我们那个时候有规定，当校长的人教一门高年级数学的课。当时的夜校，坳后小学是瑞安有名的。夜校还有义务宣传队，义务宣传搞得比较出色，像戏班一样，到湖岭、芳庄乡等地宣传。我们晚上去宣传，回来第二天照常上课。当校长工作量比较大，还要做好教师的思想工作，那个时候担子都是落在校长一个人的肩上，很艰苦！

采访者："文化大革命"开始后，您还是当校长？

潘世锦：还是当校长，"文化大革命"时我还当组长，是村里的革委会主任。当时运动一来，我们比较冒进，毕竟我们年轻人火气比较大。比方说"破四旧"，甚至人家的床上雕着有东西，我们都把床捣掉。过去房子里面有我们祖宗的一些画像，我们也把它捣掉。那时候留给人家的印象非常不好，我们在那个时代这一点做得太过了点。

采访者：这一段时间，您在教书之余也有支持家乡林场的建设是吗？

潘世锦：我不但支持，还亲自去做。我当时教书的时候，顾不上休息，一有空一大早就起来到村里面去给树木打药水，等队里面事情做好了，再回到学校去上课。大家认为我做事比较认真，比较公正。晚上回来村里面评工分，都会向我征求意见，采取我的建议。我当时在村里面当团支部书记，又当校长，大家对我的评价比较高，很信任我。我们坳后有一个林场，办得比较早，上面有几间房子。当时我们村里面多么穷，我爸爸在国外已经开始有一些经费寄过来了，所以我也拿一些出来捐助。林场是属于村里面的，因为村里政府很穷。当时创建这个林场是想解决我们村里面经济困难的问题，大家可以进行分红。我们主要是种茶，那个时候茶叶属于我们国家收购，收购的还有淀粉、大米、白糖。当时公家收购过去，然后把淀粉、大米等供应给村民。那时候生活很困难，我们桂峰也想创造一些经济收入，提高人民生活水平，所以造了一个农机厂。我当时捐资三百元人民币支持那个农机厂。那时候三百元不算少了，一个人月工资就三十块。后来我把妻子也安排到那边工作。农机厂主要是生产机器，放到外面去卖。但那时候我们山区交通不便，还要抬下来。

采访者：你们之前想生产什么呢？

潘世锦：生产机床。一台机床要几十个人把它抬下来。由于当时还是计划经济，其实这些都不让买卖，生产一两台，除掉本钱，都没有什么利润，后来没有办成功。

采访者：您还有帮助其他人的一些行为吗？

潘世锦：帮助别人零零碎碎的比较多了。比如说那些贫困学生，困难家庭，或生病没有钱，我给他们一块钱或者五毛钱。

采访者：您自己是什么时候产生了出国的念头？您父亲跟您联系密切吗？那时他是怎么跟您联系的？

潘世锦：当时电话也没有，就是写信。我们经常有通信，寄来寄去，大概寄信一个月能收到一封。我爸爸差不多1958年出去，1964年回来，六年时间回来一次。

采访者：我们特别感兴趣，当时这个钱主要是通过什么渠道寄回来？

潘世锦：这个钱通过银行汇进来，开始都是英镑、美元，后来才有人民币汇进来。我叔叔汇到国内来的都是英镑。

采访者：当时您对自己的那份工作还算满意吗？

潘世锦：作为一个转正的公办教师，大家都是比较向往的，但是比起出国还是差点。假如一个人出国，就像过去中了状元一样。一个人去了国外就为发财打好一个基础，我们到外面的想法就是发财。但是到了那边以后，并不是这样，你还是要靠自己努力，很辛苦！有很多人从国内跑到国外去，搞得一塌糊涂的例子也挺多。比如说我初到国外，叔叔、爸爸年纪又大，那家店生意也不大好，过了不久又卖掉了。以后我再重新找店，这个过程是比较困难的。

采访者：当时您以什么名义出国？

潘世锦：当时出国比较难，一个人到海外更难。当时国内有一个条件，假如说你要继承产业，你可以申请。那时候我父亲和叔叔已经在外边有事业了，因为我父亲和我叔叔年纪也比较大了，所以我要出去继承我父亲同我叔叔的财产。那边需要人，需要我去帮助，这是第一个，也是最重要的想法。第二个想法，当时国内生活条件上还比较差，我们想趁年轻还有点能力，能够去国外为事业、为自己的家庭、为自己的家乡做贡献。

采访者：当时您出去需要办理手续，是怎样办理的？

潘世锦：办手续大概需要半年的时间。首先向我们瑞安申请，但是报一定要报到省，那个护照是省政府公安厅批的，不是我们瑞安批的。出国的手续，我们可以到上海去签证，签证签出来直接到荷兰。

二 荷兰创业

采访者：1973 年 10 月，您开始去荷兰，当时有很多乡亲去送行是吗？当时的情景您能回忆下吗？

潘世锦：1973 年 10 月 14 日，从家乡启程那一天，我们故乡的人待我非常热情，我们村里面开了个欢送会，我们学校里面也开了个欢送会，最后有五十多个人送我到湖岭。那时候交通很不方便，一部小车都找不到。我们村里面有个人在芳庄乡做副乡长，调了一部运货的货车。我们站在货车里面到了瑞安，从瑞安再乘船到温州。为了感谢大家，我在温州华侨饭店摆了五桌酒，那一天差不多有五十多个人，那时候摆五桌酒也不得了了，摆酒大家都很开心。那时华侨饭店很好，现在也很有名。

采访者：当时出去，您的行程是怎么样的？

潘世锦：我从这里到湖岭，再从湖岭到瑞安，从瑞安到温州，在温州住了一天，然后在现在的江滨路那边坐将近二十几个小时的轮船到上海。当时正好有个塘下的朋友跟我同时出去，他也是去荷兰。他年纪比我大一点。到了上海以后住了一天，第二天我坐飞机到法国，法国再转到荷兰，那时候荷兰还没有通航。

采访者：在转机过程中，您有碰到语言问题吗，如何解决？

潘世锦：那时候国内我们都是用普通话，再加上有个伴，两个人在转机上没有问题。不过到了法国之后，我也记不清楚了，由法国转机到荷兰。到了荷兰，我的亲人到机场接我。

采访者：您现在回头过来看，当您坐上飞机从上海飞往法国，当时是怎样一种心情？

潘世锦：当时我是既高兴又伤感。出国的时候我只有 29 岁，从家一路上哭到荷兰。突然和家人分开，告别那么多朋友，难免伤感和不舍。我妻子在家里边还要带四个孩子，最小的孩子刚刚出生三个月，真的很舍不得。到了荷兰以后，我们没有电话，只能通过写信和家人联系。假如说我有一天休息，肯定写封信，每一个星期都写封信，有时候甚至一个星期写两封信，一个月差不多有六封到八封信寄到家里边。我初到荷兰语言不通，很辛苦。

采访者：您先到荷兰的哪座城市？

潘世锦：格当汇克市。皇城酒楼是叔叔的店，我到了那里，不到半年的时间，因为生意不太好，自己对开这家店没有信心，就把店给卖了。

采访者：那时候您父亲帮别人打工，一年能赚多少钱？

潘世锦：收入还蛮高的，差不多荷兰盾一个月有一千二的样子。那时候工资差不多相当于一个月五百多元人民币了，我们国内工资一个月还只有三四十元。

采访者：您到了荷兰以后，对这个国家的第一印象怎么样？

潘世锦：他们的人很有礼貌，比如说我们去买东西，他们都很自觉。他们办事效率高，办手续比较方便。再一个，他们那边设施比较好。

采访者：您刚到那边，感觉遇到最大的困难是什么？

潘世锦：当然刚出去，到一个陌生国家，人生地不熟，话语又不通，这个是最大的问题。我原来在国内教书，在荷兰一天工作要十二个钟头，很辛苦。我们做的是中餐，我们的服务对象是外国人，直到现在也是。

采访者：这个皇城酒楼大概是哪一年开的？

潘世锦：我是 1973 年出去的，那个时候皇城酒楼大概已经开了 8 年。生意以前还可以的，后来由于我父亲、我叔叔年纪也大了，在管理上面有一些问题，因为一些因素生意慢慢不好。再加上周边餐馆多起来，竞争也比较厉害。我到这家酒店先是在厨房里面做帮手、洗盘碗。

采访者：有没有遇到什么困难？

潘世锦：困难当然有。我觉得教书时间那么长，再加上我做有些事情手也不太方便（潘先生手有残疾），后来时间长了，再困难的问题也可以慢慢解决。

采访者：在这一段过程中，您有没有学习当地语言？

潘世锦：我一出去就学语言。后来孩子比较大了，孩子都会说了。那时候我们学习语言的决心不大，我们讲的几句话都是平常我们做生意需要用的，普通的问候我们会说。假如是关于专业的荷兰语问题，这些我们都听不懂。如果我们在餐馆碰上一些法律的问题，这些东西我们没办法，必须要让孩子们去解决。后来叔叔的餐馆卖掉了，我就去找工作。一下子找工作也比较难，我在亲戚家里面待了一个月。在店里、仓库里吃、喝、睡。我父亲当时也在这个亲戚家里做工。

采访者：接下来怎样克服了这些困难呢？

潘世锦：也是想办法，一直在工作。后来我们开了向阳酒楼，这是第一家店。我和我父亲两个人一起做，再请了一个人。因为没有生意，后来就维持不下去。我们又想办法找工作，工作找不到，最后找到一个同乡张老板，也是桂峰坳后的。这个老板比较好，他说："你真想做工的话，到我家里来做。"我听到他要我去做，非常高兴，马上到他家里帮忙，把用的东西搬到他楼上，住在他那边。

采访者：在他那里，您做了多长时间？

潘世锦：这里我做了三年半。我一过去先是炒面。那个老板跟我说："老潘，既然你做了，我就不做了，我作为股东，我让你做。"后来我做了半年不到，就当上大厨了，做大厨就是厨房里面的活统统由我负责。我觉得自己在其他地方找不到工作，干脆到那里好好工作。在这里三年半以后，我和父亲一起开的是亚洲酒楼，正式创业。

采访者：当时您在那地方工作三年，一年的收入大概有多少？

潘世锦：一年收入还比较好，有一半的人做大厨，大约一个月工资有一千一到一千三荷兰盾。我后来在这个地方工资是最高的，一个月一千四荷兰盾，相当于人民币七八百元。

采访者：这家店生意怎么样？

潘世锦：生意还可以，开始时生意还差一点，后来慢慢好起来了。向阳酒楼没有生意关掉之后，我小孩子的补助金到了。一天，一个邮递员过来说您有信来了，叫我下来先签个字，那时候是挂号信。我拿信一看是我们小孩子的补助金，我的四个孩子补助金有三千七百多荷兰盾。我爸爸非常高兴，对我说我们父子俩今后还有希望。我马上跑到邮电局，领到三千七百荷兰盾。我在一个店，打了三年半的工。爸爸在另外一个店，也打了三年半的工。两个人凑起来，凑到八万荷兰盾，后来再向亲戚朋友借了一点，然后就把这家向阳酒楼开起来了。

采访者：当时您孩子已经带出去了？

潘世锦：没有，孩子在国内我们每年也可以申请，每一个孩子都有补助。我们在市政厅里报的，把表填起来就行。

采访者：当时你们开这家店花了多少钱？

潘世锦：三万荷兰盾。这家向阳酒楼开了一年，没有生意。后来亚洲酒楼一开业，这个店生意做得挺好，也挺红火，生意一年比一年好。刚开始那个地方餐馆少，就只有我们一间餐馆。后来我的妈妈、两个妹妹也出国了，人手多起来。开了三年之后，人家看我生意好，就把店开在我们边上，后来生意慢慢跌下来了。

采访者：当时在荷兰，很多华人在那里创业，除了开餐厅有没有其他更好的选择？

潘世锦：没有，他们在荷兰主要就是从事餐饮业，百分之九十八的华人都这样做。

采访者：在创业的过程中，父亲有哪些言行对您产生了影响？

潘世锦：我觉得父亲很不容易，他的行动感动了我。他那么大岁数，一直在打工，我自己也在一直打工。我们父子俩又辛辛苦苦挣些钱，把这个店开起来，我们一定要尽力让这个店生意好起来。看我爸爸这么大年纪，还这么辛苦、勤劳去做工，我们这一代年轻人要更加努力。

采访者：您的妻子对您的帮助也很大。

潘世锦：我妻子那时生了两个孩子，生这两个孩子时我攒的钱还比较多。人家生孩子起码要休息一个月，还要吃好东西养着。我妻子在医院里面就住了三天，一回到家她就马上在厨房里动起来。一边要带孩子，一边还要做工。满月只休息不到一个礼拜就马上开始做工。有一次，我们家里面店生意比较红火，很忙，有些东西放在地洞里边。她慌里慌张把那个地洞门打开，开门时不小心，五个指头都给弄破了。这样的情况下，一般人根本没有办法继续做工，她就把手包好，袖套套起来又赶去做工。我厨房里有个帮我做工的老人，当面跟我妻子说："你假如这样子还要做工的话，你都不需要其他工人了，我也要走了。"我当时真的很感动。还有一次，她的指头生了疮，烂得很厉害，她马上包好，回到厨房里边继续做工。我觉得我的事业能做成功和我妻子的支持分不开，她很勤劳，口碑在荷兰很好，在国内也很好。

采访者：您什么时候考虑想把妻子和孩子接到荷兰？

潘世锦：我们心里边当然想越早越好。那时候有个条件，一定要在荷兰那边工作满两年时间，才可以申请。我在张先生的店里做了两年后，他看我做工也好，人也勤劳。他就尽力帮我妻子和我孩子申请出国。我的两个孩子 1976 年到荷兰。1977 年，我妻子生了个小孩子，1978 年又生了一个。

采访者：当时您母亲还是在家里？

潘世锦：母亲还在家里。另外两个孩子在家里给母亲带，有时候那个小的孩子送到我岳母家里去。

采访者：当时这个酒楼生意那么好，有哪些特色的菜吸引了顾客？

潘世锦：一是那时候饭店还比较少，这个是最重要的因素。另外一个，那些年我们中餐生意在荷兰形势很好，发展最快。我们中餐厅是最受欢迎的一个餐厅，跟当时的形势也有关系。我们的菜比较新鲜，量比较多，所以吸引了一些客人，客人也是当地的荷兰人。

采访者：您在什么时候开迎宾酒楼？

潘世锦：1982 年。亚洲酒楼后来给我妹妹经营了一两年时间，我自己就在附近城市里面开了迎宾酒楼。开迎宾酒楼本钱数目很大，我们亚洲酒楼生意那么好，挣的钱统统套进去了，后来生意并不理想。

采访者：迎宾酒楼的生意不理想的原因是什么？

潘世锦：不理想。后来有个同乡看我们亚洲酒楼生意那么好，也开了几间，生意就溜了。我想另外找一个地方开起来，我以为会有生意的，所以放了那么多本钱。那时候以为店装修得好就有生意，其实不是这样子，主要还是和客人有关系。酒楼开了八年时间，都是我们夫妻俩跟孩子一起打理。生意都是靠我们自己一家人努力去做，勉强维持八年时间。那时候到了欧洲，我们总是想把故乡的亲戚、朋友带到国外去，也让他们去发展。生意不好，最后维持不下去，我把自己的孩子安排到其他人的店里面去做工。

采访者：您的两个妹妹是什么时候来荷兰的？

潘世锦：1980 年，我妹妹和我妈妈一起过来的，一起过来的还有我两个孩子，老三和老四。我将两家酒楼转让给两个妹妹经营。我两个妹妹到荷兰是以我父亲女儿的名义带出去的。因为她们在国内都结了婚，按荷兰的法律来说是不可以的。假如你已经结了婚，已经有了家庭，不可能将孩子带出去，带出去的子女一定要 18 岁以下，没有家庭。你已经结过婚，超过 18 岁了，违反荷兰法律，就不被允许。我将这个情况对荷兰警察说清楚了，帮我两个妹夫申请出去，一报上去就不行了。后来我两个妹妹的居留证也给取消了，没有办法，就把这两家酒楼暂时给她们守一下。后来警察不同意，最后就将我两个妹妹送到了西班牙。

采访者：后来您带着家人来到荷兰另外一座城市？

潘世锦：我们去了靠近德国的亚丁山市，开了状元酒楼，那时候生意不太好，后来通过装修再加上我们自己有人手，生意一年比一年好，到现在已经开了二十一年。现在店也多了，这个店生意慢慢退下来，比不上过去了。我在周边又开了一间很大的世界餐厅，里面有荷兰餐、中国餐、法国餐、日本餐，有七百多个座位，三十多个工人，工人一般都是国内的，在外边做服务员的一般都是荷兰年轻人比较多。这家店开起来就给两个孩子去经营了五六年，这个店准备送给第四个孩子，第六个孩子又要去发展了。

采访者：这家酒楼生意非常好，您觉得经营上的秘诀有哪些？

潘世锦：我们现在的餐多样化了，世界上各种各样的餐都有，经营模式也不同。现在我们也经营自助餐。

采访者：状元酒楼最初的收入怎么样？

潘世锦：那个时候我们主要还是靠打包，送外卖比较多，总之情况比较乐观。

采访者：在经营这家酒楼的过程中，有没有遇到印象比较深刻的一些事情？

潘世锦：我觉得那几年，我不管怎么做都很顺，在劳工方面也没有出什么问题，法律上也没有出什么问题。这二十多年都很顺，有些店我们卖掉的也有，关门的也有，我总觉得我自己的生活、生意一天比一天好。20世纪八九十年代到荷兰开餐馆的人比较少，到2000年以后，到荷兰开餐馆的人比较多了。现在做世界餐比较好，但我们周边又开了很多店。

采访者：您的二儿子曾在荷兰读大学是吧。

潘世锦：他的学习经历都在荷兰，读文科，读书成绩非常好，本来要读大学。因为这些亲戚是旅游申请带出去的，跑到意大利去报户口。我们那边没有亲人，我孩子是荷兰籍的，可以跑到那边去做生意。我是专门为了申请户口叫我的第二个孩子放下学业去意大利开了一个中餐馆，帮助这些亲戚去登户口。

采访者：那么后来您的亲友们在意大利可以做生意了？

潘世锦：户口登起来之后，现在他们事业都搞得很好。意大利著名温州籍侨领周致敏先生就是我带出来的，他是我大孩子的大舅子，他现在的事业在意大利做得非常成功，这样的例子很多。我带出来的人现在都有事业，做侨团工作也好，做事业也好，都很成功。

采访者：除了这些，您能谈谈帮助乡亲的事迹吗？

潘世锦：我们乡村住了四十多户人家，现在每一户都有人在外国。这些人百分之七八十是我带出去的，有些人在路上没有钱，我资助他路费，帮他出国。假如家乡有人生病没有钱，我们也资助他治病。我们坞后有个保安，有一次开车不小心把脚伤了，后来住进医院。我自己帮助他不说，还向其他人申请帮助，政府的民政局也给他一些帮助，这些好事我是真的做了很多。

乡亲们跑到荷兰人生地不熟，工作全部要我去安排。我把他们全部都安排到我店里做工，碰到生病或其他不方便的地方，我都让我孩子去帮助他们。在国外夫妻感情不好，家庭不和气，我经常出来调解这些问题。一些老人身体不好，我经常到他们家里面去拜访、问好。这些都是很正常的事。

采访者：在这个过程中有没有让您为难的事？

潘世锦：不会，我会很清楚地告诉他们。

采访者：他们当中优秀的代表，您能举一些例子吗？

潘世锦：前面说的周致敏先生，他是我带出去的，做得非常好！有一个杨先生，他在瑞安非常有名气。还有一个原乡镇干部，是我的表弟，也是我带出去的，他一家人在国外非常成功。我自己的堂弟也很成功，他现在在国外。

三　侨团工作

采访者：我们现在谈一下侨团工作。您最初接触侨团工作是在什么时候？

潘世锦：1997 年，我参加荷兰瑞安教育基金会，在第一届就担任常务副会长。

采访者：当时基金会成立的初衷是什么？因为我们知道在欧洲华人社团基本上都是一些同乡组织或是商会组织，你们怎么会想到以一个教育慈善主导的目的是什么？是基于什么样的考虑？

潘世锦：当时我们的发起人是胡克勋，发起以后他自己不做会长。我们为什么成立教育基金会？主要是考虑支持我们国内的教育事业。开始，我们每年给瑞安教育局捐资支持十万块人民币，支持十个大学生。我们每个人都联系一个大学生，一年差不多一万块钱。我们积累了一批基金，我们不但在瑞安建学校，还在外省建学校。

采访者：这个基金会资金的来源是以什么方式募集的？

潘世锦：主要是几个侨领认捐，会长大概捐了三十万荷兰盾。我们捐资四五万，也有些一千、两千、三千的捐资。当时那个资金差不多有十万欧元，每一届会长每年捐五千，副会长捐一千五，有些捐五百。我们瑞安教育基金会为什么这几年搞得那么好？这里有一条，就是把资金综合起来，假如说我们侨胞谁办事业经济上面有困难，我们把资金给他周转一下，不过我们要算一点利息，所以我们现在有三十万欧元了。假如说借出去分利的话，每年都有三万块利息收入。再加上会费的话，一年又一年，这个资金越来越多。2006 年，我是第四届荷兰瑞安教育基金会会长。

采访者：您估算一下到目前为止您捐助了多少钱？

潘世锦：造路、造桥，照顾贫困学生，照顾我们亲戚，出去路费等统统算下来差不多有六百万元人民币。1973 年到荷兰，因为那时候我在厨房里面工作，还比较忙。我参会是 1997 年，当时已经有些收入了，我经济上已经有些积累了，想着为社会做一些贡献，就有了行动。

采访者：您是 2006 年担任荷兰瑞安教育基金会的会长，在这期间一直到哪一年？您做了哪些工作？

潘世锦：我是 2006 年到 2008 年担任会长，我们会成员去访问了国内几个地方，捐资助学方面的工作做得比较多。一次，我们访问了安徽省的一个聋哑学校，我们出五万块钱资助学校。这期间，侨联、侨办会给我们信息，使馆也会给我们信息。在投资方面，我们做得不是很多。

采访者：您担任旅荷华侨总会会长是第十四任，是在 2012 年吗？

潘世锦：对，我是第十四任，任期是 2012 年至 2016 年。我们侨团工作主要就是关心每一个华侨，在荷兰碰到什么问题，我们会尽量想办法去帮助解决，这个很重要。另外一个，我们在荷兰主要是经营餐饮业，我们怎么样将自己的事业做成功，再去做其他事情，这个也很重要。我们怎么样让荷兰政府允许我们国内输出劳工，只要荷兰政府允许国内劳工到荷兰来，那我们餐馆就方便多了，好得多了，力量就大了。不过现在荷兰的劳工比较紧张。这几年我们的劳工很缺。假如你开的工资高，待遇高，他就跑到你那里去，这样的情况很多，也很正常，所以说竞争很厉害。

这几年，我们总会在中国政府和荷兰政府的无私帮助下，在兄弟社团的大力支持下，团结广大侨胞，促进华人事业发展，提高华人的社会地位和文化素质；关注年轻人融入社会和教育问题，争取和维护华侨华人的正当权益和福利；关注华侨华人参政议政问题，鼓励会员融入荷兰主流社会；开展交流活动，为增进中荷两国文化、经济、政治交往和合作作出努力，取得了一定的效果。

采访者：您参加旅荷华侨总会是什么时候？

潘世锦：我参加旅荷华侨总会是在第十二届，是助理、副秘书长，在十三届的时候是常务理事长。

采访者：您能简要介绍一下旅荷华侨总会的历史吗？

潘世锦：我们会是 1947 年成立，中华人民共和国成立，我们会在荷兰大地上升起了第一面五星红旗，这个当时也不容易。我们国家还没有和荷兰建交的情况下，我们自己的五星红旗在这个大地上升起来，当时很厉害。1953 年，我们总会收到了中国国务院周恩来总理的邀请去参加当年的国庆。我们旅荷华侨总会以前在助学、捐资方面做了很多工作，我们成立一个专门助学的机构，一个人帮十个学生。还有大兴安岭火灾，总会也捐了很多钱。四川大地震，我们捐了两百多万。我们总会在每一个时期都作出了很大贡献。"九三"阅兵等工作我们都是及时配合使馆去做的，我们总会紧跟我们中国政府做了很多事。我们总会原来有中文学校十六所，有十二个分会，按照荷兰地区来分，也有自己的刊物《华侨通讯》。

采访者：刚才您提到了《华侨通讯》是侨团的一个团刊，它是 1979 年创刊的？

潘世锦：对，几个侨领开始创办，后来因为经费的原因，停了几年，现在给一个企业家做了。本来我们国侨办每年赞助二十万元，后来也没有了，广告跟不上，所以就停刊了。我做会长以来，在《中荷商报》上每个月还有我们的专栏，主要介绍我们侨团的活动情况。

采访者：《华侨通讯》最初创刊的时候是多长时间一期？

潘世锦：那时候荷兰华文报纸还没有。没有打印的，是用手刻出来的。那时候几个侨领很辛苦，开始是两个月一期，再后来是两个星期一期。后面发展得比较快，特别是国侨办赞助《华侨通讯》的时候做得挺好，现在《华侨通讯》登在《中荷商报》上，一个月一期。

采访者：请您介绍一下会员的人员组成情况。

潘世锦：这是全荷兰的。不过参加的人大部分是我们浙江人，广东人、福建人等其他地方的人比较少。

采访者：我们看到一则资料是 1987 年成立了一个全荷华人社团联合会，这个组织和旅荷华侨总会有什么关系？

潘世锦：当时我们没有一个会代表我们全荷兰华人来向政府说话，当时这个组织来做代表，向政府反映一些情况。当时国家也有补助，后来没有了。后面又出现了一个参政议政的机构，可以向政府提出要求参政议政，这个会力量渐渐薄弱下来。现在这个会刚刚换届，刚选出来的新会长要大力整顿发展该组织，使这个会既代表全荷兰，把荷兰主要的这些侨团联系好，沟通好，各个会出个代表，把荷兰的侨团和侨领作为常务副会长、副会长，把各个会的人团结起来，构建一个互相沟通的平台。

采访者：现在在荷兰最具代表性的还是旅荷华侨总会这个侨团？

潘世锦：应该是的，后来因为第十二届选举当中发生矛盾，这个会被分成两个会了。旅荷华侨总会是老会，还分出来一个荷兰华人总会，他们自己成立起来，这个会现在还在。使馆里面对我们会的工作很支持，因为大家承认我做的工作对总会有贡献。

采访者：您会安排一些成员去国内考察，您为中国和荷兰两国的发展做了哪些牵线搭桥的工作？

潘世锦：我担任会长要做几件事。第一步应该要培养年轻的侨领，这个是重中之重。我们这些人都老了，必须要有接班人，年轻人一定要跟上来，所以对于培养年轻这一代我非常鼓励。一上来我向各侨办申请大约十八个中青年侨领去国内参观访问。这是第一个去国内考察的团，目的是让年轻人去国内看看我们国家改革开放以来的变化。这次申请国侨办给我们四五天的公费考察，后面还有三四天是国侨办介绍给各省来接待我们。浙江省领导对我们非常支持。既然中央批了四天，省里面也给了我们四天，这提高了年轻人对我国改革开放的认识，看到我们国内政府的重视和关心，他们感触比较深。我们每年带中青年侨领回国两次，一次是国庆节，我首先通过使馆告诉到国内，提出申请，我们要去访问哪个地方，他们都给我们安排好。每次国庆节过来，我都要拜访侨办、侨联、政协、致公党、人大。四年中，我每年都带团两次，共带了八次，算起来差不多有四五次都是公费。比如一个地方开侨乡会，他们邀请我们过去参加活动。他们接待我们也很热情。我们可能就负担一点宾馆的费用，行程都是他们安排。这几年我们访问了东北三省、福建省、广东省、安徽省，上海市，走过了很多大城市。我对这些城市印象比较深。我们带领中青年去国内走一走，一来看看我们祖国这几年的变化；二来给领导一个好的印象，回去以后他们对我们侨团工作也有了信心。第二件事是关心老人，过去侨团都是他们发展起来的，他们给我们打了一个很好的基础，所以我们必须要感谢、感恩他们。因此我们每年中秋节都请这批老人过来吃个饭，每年春节期间去他们家里拜访一下，这些工作我们每年都要做，而且很成功。还有一个就是中文学校，一些年轻华人在荷兰已经属于第三代、第四代华人了，假如说没有中国文化的熏陶，他们就变成一个荷兰人了，所以我每年都去中文学校进行访问。

采访者：这些中文学校是你们总会管理的吗？

潘世锦：不是，我们有赞助。我们旅荷华侨总会可以说只有四间学校，他们自己投资五十多间。每一间学校都有校董会，我们主要是去探望、鼓励他们。这些中文学校基本都没有盈利，能基本持平是最好了。

假如差一点，我们侨团会补助一点。不过荷兰的孩子在中文学校只上半天学，就是礼拜六半天。中文学校会安排国内夏令营，我们每年有学生要去国内参加夏令营。还有一个我们宣传中国的文化，把专家们请来去讲课，这些报纸上都有刊登和宣传。

采访者：您会经常接触当地的中国留学生吗？

潘世锦：有一个名叫谭晓的荷兰自费留学生，是来自重庆的荷兰留学生代表，一个学生会的会长。后来他回到国内了，现在仍然跟我联系。他在国内有什么事情都跟我们交流，我也给他在会里面继续保留一个位子。有些问题需要他帮助我们解决，叫他写文章，他都会支持我们，他这个人挺好。比方说浙江省政府里面的人，我们需要叫他去联系一下，他都会帮助我们去做。还有一个李先生，谭晓回去以后，由他代替谭晓。李先生跟着我们时间不久，不知道他回到国内了怎么样，回国后没有跟我们说。还有两个年轻人，他们都是在国内出生，有文化，我就把他们请过来当我们的秘书，帮助我们会开展工作，做得挺好。

采访者：您十分注重培养年轻人，也注重对老华侨的尊重，您在2013年8月组织了一个旅荷华侨与老华侨、老侨领的联谊大会，请您介绍一下这个活动。

潘世锦：活动那一天我们有一百多个人，大使馆主要领导也过来了。有一个老人代表为我们介绍一下旅荷华侨总会的历史和我们做过的事情。我也在大会上赞扬他们在荷兰给我们华人做过不少贡献，继续给他们鼓励。大家多年没有碰面，难得有机会一起互相交谈，非常开心。我们与他们共享宴会，饭后我们给他们送一些礼品，我们也觉得很高兴。

采访者：荷兰现在有妇女侨团吗？

潘世锦：应该说每个会里面都有一个妇女委员会，但是这个比较分散。现在荷兰妇女会当中，有一部分人原来是国内的老师，现在在妇女会里面是骨干，干得比较好。她们又会跳，又会唱，还组织了旗袍秀，这样类似的活动我们每个月都要举办一两次。

采访者：在中国传统节日到来时，您组织过哪些比较大的活动？

潘世锦：春节肯定每年都要搞活动的，春节联欢晚会差不多每年都有四百来人参加，我做了四年会长，我家里搞了三年春节联欢晚会。我们在自己家里举办，吃的东西都是我自己负责，请大家过来吃饭。有一年我们会用会费请大家吃饭，其余三年都是我自己请大家吃。还有一个中秋节，中秋节的团聚活动也很热闹。

采访者：为抓住 2014 年召开的欧美会议和 2016 年举行的荷兰大选这两个契机，您邀请在荷各界重要侨领和知名华人代表，呼吁和鼓励大家积极加入参政议政的行列中，请您谈谈这方面的情况。

潘世锦：我们今后在荷兰要提高参政议政能力，我们在荷兰的华人参加会的还没有，我们要争取，华人自己要发出声音。我们已经开了几年的会讨论这个事情，但是觉得这个事情比较难。当时我们抓住这两个契机，成立了一个参政议政的组织。这个组织向下面去活动，把我们华人活动起来。我们要参政议政的主要原因在于提升在荷兰华人的社会地位，国会里面有自己的人好说话，把我们华人的事情反映到国会里去，这样好解决存在的问题。特别像土耳其、摩洛哥这些人非常团结，他们已经有自己的代表了，在福利等方面比我们华人要好得多。但是荷兰也有华人市长，他的上辈是我们中国人，现在他退下来了，做我们中荷海外联谊会的会长。

采访者：现在有华人在荷兰当国会议员吗？

潘世锦：没有。我们要培养华人怎样去参政议政，在议员当中有自

资深外交家吴建民（前排右四）与潘世锦先生及各界侨领合影（摄于 2013 年）

己的声音，这正是我们在努力的。

采访者：您在荷兰将近四十多年，有没有看到华人地位的变化？

潘世锦：1971 年中荷两国建交，我 1973 年出去，我们国家开始强大起来，中国已经有大使馆了，到现在我们的侨团差不多有一百多个。荷兰人对我们中国人比较看重。我们中国人都是自己去开店做生意，再加上我们国家这几年变得越来越强大，所以现在我们在荷兰地位也比较高。我们的店越开越大，越开越漂亮，我们中国人在那边现在地位高，有气派，实力也好。我们自己勤劳，老老实实在那边做生意。

采访者：您对一些有才能的人也积极吸收他们入会是吗？

潘世锦：我对两种人是最器重的，一种是年轻人，刚才讲到了，我带他们去国内走走看看，培养他们对我们祖国的了解，热爱祖国。另外，我对有文化的人非常尊重，有事都去征求他们的意见，让他们提一些问题给我们作参考。假如他们说得对，我们大力支持他们去做；假设有些地方我们觉得他做得有些不好，我就好好给他们解释。谭晓现在在国内，我们仍然还用他。还有一个戴先生，现在是温州政协委员，他也是我们会里面的常务会长。本来他居住在荷兰，现在他们夫妇已经回到中国了，他孩子和媳妇、孙子还在那边。我们仍然请他做我们会里的常务理事，国内有什么问题，什么事情都由他来告诉我们。我们有什么事情需要他去做的，他都会完成。

国外的话，我主要说几个人。黄先生原来是我们坳后师范毕业的一个教师，他过去跟一个广东人结婚，有两个孩子。他一直以来在中荷商报里边做记者，我让他帮助我们总会做些事情，在国外要写稿子，我都要他来帮我写，像登报的报纸专栏都要叫他去做。张女士是一个东北人，她教过书，在机关里面工作过，文章写得很好，口才好，唱歌也挺好，做什么活动都是她当大会主持。总会里边把她请进来，做我们会里面的副会长兼副秘书长，她对我们总会非常支持。还有一个陈先生是青田人，过去是我们会里的副会长，现在是青田会的秘书长。我就把他请过来，有些电脑问题，我都是请他去做。我到国内去旅游，在旅游当中的相片等资料都是他帮助我留下来的。这些人做事情做得非常好，又有知识。黄钺在国内是一个区级干部，后来在荷兰定居了，现在生意也做得挺大。他一直都是我的顾问，有什么事情我都跟他商量，比如侨团之间有矛盾，我也去征求他的意见。

采访者：现在您是否还担任荷兰中国和平统一促进会会长？

潘世锦：对，我也是这个会里面的主要负责人，担任荷兰中国和平统一促进会的会长，去年开始担任，主要举行反对"台独""藏独"的活动。荷兰中国和平统一促进会和其他地方有些不同，一直是有会长团的。会长团里有十个人，这十个人都是会长，在这十个人当中选出一个作为召集人。这次统促会换届了，本来统促会的会长是我们旅荷华侨总会的名誉会长，这次退下来了。我专门把我的秘书长王先生推上去，他在这几年工作做得非常好，特别是他的口才挺好，到什么地方他都能说出来，不用带稿。我们到国内访问，他受到了国内领导的表扬。

采访者：最近还有哪些活动？

潘世锦：我代表统促会去参加在德国柏林召开的抗日战争胜利七十周年纪念活动，还在大会上发言了。在荷兰我们搞了一场关于抗日战争胜利七十周年的展览，那一次我发动了差不多有五百多人，每个人赞助一百块钱，到的人挺多，办这个展览也感动了使馆。中国和菲律宾争端，我们统促会同旅荷华侨总会一起举行了一次示威游行。我们统促会与旅荷华侨总会其实是两个牌子一套班子，这批人一般都是我们总会的。

潘世锦先生在国庆 66 周年北京市人民政府招待会上（2015 年）

采访者：您现在担任的职务是旅荷华侨总会的名誉会长，您对旅荷华侨总会的未来有哪些新的展望？

潘世锦：现在做会长的是我的亲外甥，他过去也是我们会里面一个常务副会长，他的文化程度应该说比我好。他是国内高中毕业生，也是教书的，年轻时到荷兰学荷兰文，荷兰话比我好，今年 58 岁，事业也已经交给两个孩子了。他担任这个职位应该完全没有问题。做侨团工作，我的亲身体会就两点：第一，你要有时间，这很重要，你没有时间，你本领很大也没有用。第二，你没有钱更不行，你没有钱做不了，组会需要钱，每一件东西都要钱，这很要紧。第三，人际关系也很重要，假如人际关系不好，你做工作就比较难。2017年恰逢旅荷华侨总会七十周年大庆，我相信在新一届会长的带领下，总会将继续高举爱国爱乡的旗帜，以七十周年庆祝为契机，以服务广大侨胞为宗旨，充分发挥依靠旅荷华侨华人聪明才智，团结协作，认真努力，总会必将一天比一天好。

采访者：总会从成立到现在，主要的业务开展和资金的来源基本上属于你们内部募捐，没有其他收益性的项目？

潘世锦：基本上属于我们内部募捐。过去报纸有广告费用，现在都没有了，都是靠我们自己筹起来，花费了三年时间，这个三年你要控制得不好，工作就很难开展，这个也很重要。

采访者：您在为人处世方面很有自己的心得，您能和我们说说吗？

潘世锦：如果你认为自己是一个会长，比人高一等，人家会看不起你的。我觉得不要骄傲，要虚心，做侨团工作这点很重要。碰到问题、有困难，我马上去拜访人家，请他过来坐一坐，我们喝个茶，吃个饭，跟他谈一谈，关系就融洽了。

采访者：这种为人处世的方式跟您家庭有关系吧？

潘世锦：我们家人为人处世的方式很谦和。一个是上一代对我们的影响，另外，我的家庭对我的影响也比较大。我们有六个孩子，家庭力量、经济实力各方面都比较强大，但我们没有看不起别人。所以这一点我觉得和家庭很有关系。大家都对我的孩子很器重。孩子有孩子的朋友，我有我的朋友，人脉更广了。

四 回报桑梓

采访者：接下来我们来谈您做的公益事业。1980年，您第一次回国探亲，这次探亲主要是什么原因？

潘世锦：那一次主要是我爸爸身体不好。第一次探亲，看到我们家乡刚要建公路，这是乡政府向我提出的要求，我马上答复他们，给他们捐助十万块。这条公路是永峰路，就是从永安到桂峰。

采访者：为建永峰路您捐了很多钱，您能具体讲一下吗？

潘世锦：可以说造这条路的时候，我身边还没有那么多钱，那时我刚开业。我经常在家乡谈起我们的交通很不方便，对我们桂峰的发展很不利，假如说有条公路的话，我们桂峰发展就比较快了。后来我又向政府提出这个问题，政府就要为建造这条公路而努力，最后终于批准我们建这条路。如果建的话，首先要求我们华侨捐资两百万元，我首先捐资十万元，然后带动大家捐资。后来建柏油路又要捐资，我捐了二十万元，把柏油路建好了。

我们村里面的路有了，但是坳后到我们小方山的路还没有，后来我们的老乡要想造这条路，我又捐了二十万元。这条路也一样，首先修黄泥路，我打过去十万元，然后铺柏油路我再捐十万元，都捐了两次，共二十万元。

现在永峰公路要加宽，就是金鸡山到青田这条路。当时乡政府来找我，我觉得这是好事，我第一次捐资二十万元，后来跟上来捐资二十万元的有好几个人，到现在已经捐资八百多万元了。不久前，浙江省副书记、省长到瑞安调研，我们政府将这个事情向他们汇报，他们马上在瑞安开座谈会。我们桂峰乡两个村领导在座谈会上提出这些建设问题以后，省领导当天答复说："这条路，一定要造，桂峰是一个老革命根据地，再一个，桂峰是一个侨乡，侨胞热情那么高，这条路一定要把它造起来，把它造好。"后面我还会具体讲到这件事。

采访者：除了修路，您还有其他回报家乡的事吗？

潘世锦：捐资助学。过去我们学校的情况你也了解，都是在祠堂里面上课，环境很不好。后来我就发动我的外甥张永首在坳后村建了一所学校。建学校当然有国家的补助，但后来经济力量还是不够，操场都是我们把它铺起来的。学校里面电脑这些设备都没有，我们把电脑都买过来，装起来。那个地方一条路也没有，我们专门买了两块地基，把路造到学校里面。这是1990年的事，当时我正好回国探亲。

采访者：在您回国之前是不是当地政府会通过各种渠道向您表达这种意思？

潘世锦：政府肯定也知道我对故乡的事情比较重视，所以对我也有点期望，希望我做点事情。回来有些事情就向我当面提出来，假如能帮助到的话，我一定会去做的。

采访者：1998年您赞助了曾经的母校湖岭中学？当时您还设立了一个"潘世锦助学基金会"，请您谈一下这方面的情况。

潘世锦：我1961年从湖岭中学毕业。后来中学举办校庆活动，规模也比较大，我捐出五十万元，当时利率还是比较高的。我说："本金不动，产出的利息给学校，资助学生。"后来我们的利率低下去了，之后没有其他办法，我只好每年捐助五万块钱，连续坚持三年。我捐了十五万元，五十万元本金没有动，还是自己的，后来利息没有了，我就给他们每年赞助五万元。

采访者：谈到教育，您还与一些贫困大学生结对是吗？

潘世锦：有好几个。我们家乡有一个书记，当时他向我提出来："我有个侄女，现在读大学了，经济上面有困难。"我每年资助她一万五。那个大学生读了三年书之后，她的家庭也好起来了。那个学生以前在我们桂峰教过书，现在不知道在什么地方，是一个共产党员。三年之前，瑞安报社里面有个副总编通过我们瑞安教育基金会，一共介绍了十个贫困大学生。其中有一个人读北京大学，让我支持，我说："好啊，没有问题。"我已经支持了两年，听说第二年，他就不需要我支持了，这种情况也有。当时我感觉很不好，不应该把这些不乐意接受赞助的人介绍给我，我希望能帮到真正有需要的贫困学生。

采访者：您还为家乡做了哪些好事？

潘世锦：我们地方上的道路、电灯、电灯线、栏杆等设施设备，我也资助了不少。还有一个自来水的设施，我赞助了十万块钱。米厂我办了三次。第一次，我放五千块人民币让老乡们去办，后来没有办成功。第二次，我又将别人的旧房子和机器买过来，把米厂造起来。这个机器是旧的，后来又买了一个新的，把电接过来办了三次。这三次拿现在的标准来说有三十万元左右吧，每一次都三十万元左右，那时候五千块是真值钱。这是 1975 年、1976 年这段时间。我把自己刚创业的钱寄回来了。

采访者：除了上面您讲到的公益慈善事业，还有超出瑞安范围之外的吗？

潘世锦：大兴安岭火灾、南方雪灾、四川大地震，我都有捐款。大兴安岭火灾捐了五万元，南方雪灾捐了五万元。四川大地震时，那时候我是荷兰瑞安教育基金会会长，我以会的名义捐了三十七万多元，我自己给侨联捐了十万元，向侨办捐了两万元。

采访者：您在国外一般是通过当地使馆捐款的吗？

潘世锦：是通过当地使馆捐过去的，比方说四川大地震，我不但在国内捐了，在国外也捐了，我是第一次以旅荷华侨的名义送到大使馆。四川地震需要帐篷，我们买了帐篷运过去。我们给浙江省捐了两百多万元，再加上其他的会，拼起来有一千多万元。我们是一个大家族，每一次有困难，不但我自己捐款，亲戚他们都要捐的。2007年一次台风袭击苍南，我也捐钱给当地学校。2006年家乡的农户在春耕备耕季节缺乏资金购买化肥，我也捐了好几次。我们侨联现在有几个侨史馆了，我也捐了十万元。

采访者：最近这几年瑞安的新农村建设如火如荼，当时您也参与了建设吗？

潘世锦先生被评为首届"感动瑞安十大人物"（2013年）

潘世锦：我自己也参加了新农村改造和建设。这个说来话长。我们小方山有个地方，差不多有十来栋房子。当时我是这样子想的，因为我们的房子破了，我自己的孩子每次回来，他们要跑到瑞安城里去住。假如说我们自己有好的房子，孩子回到家里边，总有个好的环境去住。后来《温州日报》报道了我们家的房子。我就把自己的老房子重新装修好，装修了七十多万元。

采访者：您刚才提到关于新农村建设，当时这个想法是您自己想出来的？

潘世锦：对，这个真是我自己想出来的。我就想我孩子回到家里面，要把下一辈留住，必须有一个好的环境。我第一个提出来在我家乡建一个别墅给小孩子回到家里用。我就发动我们村里边所有的华侨把老房拆掉旧房，建新房，建设一个新农村，其他人也一样，他们大力支持新农村建设。

采访者：最近您还做了哪些公益事业？

潘世锦：最近就是在春运前，我们捐资建设永峰公路到金鸡山这条公路。去年桂峰侨联开了一个迎春茶会，所有侨胞都在，其中有一个侨胞提到我们桂峰主要搞旅游业，搞旅游业必须把金鸡山打造好，打造好必须有条路。那时候提出来，我认为这个人提的意见很好，一直留在我心底。后来有一次我去意大利吃酒，他碰到我又跟我说："老潘，你有号召力，大家已经相信你，这个事情你要带头就好办。"去年十月我回到瑞安，湖岭镇的领导来找我，跟我说："潘先生，现在金鸡山这条路上面已经有批示了，总投资八百多万元，国家拨款五百多万元，还需要三百多万元。"我说："那好，我去发动一下。"

然后我马上召集几个侨领商量，大家心情比较好。我第一个答应捐二十万元，后来其他人也跟上来了，总之不到一个星期，已经增加到五百多万元，超出预算两百多万元。我们永峰这条路比较窄，我向领导提出来把它加宽，领导当时也很为难，觉得这不是一般的设施。后来不到一个月，越来越多的人来捐款了，捐到八百多万元。湖岭镇政府向市里面汇报了这个事情。浙江省长到瑞安之后开了一个座谈会，我们向省长汇报这条路一定要造。桂峰是侨乡，再加上华侨积极性那么高，一定要把路造起来。永峰公路加宽的工程已经快要施工了，已经批好了，这个是省里的工程，一年之内要把它造好。昨天我一回来，我就为这个事情忙碌，请我们政府里面的领导一定要重视。

采访者：您能谈谈您的夫人对您事业的支持吗？

潘世锦：做任何的公益事业，只要我提出来，她一口答应。有个教师是我们桂峰人，在国外买股票，欠了七十万元的高利贷。每一个月要还一万块钱，他一个月工资总共才六七千元，没办法还债。后面专门为

潘世锦先生夫妇

这个事情，他来找我，我马上叫几个侨领到我们家里来商量这个事情怎么办。这个老师比较有文化，假如他倒下了，我们就少了一个人才，所以我们一定要想办法把他安排照顾好。后来我自己拿出二十万元，叫一个朋友也拿二十万元，再加上他亲戚的二十万元，把七十万元筹好了，这是我夫人提出来的。今后这个账还掉后，叫他以后再不要这样子做，他自己今后的工资收入每个月要留五千块。他们夫妇都有工资，打到银行里面，每年可以存六万块钱，这样十二年差不多就可以还掉了。我们教育他一定要好

好工作，下一次再也不能这么做。我们这笔钱先借给他，他以后可以慢慢还。

采访者：您夫人对您帮助很大，您能具体谈谈您的夫人吗？

潘世锦：我们是在农村通过别人介绍认识的。我们在 1963 年结婚，到现在已经快四十五年了。这四十五年当中，她对我的家付出很多。她生了小孩不到一个礼拜就上班做工，身体不好也马上做工，从来没有耽误工作，再苦再累也坚持下来。对我的事业，她都是默默地支持。孩子们出门晚归，她担心得睡不着，直到听到孩子已经到家了，她才安心睡下。家里请工人来做工，假如工人吃饭的时候，外面有客人来，她自己能做得过来的，她就叫工人先吃饭，由她来做。她总是把别人的事情想得多，自己的事情想得挺少。另外，假如工人身体不好，她会找西洋参给工人看病。有一次，两个工人在厨房里发生矛盾，一个工人把另外一个人的头打晕了，在我们家里休养，她照顾了一个月，端茶送水的都是她。过去我们工人的衣服都是她亲手去洗。我们店里面的工人，假如说在我们家里面生小孩子，月子都是由她照顾，能做到这样真不容易。

采访者：您和夫人的善举怎样影响你们的孩子？

潘世锦：现在我有六个孩子，四个孙子，六个孙女，个个事业有成，都做得比较成功。他们经常问我："爸爸，我们国内还有人需要支持吗？如果需要人，今后有好的对象，你找几个给我，我一定要把他照顾好。"我说："以后有需要照顾的人，我会告诉你们的。"我们的小孩子真得挺好的，都很有爱心，这样很好，每一次他们回家，看到穷苦的人都会捐钱。

采访者：您孩子的创业情况如何？

潘世锦：我们开第一间店时，大孩子年纪还小，但也帮助我做工。第二间开起来，我没有什么生意，把他安排到其他人家里去打工，到其他人那里也学到了做工的经验，他一回来就自己开店，开得很成功。第二个孩子曾跑到意大利帮老乡登记户口，后来在意大利开了一间餐馆，同时帮助没有居留证的人。那时店开起来以后，他还做皮包生意，这个事业也做得很成功。后来他把在意大利赚的钱带到荷兰，在荷兰开了一家中餐馆。中餐馆生意不是很理想，但是利润是有的，现在他开了一家卖衣服的店，事业做得也很成功。第三个孩子帮助我一起做工的时间不长，我们开了现在的状元酒楼后，他做了一年工，后来自己也去开店了。他开薯条店，开得很成功，现在都很好了。老四和老六跟我时间最久，亚定山那边的酒店开业到现在二十七年了，一直和我在一起。这两个小孩子因为长期在我身边，有些荷兰方面的事情当然要他们去做了。六年之前，我已经把事业交给他们了，现在他们也管理得很好。老五在荷兰读大学，现在可能差不多是硕士以上了。他做会计师，现在他自己办了家会计事务所。他过去读书非常辛苦。他在离家比较远的地方读书，睡在我的亲戚家，真是睡也睡不好，吃也吃不好。但当时他坚持学习，读书很用功。书读好之后，现在成功了，他也帮助社会做了很多事。特别是对我们旅荷华侨总会解决房子的事，他出了很大的力，这是大家都知道的事。他帮助人家一小时要一百二十欧元，等于一千块人民币，但他帮助我们总会做的事情是没有报酬的。其他人假如说有困难，都愿意去找他。我们在荷兰餐饮业经营过程中的一些账目上的问题都由他解决。总之，这个孩子奉献了很多，也很勤劳。

采访者：关于其他子女的故事您能讲一下吗？

潘世锦：老大开餐馆，在荷兰很有名气，老二现在人气也很好。老三做薯条店也做得非常成功，外部关系也搞得很好，经常帮助人家。薯条店经营得好，有人就会过来问他："潘先生，外面有没有好的地方开薯条店？"他都很细心地去帮助人家找店面，教他们怎么去做生意，他现在可以说是开薯条店的行家了。老六有个特点，他对酒很有研究，是一个品酒师，读书学的是餐饮业，后来专门学习品酒，一个礼拜去一天。

采访者：现在您的餐馆在荷兰是做连锁还是就一家？

潘世锦：就一家，规模一千多平方米，可以坐七百多人。餐饮业是我们华人在荷兰主要的行业，这个行业竞争力非常大。我自愿尊重孩子的选择，随他们的爱好去做。老三喜欢肯德基，后来我就支持他去开薯条店。第一家薯条店当然是我们支持他开起来的，一开就成功了，后来薯条店开得越来越多。老二眼光很准，开餐馆对他来说不太适合，他就另外批发服装，现在服装做得挺好。孩子们各有各的特点。

五　家风总结与人生感悟

采访者：接下来请您总结一下您家庭的家风或者说家庭中最重要的精神是什么，是怎样传承的？

潘世锦：我家庭的家风是勤劳淳朴、踏实肯干。我的长辈教导我长大之后要老老实实做实事，奉献社会。我印象最深刻的还是母亲曾教导我的话："做一个人应该老老实实做点实实在在的事，能够帮助别人的事，我们尽量去做。"再加上我通过自己这么多年的打拼，我的小孩子事业都有成，我能够帮助、照顾到的人都会去帮助，尽量为社会做点好事。我也经常教导孩子们，把事业做好的同时，你们要看到社会上贫穷的人，要热心帮助他们。我们都是穷人家庭出身，过去很苦、很穷，现在自己富起来了，也要为社会做点贡献。总结起来就是做人要老老实实，做事要踏踏实实，要低调；第二点就是在自己事业有成的同时为社会做贡献，一定不要骄傲，要虚心，要更加努力，还要继续向人家学习。

采访者：家庭的这些精神对于孙辈有哪些影响？

潘世锦：孙辈现在基本上还可以，会说中国话，瑞安本地话也会说。

我相信我们的家风一代代这样子传下去对孙辈肯定有影响。大孙子现在
跑到国内，愿意在国内做生意，同他舅舅周致敏一起做网络科技行业。
当时致敏对网络也不懂，我的孙子可以帮忙。这一点说明我们孙子辈还
没有忘记我们的故乡。老二的两个孩子，都已经帮助他爸爸一起做事业
了。读书读到大学，毕业跟爸爸一起，平时读书的时候也帮助爸爸一起
做。做事特别细心，也很上心，他爸爸的账都是他去做，那一张张发票
放得整整齐齐，一点也不歪。他的妹妹也在他爸爸店里帮忙卖东西。老
三的大儿子也开薯条店了，他爸爸开了三四家薯条店。我的孙子辈已经
逐渐开始做事业了。

采访者：最后请您谈一下您的人生感悟，回顾您的创业历程，对您
影响比较大的人有哪些？

获第三届世界温州人年度人物荣誉

潘世锦：第一，我到荷兰来，主要还是靠我的亲戚朋友的帮助、资助。开第一间店是靠大家资助我，我的第一间店是成功的，所以后来一路走过来比较好。第二，夫人、孩子对我影响比较大，我觉得我夫人不管在荷兰还是在国内，大家都知道她很勤劳，没有人比得上她。事业成功主要靠我们自己去努力，家族成员共同努力。每次我们回到国内，政府对我们也很支持。

采访者：这几年您在家乡做了很多公益事业，对于家乡未来的发展您有没有自己的一些更好的想法？

潘世锦：现在桂峰的人已经都跑下山了，留下来的基本都是老人。怎么样把桂峰的人留得住，这个很重要，这个也是我经常在脑子里想的问题。甚至我的孩子也多次和我说过，是不是可以搞一个农场。因为我们那边是一个山区，种地、养鸡、养鸭都可行，有没有办法把这些人留下来有点工作可以做。很多人在我们桂峰搞畜牧业也好，林业也好，都没有成功的例子。真正想留得住人，我们路要通，路要好。这一次我们有机会了，路造起来了。金鸡山这个地方是我们浙南地区的一个高峰，路一通，我们桂峰的旅游业就可以发展起来。我们桂峰是革命老区，又是侨乡，如果能把红色文化和华侨文化联系起来开发旅游业就很好，再加上金鸡山是高山，我们当地可以搞一些畜牧业、林业，这些是我们发展的道路。城市空气不好，我们那边空气那么好，如果政府政策允许的话，能够在我们山区建房子，那就热闹多了，把桂峰的特色发挥出来，把人留住，让他们再返回到我们桂峰。

采访者：结合您创业的经历，您在荷兰四十多年，谈谈您的人生感悟。

潘世锦：我到荷兰已经四十五年时间了，我一共开了三间餐馆，中间也有一些起起伏伏，最后总算取得了成功。六个孩子有不同的事业，而且他们的事业都很成功。我最满意的就是各个孩子都很勤劳，在社会上口碑都那么好，这是我最感动和满足的地方。

　　这些年自己努力做了一些公益事业，得到社会的公认。现在我是七十多岁的人了，大家对我还是比较认可，说我对社会做了好事，这个我心里面也很安稳。自己做的事情没有白做，我自己心里边也很欣慰。这几年我为侨团也做了很多事，得到了政府的承认，从地方到中央，政府给了我很多的荣誉，我觉得很欣慰。在瑞安，我是"感动瑞安十大人物"之一，在温州也是"第三届世界温州人年度人物"，总之，我很感恩这一切。

口述者 —— 阮世池

阮世池：

勤俭节约　未雨绸缪

采访者：黄慈帖

整理者：黄慈帖

采访地点：瑞安市曲艺宿舍

采访时间：2017 年 3 月 21 日、
22 日、23 日、30 日

口述者：阮世池先生，1929 年出
生于瑞安城关，国家级非物质文化遗
产项目温州鼓词代表性传承人，温州
鼓词"阮派"艺术创始人。在全国首
届曲艺会演上演唱的鼓词《不靠天》
荣获优秀演出奖，受到过周恩来总理、董必武等中央领导人的接见。
2016 年 10 月被中国文联授予"终身成就曲艺艺术家"荣誉称号。七
十多年来，为温州鼓词的保护和传承、改革和创新做出了重大贡献。

德艺双馨的他对鼓词事业非常热爱、执着，在生活中十分勤俭
节约。过去他的父母生活十分艰苦，他自小就非常勤俭，做事未雨
绸缪，居安思危。现在全家仍保持这样的好家风：爱惜粮食，节约
用电、用水；全家不抽烟不喝酒，规规矩矩工作。

一　家庭背景

采访者：阿池先生，您好！听说您小的时候，家里非常穷，当时的家庭环境是怎么样的？

阮世池：我是 1929 年 10 月 13 日（农历九月十一）出生于瑞安城关大较场。我家有九口人，我父亲、母亲，五个兄弟，我排行老二，还有两个姐妹。我的行辈，都是"世"字辈。我叫世池，算命先生说我命中缺水，池里面有水，是不干的水，所以叫世池。

我父亲叫阮庆寮（1893—1964），有五个兄弟，两个姐妹，他排行老四。我父亲是做雨伞骨的，只有一把篾刀。我六七岁没上学前，在家就跟着父亲一起干活，做父亲的助手，理理竹篾，搬搬柴。父亲用竹子做雨伞骨，做好以后，送到雨伞店里，对方拖延工钱，或者不给工钱，是常有的事。父亲经常教导我们要未雨绸缪，要勤快、节俭，"晴天防下雨，下雨防病本"，有钱不能用尽，要留着一点。父亲的话，现在我都牢牢记在心里。

我母亲蔡彩莲（1906—1994）非常勤劳，为了维持生计，她摆零食摊、收稻杆绳、纺纱等，还要干家务活，照顾我们七个兄弟姐妹。到了晚年，她还卖开水、卖茶赚点钱，真是劳碌了一辈子。

家庭经济非常困难，所以我读书也就读了两年半。我家住的房子，是从一个地主那租来的。租金还不起的时候，地主就派人来把我们家的大门拆走。他的意思是说，大门被拆走了，总会还租金了。我父母没办法，只有东借西借，把租金凑齐，去地主家赎门。

我的叔叔叫阮庆寀（1901—1969），他家里蛮发财的，开海业，搞海上交通运输。叔叔叫我父亲去同他一起管理，主要是防盗。我们就搬到叔叔家去住了。我父亲在叔叔那工作，尽心尽力。有一次，有个工友把鱼藏在车绑下面，想偷偷带回去，被我父亲看到，我父亲就毫不客气地把它搜出来。

我大姐嫁人蛮早的。她嫁人的时候，我们一家住在二叔的外厢，我大姐出嫁那天，本来应该从二叔家的正房出门，二叔不让。为什么呢？他说她做新娘，如果从正门出，风水会被她带走，就叫她从后门出。母亲坐在那里哭，叹息自己家里穷，这么苦，女儿嫁人正门也不让出，要从后门出。

那时候，我虽然还小，但已经开始懂事了。这些点点滴滴，我都看在眼里，记在心里。我想，别人家都有房子，叔叔家也两间三层楼，我家怎么一间房子都没有？这样的房子住着，不但要交租金，还要受气。租金如果没有及时付，大门还要被拆走。关键是这样对待我们的不是外人，还是自己的叔叔，实在是太受气了。所以，我从小就立下了两个心愿，第一个心愿：等我长大了以后，一定千方百计，搞个房子给家里人住得安心。看到我老实忠厚的父亲经常被叔叔欺负，落得如此狼狈，心里实在不是滋味。我第二个心愿：日后，假如我能够出仕，赚钱了，我绝对不会像我的小叔一样。我一定照顾我的兄弟姐妹，有房子给他们一起住，有饭一起吃，钞票赚来一起花。

今天不是在你面前夸奖自己，因为我去唱词了，当时我赚了很多钱。整个家庭，就是我的收入比较好。我五个兄弟结婚，新衣、家具，都是我出钱买的。我的兄弟都是打绳的。因为别的工作，需要学费，拜老师，只有打绳不用学费，马上有工资。我大哥世鸿开打绳店，没有本钱，也是我出的钱。第四个弟弟叫世清，去学裁缝，要给老师学费的，也是我出的钱。我给他买了第一台金鱼牌缝纫机。最小的弟弟叫世松，读书、结婚，都是我出的钱。我那时候只想自己有个房子，后来西门买了一个房子，两间半，我的父母和兄弟们都住在一起。现在回头看看，当年自己的心愿都一一实现，也感觉蛮欣慰。

采访者：您为什么会去学唱词？

1963 年全家福（后排右四为阮世池，摄于西门老房子前）

阮世池：小时候，我特别调皮，和小伙伴吵架、打架，那是家常便饭。母亲每天嘱咐我，不要在外面那么倭逆①，不要这么调皮。我那时候还小，母亲的话像耳边的风，一出去玩，我就忘光了。我家住在大较场，说起这个大较场，以前是大兵操练的地方，也经常有戏班在那里演戏，小时候我经常和同伴们在那里看戏、玩耍。在我 6 岁的时候，有一天，戏班里一个小武生，在台上演戏的时候站在凳子上，头后仰，用嘴巴叼起地上的铜钿。戏演完了，我和同伴还在那里玩，我很佩服那个小武生的动作，就开始模仿。我站在凳子上，开始后仰，没想到，凳子翻倒了，我整个人也摔倒在了地上，左腿膝盖出臼了。当时不知道的，唯一的感觉就是膝盖很疼。回家也不敢跟母亲讲，生怕挨骂挨打就忍着不说。一周后，母亲给我洗澡，发现我的膝盖红肿，一碰到伤口就"哇哇"只喊

---

① 倭逆：温州话，意思是调皮。

疼，她就问我，是怎么一回事情。我就老老实实地把来龙去脉告诉了她。母亲赶紧带我去给当地的一个土医生（江湖郎中）看。医生说，这个膝盖是牛头疯，就弄了点草药，捣烂了包在膝盖上。草药对于脱臼，怎么可能会有作用？后来膝盖化脓，皮破了，肉烂掉，左腿的膝盖从6岁开始一直烂到11岁。

这样，因自己年幼不知危险，调皮逞能胡乱模仿致伤，又因担心挨骂，隐瞒病情延误治疗，再加上庸医误诊无对症下药，最终导致左腿终生残疾。后悔莫及！这也是我后来去学唱词的一个客观原因。

二　学艺师承

采访者：听说您的发蒙师是当时唱词非常有名的"陶山王"，是什么样的机缘巧合，让您认识了他，并拜他为师？

阮世池：我父亲那时候在叔叔家帮忙，经常有帮忙开渔船到各地，包括玉环县，久而久之，就跟当地的老百姓都熟悉了。1941年，玉环县长山嘴要听娘娘词，当地人托父亲在瑞安帮他们请一个唱词先生，去他们那唱词。父亲说，瑞安名气最大的唱词先生，莫过于陶山的王启凡先生了，别人都尊称他"陶山王"。于是，父亲就去陶山，去邀请王先生。

回来的时候，父亲带着王先生到了我家。那天正想起身，不料刮起了台风，船不好开，就暂时先住在我家。那天我放学回家，母亲和先生说，"先生，我儿子12岁了，个子小，左腿残疾的，能不能跟你学唱词了？"先生说，"看他面貌也还蛮清秀的，声音怎么样？唱个歌给我听听看。"一听他叫我唱歌，我就非常开心，因为我在学校里唱歌是唱出名的，音乐课我也是最喜欢的。我就唱《大刀向鬼子们的头上砍去》给他听。先生听了说，"咦，唱得蛮好，明后天就跟我去玉环。"

那天，跟王先生坐船到玉环，有一百多人手持香在码道头夹道欢迎，还有人放鞭炮、打三菩提。我一看到，蛮惊讶：咦？原来当唱词先生有这么体面啊。到地方上，这户人家摆酒，那户人家也摆酒，盛情款待，非常客气。王先生在台上演唱的时候，台下的群众都非常热情，鼓掌、喝彩。看到先生这样受人尊敬，这么风光，我对唱词也开始感兴趣，就跟先生开始学唱词。王启凡先生是我的发蒙师。后来，我就终生唱词了。

王先生他声音好，唱得也蛮好。我跟他学的时候，他已经 60 多岁了。先生在我家住了一段时间，我去先生家也待了一段时间。他比较讲人情，对我也蛮关爱，他教我做人的规矩和一些行规。他教导我："阿池啊，以后你要唱红了，不要骄傲自满，必须要谦虚谨慎。对同行要客气，碰到人要先和人打招呼。"先生告诉我，要想唱得好，唱得久，一定要注意保护好嗓子，不能抽烟，不能喝酒，不要吃对喉咙有刺激的食物。先生的点滴教导，到现在我还铭记于心。

先生刚开始教我打八仙，再教彩词《蟠龙镯》。《蟠龙镯》讲述的是发生在明朝嘉靖年间的一个故事。一个名叫韩文进的穷苦书生上京求功名，捡到蟠龙镯拾金不昧的故事。这本词听众都欢迎的，老百姓家里娶亲、做寿、孩子对周等场合，都可以唱。

《蟠龙镯》这一本词学完，就开始唱，瑞安南门仙岩头，有个"担搬"（现在叫搬运）工人，叫我去唱词给他们解解乏。他们坐在码头休息的时候，我就唱《蟠龙镯》给他们听。我唱完后，他们都把钱拿出来，大概加起来有一个银法钿这么多，当时父亲干一个月也就六七个银法钿。我第一次收到这么多钱，说不出有多么高兴。拿回家后，一家人围着那些钱看了又看，非常高兴。

后来，王先生又教我《龙凤杯》，可惜这本词我还只学了一半，先生就生病去世了。先生教我，就是叫我死记硬背。先生念一句，我也念一句，一天也就学四五十句，每天学。睡觉也在念，吃饭也在念，梦里也在念，学得蛮苦的。我学他的唱腔，他的伴奏，一边学词，一边敲琴。

第二位老师陈宝生先生，是个盲人，跟他学了《菱花镜》和《献容图》两本词。他没有家人。我跟他学词，就带上米住在他家，和先生一起吃，一起住，大概有半年的时间。当然，还要照顾他，给他洗衣服、煮饭。

第三位老师是阿奴先生，也是盲人，他白天出去算命，晚上回家。我每天晚上提着灯笼，从我家到先生家走路需要 15 分钟，学完回家。这样跟他也学了一两年，他教我《五凤图》和《十二红》。《五凤图》讲的是冯英奎和赵凤珠的爱情故事。《十二红》主要说小生朱双凤爱打抱不平，见义勇为，这个群众蛮喜欢的。

这样，我慢慢唱红了，14 岁的时候，温州小南门的伯文词场叫一个职工来瑞安请唱词先生。这个职工，一下子请不到唱词先生，就来我家请我去唱。我跟着他就到了温州。词场的老板看到我，那天，词场打的广告词是："小朋友演唱"。第一天，词场里只有一半的听众，第二天到第五天，场场客满。老板开始露笑脸了，对我说："小朋友啊，你做我儿子，可以吗？"我在心里想，你不是个好人，想让我不要去其他词场唱。我说："不好。我家里有父母的，即使要给你做儿子，也要得到父母的同意。"就拒绝了。后来，温州的 18 家词场，比如说，西角、东门、中山公园、矮凳桥、南斜桥、老毛词场、阿柳词场等，都竞相邀请我去唱。那时候我唱得最多、最出名的就是《五凤图》和《十二红》，到现在还蛮出名的，农村里老百姓都知道。

后来，我还陆续跟了几位老师。跟戴锡贵先生学《七星剑》，跟陈宝焕先生学《十美图》，跟阿普先生学娘娘词。这些年，我跟着这么多的老先生，不仅仅只是学先生的词目，还学先生的唱腔、伴奏，这些学习使我有一个开放的心态，博采众长。同时，在一边学习，一边演出的过程中，了解听众的口味和审美。根据自身的长处以及听众的反映，不断调整，逐渐摸索、形成自己独特的艺术风格。

三　曲协和行规

采访者：您做了瑞安曲艺协会主席后，都做了哪些工作改变曲艺工作者整体面貌？

阮世池：1950 年，瑞安县文教科派工作同志来领导、成立曲艺协会，管华山任协会主席，共有 12 位委员，会员 40 位。当时协会的作用是宣传党的中心任务。1951 年，管华山搬到温州居住，1952 年由我担任曲艺协会主席，郑明钦担任副主席。县文教科改为文教局，具体由县文化馆馆长黄古芬专门派一名同志领导曲艺艺人工作。我看见剧团的演员都年轻漂亮。但是想想自己所在的曲艺队伍，不是盲人，就是身体残疾，或者年纪老迈的，被人看不起。我心里就有个想法，暗暗下了决心，要改变曲艺队伍。

在艺术上，我对他们提出了要求。我说，我们曲艺协会，是个艺术的单位，应该受人尊重，被人看得起。我建议今后招新会员或招生起码要符合四个条件①：第一，要五官端正。盲人、残疾人都不要。第二，文化水平要初中以上。不认识字的不要来曲艺协会，还要懂点乐理知识。第三，一定要声音，口齿清晰。第四，年龄 16 岁至 22 岁。

外出演唱，我要求他们要做到三个"正"。一台风正，二曲目正，三行为正。第一，台风正。上台不准抽烟。如有发现，要被罚款。曾经有个唱词先生，在台上一边演唱，一边抽烟，词唱"去年今日此门中，"抽一口烟，吐气，"人面桃花相映红"，本来左手是打板的，因为拿着烟，板也不打了。一本词唱完，抽了好几支烟。不过，说是说罚款，基本上也都没罚的，也就是说说。这个先生后来也就注意了，上台也不抽了，下台休息的时候偶尔有抽。另外，上台之前，不准喝酒。为什么这样要求呢？有个唱词先生，喝了酒去唱词，唱着唱着吐了，牛筋琴上、鼓板上面全部都是呕吐出来的脏东西，下面的听众一个个都捏着鼻子，给群众留下很不好的印象。再一个，服装要整齐。以前那些唱词先生，服装都不讲究的，歪歪扭扭、皱皱巴巴的都有。我说上台就是先生，服装要整齐。

---

① 参考阮世池手稿资料《阮世池群文业务总结》，1987 年 8 月 27 日，第 3 页。

阮世池参加浙江省曲艺演唱会（1957 年）

　　第二，曲目正。封建迷信的曲目不要唱。关于词改工作，我等下另外详细说。我叫学生到地方上要有规矩，唱词要整齐，唱词不要唱汤词，早点到，先把琴调好。以前唱词先生很牛的，上台调音要调很久。我要求他们还没上台就先把琴校好，上台就马上开始演奏。另外，不要上台唱汤词。即使没有词本，唱汤词，头一天晚上睡觉的时候，也躺着想一想词句要怎样唱，先在心里过一遍，这样第二天上台，唱得就会流畅，会好听。有些唱词先生，上台唱不出来了，"哎呀呀呀呀，钬额~""钬额~钬额~"半天了，想到了一句，就随便凑上来一句，这样子没规矩的。教学生要正规，服装，牛筋琴，鼓点几下就几下，不能随便打，不能唱不出来了，就在那里一直敲鼓。我要求他们准备工作要做好，例如怎么样的唱法，应该要做准备工作。

　　第三，行为正。以前唱词人，文化程度低，很自由散漫的，很低级的，有些是走到哪里、吃到哪里、骗到哪里。我当曲艺协会主席后，我就整顿歪风邪气，给唱词先生立下行为规矩。不准在地方上和群众打赌。

可以在别的地方赌，但是不能在邀请你去唱词的那个地方上和群众一起赌。不准在地方上赊账。有个别唱词先生，在小店赊香烟、赊零食吃，词唱完了，人走了。地方上的店主，找唱词先生还钱，找不到人。那他们去哪里找呢？到曲艺协会向我要钱。我就先替他们还钱给店主，再向唱词先生要。他们就慢慢地还给我。后来开大会的时候，我就说："以后不准在地方上赊东西吃，这样赊账不还钱，整个曲艺协会都倒霉。"

我对生源的要求和对外出演唱的规定得到县科局的支持，却遭到盲艺人的反对。他们觉得我是在针对他们，要端他们的饭碗。他们说唱词就是盲人唱的，祖师爷也是盲人，曲艺协会不让盲人进，以后，我们不能唱词没饭吃了，都去你家吃。后来有些没有生意了，就去给人算命了。我坚持执行自己的主张，通过几次招生和吸收新会员，改变了曲艺队伍的面貌。现在协会里都是有文化五官端正、健全的青年人，服装都很整齐，都能很好地配合党的"中心"任务，实现了我的理想。

四　最荣耀的日子

采访者：听说您去北京会演的时候，周恩来总理也去观看您的演出了。当时的情况，您还记得吗？

阮世池：我这一辈子都无法忘记当时的场景，那天对我来说，意义非凡。1958 年 8 月，全国曲艺会演在北京举行，我演唱的鼓词《别靠天》（唱词是杭州的谭伟同志写的），被选中参加，文化厅施振眉同志领队。我们在北京西单长安大戏院演出，我的节目被安排 8 月 14 日演出。那天是我一生感到最荣幸、最难忘的日子。演出刚开始不久，来了三位同志，在第三排正中空席上坐下。其中一位身穿白色短袖衬衫，左手挽一件灰色的中山装，两道浓黑的眉毛，脸露慈祥的笑容，感觉非常亲切——是周总理！总理听书来了！我不时看着总理，只见总理全神贯注观看每一个节目。当帷幕落下之后，总理上台与演员一一握手。因我个子小，谢幕时站在第一排边上，周总理第一个和我握手并问我是哪里人，我回答说是浙江人。总理点点头说："我们是老乡。"我紧紧地握住总理的手，心中感到无比幸福。

第二天，所有参加这次汇演的演员都到怀仁堂操场同领导合影，原说毛主席也要来合影的，临时又通知说主席因有要事去武汉了。和我们一起合影的国家领导人有周恩来、董必武、康生等，这张照片，我一直珍藏着。

8 月 16 日，全国曲艺代表大会开幕，我居然被推荐为青年代表登上了主席台，同台的都是文艺界德高望重的老同志，坐在我旁边的是老舍和赵树理，我一个民间艺人竟然和大作家坐在一起，仿佛做梦一般，心情十分激动。

大会结束后，我参加了《曲艺大跃进》电影的拍摄，其中有一个镜头，就是我和全国曲艺红旗手叶英美一起在北京街头宣传演唱。

采访者：当时您去全国会演，他们能听得懂用瑞安话演唱的温州鼓词？

阮世池：他们听不懂。这里边还有蛮有意思的故事，我第一次对温州鼓词进行的大胆尝试，就是在那个时候。容我慢慢说来。

1958 年去参加全国曲艺会演后，文化部挑选优秀节目组成"全国巡回演出团"，我的节目荣幸被选中。由中央艺术处副处长冯四光带队，我和著名艺术家高元均、骆玉笙、蒋玉泉等人组成十多个节目。巡演从东北沈阳开始，经天津、山东、江苏、广东等十一个省市历时四个月，所到之处都有省级文化部门首长和著名艺人接送。

巡演结束后，巡演团改名为"前线慰问团"到福建前线为部队演出。这时，我的节目就碰到了问题。鼓词是唱瑞安方言的，只有温州地区人才能听得懂。和剧院演出不同的是，去部队演出，受条件限制，没法打字幕。一千多位军人直接坐在大操场上的。第一天，我唱《不靠天》。因为瑞安话解放军听不懂，我唱完后，掌声稀稀拉拉，我感到既委屈又失落。晚上，我躺在床上辗转反侧，无法入睡。后来，我找冯四光团长商量，我说："冯团长啊，我是浙江的，我唱普通话可以吗？"他问，"你能唱吗？"我说，"能唱，我唱几句给你听听，你看看听懂听不懂？你听懂我明天就改唱普通话。"他说："你唱吧。"我就敲琴，开始用普通话唱《李大娘智捉特务》："茫茫大海水连天，滔滔激浪打岸边，沉沉夜幕从天降，海鸥归巢舞翩翩。海岛上家家户户去睡觉，只有那，李大娘东张西望站门边。"唱完之后，我问团长："团长你听得懂听不懂？"他说："听得懂啊，那太好了！明天你就用普通话唱温州鼓词。"我说："我普通话不标准的。"他说："不标准没关系的，群众听懂就好了。"

第二天，我就用普通话唱《李大娘智捉特务》，其间有三五次哄场，唱完后掌声不断，受到解放军热烈的欢迎。演唱完毕，解放军战士报以热烈的掌声，齐喊"再来一个！"我只得临时把《秋江赶船》改用普通话演唱，虽说我的普通话不够标准，但从解放军战士的表情来看还是听懂了。团长看了很高兴，好几次表扬我。那是我第一次用普通话唱温州鼓词，也算是胜利了。后来又唱过十几个大操场。

在厦门慰问期间，首长为了让演员们体验军人生活，让每个演员放炮击向金门岛，我们每人可以打三发大炮，一个大炮弹60斤，我打过三个炮弹后，扬起来的泥沙散落了一身，衣服上的纽扣掉了三个，耳朵被震得失聪，三天后才恢复听力。接下来，又让我们乘坐直升飞机观赏海岛风光。那次，体验了部队的生活，也感受到了战士们护国、卫国的雄心壮志，感触很深。前线慰问团演出50来天才结束。那次到北京以及出去巡演对我影响蛮大。

1959年后，我回到瑞安，马上组织县曲艺队有一定演唱水平的艺人上山下乡，说中心唱中心，去海岛、工地、矿山、修堤坝等地方演唱。其中有艺人方碎弟、陈凤仙、李礼夫等人。

五　改传统词，唱现代词

采访者：您刚才说，当选曲艺协会主席后，您对艺人外出演唱，其中一个要求就是"曲目正"，您在词目方面，都做了哪些工作？

阮世池：1952 年上级号召我们要做好词改工作，取其精华、去其糟粕。1960 年，浙江省文化厅下指示，要曲艺协会做好传统词本的搜集、整理和"消毒"工作，这个工作整整做了五年。

旧词中，夹杂着封建、迷信、荒诞、多妻、淫毒、奸杀等糟粕。这个工作非常艰巨，任务繁重。那时候，我们初步统计，有两百多部书，两千多本书（唱一场算一本）。要词改首先要做记录工作，当时政府没有专门的经费或者补贴，只能从艺人平时交给协会的积累金里抽调，请来艺人来回忆演唱情节内容，再请几个有文化、会动笔的先生，如李礼夫先生，记录下来。当时记录了几十部书，如《十二红》《娘娘词》《粉妆楼》《飞龙传》《十粒金丹》《风云会》等。

我们把所有的演唱词本分三类，一类是健康的、有益无害的，可以先唱，如《岳传》《隋唐水浒》《杨家将》《秦香莲》《梁祝》等；二类是半健康的、有益有害的，进行消毒修改，删去多妻、荒谬、迷信，才可以演唱，如《玉蜻蜓》《七星剑》《九龙剑》《十二红》《征东征西》等；三类是不健康的、有害无益的，如《大香山》《黄氏女》《海经》《倭袍传》《飞龙剑》《五凤图》等十几部坚决禁唱。后来温州市曲艺团也有此建议。地区发文件共禁了十九部坏书（有几部改编过已解放）。瑞安的词改工作，可以说是成绩显著。

词改后，我在温州市曲艺场先试验演唱《十二红》。有的听众说情节比老的合理紧凑，不拖拉，好听；有的听众有意见，说朱双凤十二个妻子怎么改成了一个妻子，那还有什么意思？我连唱了几年，听众慢慢也习惯了，反对的人慢慢少了。因此，我感觉只要词唱好，情节好听，听众就坐得住。

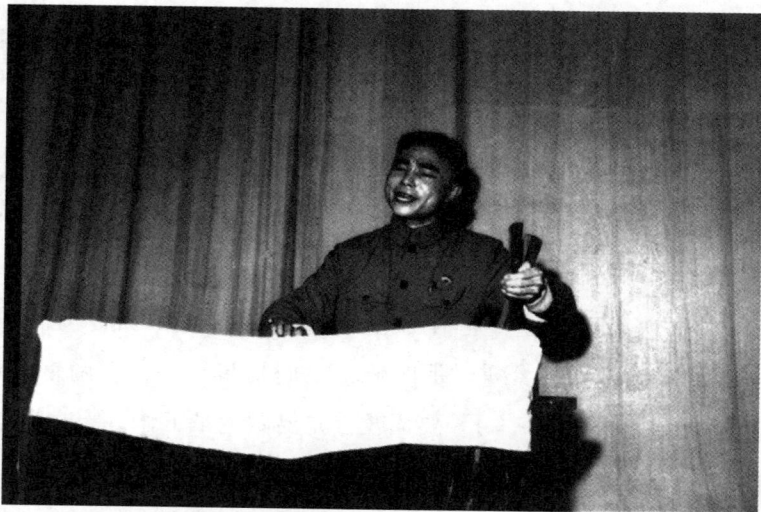

阮世池演唱温州鼓词《山岗红波》（1959 年)①

自古以来曲艺艺人重演三场，是没有的，我真算是打破了纪录。1962 年在乐清柳市人民剧院演唱《文武香球》（五本）、在瑞安仙岩镇河口塘剧院演唱《八窍珠》（六本）、在温州城西曲艺场演唱《十二红》（十二本）都是场场爆满，在唱到《十二红·大闹铜台》那场时，经听众再三要求竟重演三天。另外，1975 年，仙降区阁巷公社正在海涂开垦，我团去慰问演出，轰动瑞安、平阳两个县，听众达2.3 万人。其次在瑞安县大操场，为民兵演出，听众约两万。这是观众最多的两次。

采访者：作为文艺轻骑兵，在解放后，您是如何配合党的宣传工作的？

---

① 1959 年 4 月 29 日，为期 7 天的浙江省音乐、舞蹈、曲艺、木偶戏汇演在杭州举行，温州代表团阮世池演唱温州鼓词《山岗红波》。

　　阮世池：这个配合党的宣传工作，太多了。解放到现在，我写了三四百个节目，唱过三千台。编写者大部分是我、李礼夫和杨志鸣三人，也有艺人自编自唱，叫作"说中心唱中心"，配合政治运动的。从 1949 年宣传胜利公债编写的《买胜利公债》开始，1950 年宣传《婚姻法》，1951 年抗美援朝的《黄继光》《三只鸡》《罗盛教打飞机》，1958 年慰问修建水库堤坝，1959 年支援宁夏，1963 年宣传互助合作的《秋香爱社》，送词到田头，1984 年宣传计划生育等，总之每一个政治运动，都有曲艺艺人参加演唱。当时政府布置给我们的宣传任务，没有给任何补贴的。

　　1962 年政府号召唱新词，协会马上做推陈出新工作。曲艺艺人文化水平都不大高，大多是文盲和盲人，政府部门请来文人李礼夫先生，改编旧词本和新词本，共同研究词句、内容，这样我也慢慢学会创作和改编。后来，宋维远、陈亨、杨志鸣、温州的吴锦明、柯国臻、陈德光、瑞安的郑志强等文人的加入，使得鼓词的文学水平大大提高，我也从他们的本子里学习到很多东西。我们改编了《芦荡火种》《红灯记》《杨立贝告状》《王贵与李香香》《智取威虎山》《红岩》《孤坟鬼形》《张天保喊冤》等四五十本书，给艺人学好外出演唱。并表扬唱现代书的艺人，批评唱古代书的。我带头响应，开始唱新词，唱过《海英送情报》《杨立贝告状》等。

　　听旧书是群众长年的习惯，突然转唱新书，不习惯，不要听。若不是名艺人是打不开局面的。我带头先唱，顶过三年，才得打开局面。当时，我记得很清楚，每到一个台基演唱时，听众就要我唱古代书，有骂有喊，有的威胁，有的劝阻，我只是坚持。这其中的斗争非常强烈。在地方上，艺人唱新书的，听众就劝艺人改唱老书。艺人如果坚持唱新书，有的听众就把艺人喊下台，有的骂艺人，有的威胁。几次唱不成功，有的艺人坚持不住，就又开始唱旧书。有的艺人阳奉阴违，唱了老书回来报说自己唱新书，有的艺人在近城关近区乡政府唱新书，到了山头偏僻地方唱老书。有的艺人唱老书，外面有人站岗放哨，如有干部一到，叫艺人马上转了唱几句新词。等干部走了以后，再转唱老书。1963 年老书一刀切。1964 年以后，县曲艺队每个艺人都会唱现代书词，我县曲艺界的整个面貌全然一新。

这三年过来，非常不容易，但是我感觉坚持得很有价值。唱新词，有几个好处。第一个，因为是配合政府做宣传，被区乡干部看得起，受人尊重，身份地位比唱旧词高。第二个，新词的内容有教育意义。第三个，旧书内容很公式化，不是忠奸斗争就是贪富欺贫，悔亲抢亲。第四个，听众反映说我唱新书比老书认真、词句和情节要好。

"文化大革命"期间，新书、老词都一律不准唱。有的听众喜欢听，就请艺人去偷偷摸摸地唱。有的艺人躲在大厦隐蔽处偷偷地唱给十几个听众听。有的在冷清的巷弄里唱，有的在农村最偏僻的地方唱。路口或门口有人放哨。那段时间是曲艺艺人最苦的时候，倒也奇怪，艺术水平不高的、平时很少有人邀请的艺人，在那段特殊的时期里，反而听众很多，价钱也很高。

采访者：有哪几个作品是您印象比较深刻的？请您详细谈一谈。

阮世池：对我来说，比较有意义的，有这么几个。一个是《日寇的暴行》，这个作品大概是 1942 年写的，当时搞了一两个月，当时的民众教育馆，是唐羽逸领导的。他说："全国人民轰轰烈烈宣传抗日战争，你也不要例外，也唱一段抗日的内容。"我说："我没有资料。"他说："我给你。"他给我一段日本人在中国的暴行的报道，我和妹夫梁小姆（他文化水平蛮高的）一起，编一段《日寇的暴行》，讲述的是日军在中国烧杀、抢夺、奸淫的暴行，控诉日本人的暴行。这样一段编起来，唱的时候，作为词头，唱词鼓背出去，到地方上去宣传。在农村里唱比较多，像莘塍、塘下这些地方。资料是唐羽逸给我的，创作是我自己创作的，编写是靠妹夫一起编写的，可以算是我的处女作，以前觉得这个作品还不错的，现在看不上了。

1949 年解放了，曲艺艺人欢欣鼓舞。当时县文教科领导李淑棉同志，叫我宣传买胜利公债，我们很高兴地接受了这个任务。那是中华人民共和国还没成立的时候，县文教科李淑棉到我家，她说："现在全国都在买胜利公债，你编个词让大家去买胜利公债。"她给我提供了资料。我妹夫梁小姆帮我把文字写起来，我鼓也没带，就带了把琴，站在南门头，就唱起来，号召大家去买胜利公债。从东门唱到西门，唱了十几场，对共产党蛮爱戴的老百姓，都有去买。李淑棉同志后来告诉我："阮世池，我们胜利了，你唱词的宣传效果非常好，县长都有表扬你。"我听了也蛮开心。

《王贵和李香香》，同样是李淑棉同志给我词本，我编写，讲述青年男女追求婚姻自由的故事，先在瑞安广播站唱，播出后蛮受欢迎。后来我去杭州汇演，也唱了一段《王贵和李香香》，上海华东人民广播电台录音，在上海放出来，在列车广播里也有播放。有些听众在火车上听到，碰到我的时候，问我："你是阮世池啊，有一天你在火车哪一节唱过是吗？"我说："不是，我是在杭州唱，被上海台录去，你们是在火车里收到广播。"这个词还获得省里的优秀演出奖。

我自己写的、效果好、反响大的现代词，有三个词目，一个是配合《婚姻法》的《寡妇改嫁》，一个是配合抗美援朝的《钢铁战士黄继光》，还有一个是配合计划生育《男女都一样》。瑞安县文化局印这三本词，发给大多数艺人，他们学会以后，在各种大会议、小会议上都唱过，可以说是唱遍了温州地区。

《婚姻法唱本》，有这样的一本唱本，不过唱词不好唱的，后来经过曲艺协会的李礼夫先生改编，给唱词先生好唱。"旧社会地狱十八层，地狱中都是劳动的人。反动的政府统治下官僚势力压迫人，男人有三条手链，女人有四条手链扣你身"，男的有政权、族权、人权，女人多一条夫权管辖，说童养媳怎么苦，怎么受虐待，这就是《婚姻法》的唱本，可以唱一个小时。如果听众还要听，我就唱《梁山伯与祝英台》，讲述的是两个人婚姻不自主，被上辈人逼死了。听众听了都泪流满面。第一次宣传婚姻法在县政府礼堂举行的瑞安妇女代表大会上，我唱了以后，下面的妇女听众都哭了，痛哭流涕。第二天扫地的老伯对我说，"皇天啊，昨天你唱完后，每个座位旁边都一摊眼泪和鼻涕哪，唱词先生啊，你唱成功兮啊。"

宣传效果这么好，引起政府部门的注意，就要求我们曲艺协会来宣传婚姻法唱本，帮助贯彻推行《婚姻法》。于是，协会的艺人大家都学唱《婚姻法唱本》，一个个干劲冲天，大多数盲艺人不顾山高路远，上山下乡，下海岛宣传，散遍瑞安县每个角落，效果非常好。但让人哭笑不得的是，唱了以后离婚的着实多。有些老人出来跟我们说："先生啊，现在可以不要唱了哪，地方上离婚的很多了。你这个是什么《婚姻法》哦，你这个是离婚法哪。"后来就不唱了。可当时艺人们的那股干劲，给政府留下深刻的印象。到后来每逢有宣传任务都说要拿出宣传《婚姻法》的劲头来。

六 春风来

采访者：您曾在"文化大革命"时期，您离开过曲艺界，和几个学生以及同行一起办了广播器材厂，后来您是什么时候又回到曲艺界的？

阮世池：1975年5月县政工组沈协理员（解放军）来找我谈话，叫我去瑞安越剧团宣传队搞曲艺改革工作。沈同志再三做我的思想工作，说："你过去被蒙害的账，应该记在'四人帮'头上，如今'四人帮'垮台了，干部开始解放了，该站出来工作吧！"经不住他再三恳切的要求，我接受离开工厂借用到剧团，即成立了鼓词改革小组，改革小组由魏贤球、龚安利和我等人组成。我随即编写了《送粮》节目，内容是反映瑞安三八粮店职工好人好事的，双档对唱，加上四人伴奏（琵琶、二胡、三弦、月琴）。听众初次见到这种形式感到很新鲜，非常欢迎。接下来我们又排了几个节目参加温州地区文艺会演，受到听众普遍欢迎。宣传一年多，我看看剧团里都是年轻人，我感觉自己这个年近半百的老头在里面也不合适，于是我又回到广播器材厂工作。

1978年1月，瑞安县文化馆创建曲艺队，我又被调用。曲艺负责人是李道林，成员是胡平、孙三媛、陈冠丽、阮爱兰和我五人。我们对演唱形式又进行更新，我改编一本鼓词《宝莲灯》，由三人搭档演唱，伴奏乐器除牛筋琴、扁鼓、抱月（梆子）、板子外，又加上了大鼓、大堂锣，唱到情节高潮时，采用"大调"的唱法，气势恢宏。节目推出，演出于城乡各大剧院，场场爆满，誉满温州地区。接着搞改革工作，有胡平、彭正尧同志演曲艺戏，轰动整个地区。可惜有种种原因，不能继续下去。接着办曲艺队，全县招来十名学员，由我培养。

粉碎"四人帮"反革命集团不久，1978年5月，我去杭州参加浙江省曲艺理事会。1979年我赴杭州会演，荣获一等奖。1980年6月，我参加浙江省第二届文代会，当选省文联委员、省曲协副主席。这次会议与第一届文代会相隔二十六年，一些老会员都已白发苍苍，这一届又增加了许多会员，心有感慨吟诗一首：

> 风雨浩劫正十年，文坛又见花争妍。
> 愿将心血化春雨，遍地浇出万朵莲。

会议期间，浙江省电视台摄制我和胡平同志搭档演唱的鼓词《遍地浇出万朵莲》专题片，并播出。

七　"阮派"艺术

采访者：您演唱时，声情并茂，引人入胜。您的"阮派"艺术，都有什么特点？或者说，您对鼓词进行了哪些改革？

阮世池：这个"阮派"，是别人给我的美称，也是大家对我的一种肯定。政府培养我很多，每逢温州有戏曲会演、音乐会演、舞蹈会演，政府都推荐我去唱、去学，让我大开眼界，受益匪浅，使我对自己的工作对象，也有了更深刻的认识和反思，给了我改革、创新、发展的自信和勇气。

第一，改革鼓词基调。自古以来，鼓词是没有定调的，老师把基本调传给徒弟，口口相授，代代相传。艺人随意放窆，随心演唱，伴奏也就是随便敲几下，为了歇歇力。原来鼓词基本调比较简单、粗糙，我想一个人唱一场要三个多小时，曲调若不丰富，听众会听厌了。我就吸收其他戏曲、曲艺的基调如越剧、乱弹、黄梅戏、评弹和歌曲小调等，分开喜怒哀乐调，确实受到听众的欢迎。我虽然自己作曲、自己演唱、能口传别人，但是不会写谱。1978年，胡平同志进入曲艺队伍，他能写谱作曲，与我共同搞鼓词改革工作、唱腔定调。经过反复琢磨和舞台实践，采取以鼓词基调为主，把吸取过来的曲调通过融化、变奏，使之既有发展创新，即根据鼓词情节气氛的需要，离开基调跳出去，又做到一收一放自然流畅浑然一体。我把自己的唱法定下了基本调和曲牌名（曲牌名有：游春腔、哭皇天腔、子母腔、上巫山腔、叹呻吟腔、诉衷情腔、吟调"相思"腔、天女散花腔、斗公鸡腔、追雷公腔十个）后，由胡平同志谱成曲，登载在《中国曲艺音乐集成·温州卷》上。

1984年夏，瑞安文化馆办一期曲艺培训班，为期一个月，地点在仙岩寺，当时招收了50个学员。我和胡平同志去辅导。先教打鼓、敲琴定调，后教10个基本调、演唱经验、基本动作，再请温州名词师丁凌生、陈志雄辅导，效果很好。

第二，唱词加上表情和身段。自古以来，盲人唱词，是没有动作的。演唱的时候加上表情、身段，这是我独创，也是我最早开始的。以前盲人唱词就是盲唱，就是明眼人唱词，在台上也是闭着眼睛唱的。如果眼

瑞安县曲艺培训班师生留念（1982 年 7 月 27 日）

睛睁开，群众会说他，你眼睛睁开看妇人啊？盲人唱词就要闭着眼睛。
但是我从第一次登台演唱，就是睁开眼睛唱的，从来没有闭着眼睛。我
去参加市里、省里，以及全国的这么多比赛、会演，看过各种节目，各
种艺术形式，他们都有表情、有动作、有身段。就简单地说一个"好"，
"哎，拜见老爷～"都有动作和表情。所以，我也开始在自己的唱词里加
入喜怒哀乐的表情、动作、身段。

　　刚开始，青年新听众叫好，但是老听众反对。他们反问我，"你是唱
词还是做戏？你这样搞起来，我不如直接去看戏了"。我认为这是习惯问
题，我觉得曲艺也好，戏曲也罢，都是为了表达情感的艺术。我相信老
听众也一定会慢慢习惯起来。所以，我不顾反对，坚持自己的想法。到
现在如果在台上演唱没有表情、没有动作，没人要听了。所以，这一步
的成功，让我更加坚定了自己的想法。我就放开手脚，把全身的动作都
用上去，眼睛、嘴巴、双手、头、身段都用上。在外面巡回演唱时站着
唱，动作更加丰富，效果更加好。但是还有一个遗憾，就是自敲自唱，

演唱表情：怒

一句唱完马上要敲琴鼓，人不能离开琴鼓，另外唱短节半个小时或一个小时，还可以站着唱。唱长本词，需要三四个小时，站着体力会吃不消。以后要突破坐唱改为立唱，一要有几档人唱一台词；二或有人伴奏；三或用电脑控制的电子琴，按键播放过门这个留给后人突破。

第三，学习其他艺术的表演方式，根据不同的人物角色，设置不同的表情和身段，要有内心思想活动，感情既要真实又要美化。和演戏不同的是，我们唱词生旦净丑末都是自己一个人演，一本词唱完词句有两三千句。所以说我们的苦，就苦在这里。词句多、台词多、表情多、人物多，甚至乐器伴奏都是自己奏，牛筋琴、鼓，都要自己来。比如学严兰贞，动作、表情都要到位："奴家是兰贞，夫郎名叫鄢荣，为什么不到我的楼上来呢？"这样的动作表示兰贞小姐来了。狂生来了，是这样的。（脖子前后伸缩）小偷是这样的，（手抓另一只手背，眼珠子左右溜）"娄阿鼠，头生尖，终日好赌又好嫖。输了银钿去拐骗，不管倒霉不倒霉，嘿嘿嘿"这样是小偷。这些动作是戏班里学的。比如刚才的娄阿鼠。还有个《十二红》里小偷叫乌狗儿，他的动作和娄阿鼠的又不一样了。（手抓耳后，后双手轻握在前）"额呵～本人狗儿本性乌，打赌场里我做窝，父母在世有田有地，上辈亡故打赌几夜，输了么了了直直，哎哟，起初卖房屋后来卖灯桌，卖了汤罐卖了锅，卖了火钳棍戳戳，起初困田角，后来困赌桌，哎呀呀呀，像我恁的落败子落得恁的结局，唉～"这个和娄阿鼠的动作不一样一点，这个打赌的，那个是贼。

阮世池在湖滨公园演唱

当然，在尝试的过程中，不断调整。我平时就拿一个镜子，放在自己前面，表情做起来给自己看看，这样的表情能不能看，真实不真实。有些做得太过分了，群众看得不舒服的、过分了的，马上就要纠正，动作要少点。听自己录音的时候，就更加客观了。我自己心里也有数的，这段唱得不好，音太长，或者太短，或者太露骨，不美观，都有的，都要改正。

第四，广泛吸收民间谚语、噱头、绝句等，充实、丰富自己的词句，尽量做到雅俗共赏，老少皆宜。

第五，密切观察生活中的人物，模仿人家的语气表情，把生活中的喜怒哀乐真实表情化为艺术表情。

八　传家宝

采访者：平时您都是怎么样要求子女的？您对子女的教育是怎么样的？

阮世池：我家有四个传家宝。第一个，节约粮食。谁知盘中餐，粒粒皆辛苦。我都记住。我常常看到，现在的有些人饭吃了还剩半碗，就倒到垃圾桶里，我非常心痛。我家对粮食非常爱惜，如果吃了只剩一小块米饭了，我们也舍不得倒掉，总觉得罪过，除非变质了。没有变质，都要烧一烧加工一下吃掉。第二个，节约用电。我们一睡觉就马上关灯。煮饭，饭煮好了，电高压锅的插头就拔掉。第三个，节约用水。有些人，洗衣服的时候一边聊天，一边开着水龙头，水哗啦啦的在那里流。我家里的水一点一滴都不浪费的。第四个，一家人勤俭劳动。我父母，劳动了一辈子，我母亲年轻的时候摆水果摊，搓稻秆绳，掰筷，后来有一次粮食最紧张的时候，她去对岸卖米，赚点钱，给我们吃，到了七八十岁，还卖开水卖茶。我父亲，从早干到晚，从来没有太阳下山就睡觉，都是干到半夜三更，我坐在父亲的脚上，他掰篾（把竹子劈开，分成细条），我父亲掰着掰着困了要睡着了，我就"啊"一声叫起来，把他叫醒，他就又继续干，非常勤劳。

我不抽烟也不喝酒，说也奇怪，我家里的儿子和女儿都不抽烟喝酒。我家风比较好的，我儿子女儿不抽烟、不喝酒、不打赌，规规矩矩工作。我对孩子是这样的，两个儿子一定要学游泳，会游泳，掉到水里是可以自救的。我两个儿子在飞云江可以游个来回。我的儿子立华曾在飞云江那边工作，搞建筑，每天要坐轮船来回蛮危险，我就要求他一定要学会游泳。两个孙女，还有个外孙女，我都带她们去游泳池里学游泳，她们只要能浮在水里，我就放心了。我用自行车带她们去游泳，学完接她们回来。

　　关于我的艺承以及家风家训，我就谈这么多，谢谢你们！

口述者 —— 吴永安

吴永安：

热心助人　为人本分　勤俭创业

——

采访者：郑重、曾富城

整理者：郑重

采访时间：2017 年 4 月
12 日

采访地点：紫荆花园

口述者：吴永安先生，
1949 年出生于瑞安九里，成
长于一个勤劳朴实的木工家
庭。他们家的家风是热心助人、为人本分、勤俭创业。他在回忆早
年岁月时说："我的父亲是热心人，儿时的我印象最深刻的是每到炎
热的夏天，他会在村头烧伏茶，让路人解渴，我也经常会去帮忙。
他的这种善举对我今后的人生之路产生很大影响。"近十余年来，吴
先生热心公益事业，对每一项工作，他都亲力亲为、乐此不疲。其
中，他热心助警的事迹近年来在瑞安深受群众好评。其实早在他中
学时期，就曾帮助警察在瑞安轮渡码头抓过小偷。现在，他一有空
就会站在瑞安街头，一边协助交警疏导交通，一边发放文明出行宣
传单，这件事他已坚持近十年。2012 年，他签下遗体捐献协议，并
动员家人加入到遗体捐献队伍中来。他的一言一行也影响着家人。

他们一家在 2015 年荣获温州市"最美家庭"称号,在 2016 年荣获
"中国签订器官和遗体捐赠协议人数最多的家庭"大世界基尼斯之最
证书,今年还获得第一季度浙江"最美家庭"称号。吴先生对子女
的教育方式是"严慈相济",帮助他们从小养成良好习惯,学会正确
的处事方式。他经常教育子女:创业要勤俭,不要坐吃山空,凡事
要靠自己。吴家的家庭氛围是平等、尊重、互助、自信。父亲与子
女之间互相尊重对方的决策。

一　早年经历

采访者:吴先生,您好!您一家都致力于公益慈善事业,奉献社会,
您的家庭刚获得 2017 年第一季度浙江"最美家庭"的荣誉,我们想对您
进行口述历史采访,通过您的口述,了解您以及您家庭所做的慈善公益
事业,弘扬好家风,传播正能量。首先,请您介绍一下自己的出生年月
和家庭的一些情况。

吴永安:我是 1949 年 6 月 20 日出生的,出生在瑞安九里乡。我的生
父姓林,当时家里比较贫穷,我出生的时候有八兄弟,一个姐姐,我是
第八个,过继给吴家当儿子。我的养父叫吴碎宝,是一位技艺很好的木
工,包括我的爷爷。父亲慈祥和蔼,身体很健壮,非常疼爱我。他终年
辛勤劳动,即使晚年父亲的脊梁不再挺拔,依然是家庭最有力的支撑。
父亲对木工活精益求精,在所有的木工当中,他是数一数二的,因此他
在技术要求方面对我很是严格的。我们家里还养着两头小猪,小时候我
常去田里捡一些菜来养猪。我还记得我的外公是开杂货店的,卖的东西
就是我们现在的菜刀、砧板之类的,在当初来讲这条件还是比较好点的。

在我三四岁的时候,由于当时我们家乡经济萧条,正值瑞安同行业
的人成立合作社,因合作社生意不好,父亲所在的木器社发不出工资。
后来了解到当时在新疆做木工的每月工资有 100 多元,是瑞安的 3 倍多,

（当时瑞安县委书记每月只有 60 多元），于是父亲便决定和几个木工朋友去新疆做木工。

外出打工真的很不容易，路途遥远，现在到新疆乌鲁木齐只要半天时间的飞机即可到达，可是在当时，父亲到新疆却整整用了一个多月。他从上海坐老式火车去新疆，还不是去乌鲁木齐，去的是喀什边防那里。他的全部路费只有 50 多元，而且当时没有电话，只能靠传信。交通更是不方便，比如北京印的《人民日报》，拉萨 20 天以后才看得到，也只有拉萨政府机关看得到报纸，老百姓还是看不到。我和母亲在担忧中等待着父亲的消息，这是引发我母亲钱被骗的导火线。在父亲外出后的一天，有一个人来我家谎称是父亲的工友，告诉我母亲我父亲前往新疆后找不到工作，在旧仓库里挨饿受冻，已经奄奄一息，我母亲听后当场大哭。虽然我当时还不十分清楚到底发生了什么事情，可是从母亲的眼泪中知道父亲一定发生了不好的事情，也就哇哇大哭起来。我母亲没有看穿那个人的骗局。这就像现在的电信诈骗一样。我母亲就拖着我到处求人借钱。后来母亲从外公、其他亲戚那里筹集几十元，交给他带给我父亲。因为当时在我们心里没有什么比活着回来更重要，我们只希望父亲平安归来。这件事过了不久后，我们就收到父亲的消息和他寄回来的 50 多元钱。父亲在信里说："新疆边防建设虽然艰苦，但是工资一个月有 100 多元，而且管吃住。"我和母亲都喜极而泣，母亲马上把骗子的事情报了案。不久，这个骗子在金华落网，并判了刑。

自从这件事以后，我们都很珍惜与父亲相处的时间。因为父亲在家的时间极少，在新疆七年时间里，中途才回来一次。他回来的时候，我总会缠着他给我讲新疆当地的故事与风土人情。这样我就对新疆有了特殊的感情。我长大后五次去新疆开会、游览，更加深了感情。过年的时候，我们全家一起团聚，其乐融融，有爷爷奶奶、外公外婆，更重要的是还有父母亲。虽然相处时间少，可是我仍能真切感受到父亲的爱。

我父亲、我女儿，还有我，对新疆有着深沉的情感。1993 年，我女儿21岁，独自前往新疆，历经3年不懈的努力，一手创办了乌鲁木齐鹏飞塑料机械有限公司。新疆那么大，那么遥远，相信没有到过的人不计其数，而我父亲在60多年前就已闯荡新疆，确实不易，这需要很大的毅力。我们也将这种力量传递给我的女儿。

在我的记忆里，父亲除了打工挣钱，还在家里干农活、养猪，什么苦都能吃，什么累都能受。我知道他只是希望我们能过得更好，他给我的爱太多了，感人的事例比比皆是。父亲会把最好的东西留给我，他自己舍不得吃的果子留给我，看着我吃，还很满足地笑，好像他自己吃了一样的。多少年过去了，我的脑海里还回味着那果子的馨香。

一直到我长大，娶妻生子，我同父亲的感情都非常好，父亲的身体一直都很硬朗。在89岁时，他在我母亲的陪伴下，安详地离开，我握着他的手渐渐冷了。当时，我跪在他的床边流下了男儿泪。我觉得父亲就是一座伟岸的大山，拥有厚实的胸怀和深沉的力量。我也会像父亲教导我一样教导我的下一代，用父亲对我的爱一样爱着我的儿女。

我的母亲叫万碎玉，我之所以能长大成人成才，是母亲辛苦养育的，我的性格、习惯是母亲传给我的。当年母亲因为身体原因不能生育孩子，所以抱养了我，因此对我格外地珍惜，也是母亲给了我第二次生命，我非常感激她。我从小就和母亲相依为命，母亲的心血全部灌注到我身上。因为我父亲为了生计，在我三四岁的时候就去了新疆，所以在我的童年岁月里，母亲对我的影响很大。我的母亲其实很平凡，生于普通农家，一生勤俭诚实质朴。小时候，我生病了，她会抱着我哄我，哼歌给我听，并且用家中仅有的一担谷请了一位老中医为我治病。她也经常教导我，劝诫我不要盗窃、玩火，生怕有个万一受伤了，她会很心疼，毕竟我是独子，又是她最爱的儿子。我记得以前，曾因父亲外出打工，寄过来的钱也不多，家里又没有什么积蓄，家里比较穷；正是母亲，她一直起早摸黑，任劳任怨，用她莫大的勇气艰辛地撑起这个家。我还记得，母亲的手很巧，常夜挑油灯，为我和父亲做鞋、补袜子，做的衣服更是漂亮。

所以小时候我穿的都是母亲亲手做的衣服，包括鞋和袜子；常常得到大家的夸赞。母亲与邻里的相处和谐，是一个极有同情心的人，还经常帮助别人。爱心是母亲留给我最宝贵的财富，所以在我有能力帮助其他人的时候，我也总是尽我所能，希望别人也能因为我的一点爱心有一丝温暖。

母亲常对我说："人不能怕吃苦。"那时，我似乎听懂了。所以常常在母亲后面光着小脑袋，在烈日下不知流过多少汗，皮肤也晒得一团黑，但我却尝到了吃苦后的幸福。至今，每当站在烈日下时，我心中总能生出一种莫名的骄傲。我不怕太阳晒，因为我想到了母亲；在我艰苦创业时，我也想到了母亲，赋予了我很大的动力。母亲没有读过书，却深深知道读书的重要性，所以母亲十分注重我的学习，总是耐心地教我。在她眼里，学习是那样至高无上，那样神圣，不分年龄，只需坚持。因此去草堂巷扫盲时，她便义无反顾地去了。经过学习，她还找到了国营酒店的工作。她被优先安排在那里工作，客人来了，至少请坐、端菜、欢迎这些都会说了。她后来还担任了打绳巷居民区的干部，是居民区第六组组长。因为受母亲的影响，现在我将近 70 岁了，也仍然坚持不懈地学习，如学习英语、日语，练习标准普通话等。

早年，我们家在瑞安的郊区，那时夏天很热，也没有什么茶水站，我父亲用自己的钱买了伏茶，烧茶水给来来往往的路人喝，可以解渴消伏。虽然这个钱不是很多，但按以前这样的收入来说也是难能可贵的。烧伏茶最关键就是柴火和水，而刚好我的父亲是做木工的，木头又便宜，木屑削下来自己也用不完，就用来烧伏茶了，恰好提供了很有利的硬件条件。至于水，刚好我家离隆山山泉也比较近，于是我们去那边挑水，当时我们还没有自来水。夏天的早晨七点就已经很热了，我们起得也很早；妈妈起来烧饭的同时也烧伏茶。三伏天时，一次茶水烧了还不够，还要再烧一次，当然这全部是义务劳动，免费的。那时有一些用拉手车装着瓜进城去卖的农民，经过我们这个茶水站，会给我们一些西瓜、白瓜吃，说我们人太好了，这些记忆我都记得很清楚。据我估计，我们烧伏茶的时间至少持续了有十来年，都是在炎热的夏天。我上中学的时候，经常带伏茶在路上或学校喝，因我们家到瑞中有点距离，来回时间比较久。就这样，我从小就养成了一个好习惯，不管季节的变化，早晨都起得比较早，那时还帮助家人一起烧饭和烧茯茶；现在条件好了，早晨照样起来很早，但是中午都会小睡一会儿。

父母晚年时，正值我创业初期，事业刚起步阶段，工作十分辛苦和忙碌。所以我一直无法在他们的病床前尽孝，都是我的妻子代替我服侍着我的父母亲，为他们奔前跑后。父母亲几次因病去上海治疗，也都是妻子陪同他们前往，照顾他们，为他们的病情焦急奔波。说实话，那时候如果没有我的妻子，我真的不知道该怎么办。因此我十分感谢我的妻子，也很感激父母亲在我23岁的时候，给我张罗了这么贤惠的妻子。我仍然记得在父亲去世后的第四十天，我母亲在睡梦中就再也没有醒过来。父亲是高山，母亲是大海，将永远的铭刻。

采访者：您是几岁开始上学呢？

吴永安：我8岁开始上学，在瑞安城关第一小学；初中在瑞安中学，毕业以后就没有读高中了，就跟父亲学手艺。我小学六年，初中三年，一共读了九年。

采访者：据说您在当学生时曾协助民警抓过小偷，还举报过一些当地的流氓是吗？

吴永安：是的，后来我们家搬到瑞安南门住，就是现在的飞云渡口旁边。当时那里是没有大桥的，就是一个汽车渡口，于是我在那边做起了一点小买卖，补贴家用。记得那个时候是在上初中，一放假，早上我就会起得很早，拿着装了糕饼的提篮，在码头边上卖。在这些人当中绝大多数是好人，也有个别流氓敲诈的司机，有外地的，也有本地的。飞云渡口的轮渡既可渡人，又可渡摩托车之类的。当时渡一次要三分钱，给一根竹签，有竹签的代表已经买票了，进站时把竹签扔到箩筐里，晚上是五分钱，贵一点。一般夏天轮渡是一个小时一渡，七点、八点、九点、十点一渡，渡到晚上十点钟为止。冬天晚上八点半就停止了，就不能过江了。你如果想要过江就只能自己找船了。刮台风的时候轮渡会停止。那时在渡口，有一些不法分子在路边偷东西，当初路边是没有监控的。我这个人会路见不平，拔刀相助，但是那个时候我力气还小，是不可能和他们格斗，所以我就把他们的样子记住。刚好我们这边有西门派出所，我就把这个情况告诉警察。他们说："如果你发现情况就告诉我们。"当时没有手机，不能直接联系警察，警察那个时候抓坏人也是蹲点的。发现这些坏人出来的时候，我就直接从那边跑去派出所告知警察，距离西门派出所也不远，估计300米。这个事情现在回想起来，觉得当时的我是比较有正义感的，因此这股正义感一直延续到现在。在2013年，我荣获了温州首届"十佳助警市民"的称号，这个荣誉是比较高的。

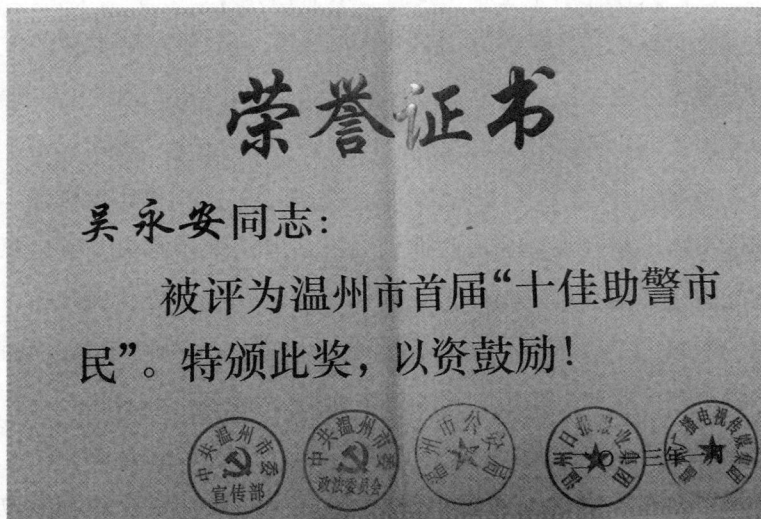

吴永安先生被评为温州市首届"十佳助警市民"（2013年）

采访者：您什么时候开始学木工手艺？

吴永安：我学手艺的时候是在 18 岁，那时候木器社招聘学徒，我是那一批学徒中的一个，共 12 个人。有亲人在里面的学徒可找自己的亲人做师傅，父亲就是我的师傅，没有亲人在里面的学徒，得另外找师傅。当初我刚学艺的时候很苦，因为父亲对我很严厉，凡事讲求精益求精，所以我比一般人都要刻苦一些。举个例子，快过年的前一个礼拜，我们木器社的人都放假回家了，各个理新发、买新衣，红红火火准备过年；而我仍然在那里干活，甚至到大年三十上午还在那干活；马路上的鞭炮声，小孩的嬉闹声不绝于耳，说句心里话，我心里是非常不舒服的。因此我觉得做木工，尤其是在过年的时候，很是难熬。

我之所以在木器社工作时间比较短，大概工作了四年。是因为当木工的时候，砍木头、抬木头很辛苦。因我个子较小，力气也小，又是城里娃，很嫩；砍木头砍得也小，如果大的木头要两个人一起帮忙。相对于农村来的娃，他们的力气会大很多，一个人砍木头比较轻松，且砍得比较大一些。大概在四年之后，我们的木器社另外创办了一个精工车间，我调换到这边当车工。虽然当时的设备比较落后，但在做手艺的工人来看是当时较先进的机械工艺操作，且工作相对轻松一些，令很多人羡慕，我也就工作了两年。

我 24 岁时，厂里的各种木工活都很熟练了，做事也比较机灵。当时厂里的木头需求量很大，采购师傅们会经常外出采购木头，我也想历练自己的能力，于是我决定跟随他们外出采购，一般都是到山区去，像丽水地区的龙泉等地。当我们去和管木头的负责人协商采购木头事宜时，免不了打交道，送些小礼品之类（如香烟）；甚至有的木材比较吃紧的时候，会带些沿海的水产品，送给那些管木头的负责人。我们采购好木头之后，还要安排运输回来，当中的工作也是很辛苦的，有种四海为家的味道。我们采购区域基本在浙江范围之内，最远去过福建省的宁德、福鼎这一带，就是浙江、福建交界。我们平时外出住的供销社旅馆比较简陋，没有蚊子，空气清新。每天的住宿费两毛钱，包括早餐，免费吃一顿红米饭，住一个月也就六块钱。当然这些费用（住宿费、坐车费），厂里会有补贴，每天是四毛钱，一个月的工资二十来块钱。这样的条件虽然艰苦，但是我过得很开心，就这样，我做了三年采购师傅，当时是在"文化大革命"期间。

有一件事情让我记忆犹新，我因采购木头来到丽水地区庆元县的一个林场里面，这里有两百多名林木工人，林场建场已有十七年了，还是第二次放电影，赶巧被我遇上这好事，首先放的是《杂技英豪》，然后放正片就是《杜鹃山》①。我还记得放电影的时候，是个凉爽的夏天夜晚，十公里以外的山民打着火把来看电影，看完以后还要打着火把，走山路回家，看场电影多么不容易啊。我们那个时候极少有文化活动的，更何况是看电影，到现在我还在回味当初的景象呢。

这段采购的经历虽然不是很丰富，但对我今后的人生有很大的影响和帮助。在厂里干的活，属于体力活，而采购是带些经商的味道，属于脑力活多一些，我喜欢这种工商结合的方式。

采访者：您后来还做了哪些其他工作呢？

吴永安：做采购工作回来以后，我参加了几个工作队，其中一个是"双技工作队"，就是技术革命和技术革新。当时的工作主要内容是宣传优选法，就是华罗庚的 0.618 优选法②。我参加的这个队是在瑞安的机床厂，厂里有个非常著名的工程师，现在九十来岁了，我跟着他到处去学习、演讲华罗庚黄金分割法和统筹法，总结出七个字：优质、高产、低

---

① 京剧电影《杜鹃山》，1974 年由同名舞台剧搬上银幕，北京京剧团演出，北京电影制片厂摄制完成。导演谢铁骊，杨春霞、马永安、李咏、刘桂欣等主演。故事讲的是党代表柯湘历经艰难险阻，把一支农民自卫军培养成革命队伍。

② 优选法也叫最优化方法，首先由我国数学家华罗庚等推广并大量应用。例如，寻找最好的操作和工艺条件，这样问题用微分学的知识即可解决、配比，优选法的应用在我国从 20 世纪 70 年代初开始：一类是求函数的极值，尽快地找到生产和科研的最优方案的方法，根据问题的性质在一定条件下选取最优方案、配比，产量最多，消耗原料最少。

消耗。后来我们木器厂和其他厂合并，成为瑞安液压机厂，在当时是相当红火的，有三百多名工人，这个时候我已经 28 岁，孩子也有四五岁了。后来我还在瑞安文工团工作了两年，那个时候文工团的演出很频繁，可能这方面的天赋从这儿开始的。记得我在上小学的时候，曾参加过表演，节目是《长征的故事》，在里面扮演小红军，场景是红军队伍历经万水千山和千难万险过草地时，有首长、士兵，还有一个小红军，也跟着队伍一起走，可惜这些照片找不到了。

采访者：您后来创办的塑料机械制造企业在业内小有名气，您是什么时候开始创业的？

吴永安：从 1987 年开始，我自主创业，同年 8 月，成立了瑞安城关东风机械厂。后因瑞安县改为瑞安市了，我也将公司的名称改为瑞安市东风机械厂，到 2017 年的 8 月 1 日，正好是建厂 30 周年。当时我们企业的电话号码还是五位数的，我名片上还印着电话，后来变为六位数，现在电话号码都是八位数。

当时企业成立，注册资金是一万元，基本上只能生产简单的零件，还生产不出一台机器。后来企业慢慢发展了，可以生产简单机器，一直到现在生产的机器规模更大、更先进了，还荣获很多项国家知识产权专利，并且销售额也在逐年增加。我从企业退下来已经五年多了，放心交给子女经营。

在我父亲的那个年代，不管做什么都是很保守、很封建，如果你自己在家里做点生意，属于"资本主义尾巴"，要挨批斗。记得我父亲做木工的时候，白天给厂

创业初期的吴永安先生

里干，晚上在家里给别人做点木工，赚点小报酬。后来被厂里知道了，开会的时候就批评了他，还做了检讨，他们认为晚上的时间可以利用给自己家做些家具、凳子是可以的，但是不能给人家做。对于当时的形势来讲是件比较严重的事情。如果工人借着生病的名义向厂里请假，偷偷地到乡里给别人做木工也是要挨批斗的。我觉得当时这样的做法是不对的，白天上班时间，肯定只会给厂里做活，但是下班了，就是自己的时间，可以自己利用。那个时候，还有更严格的要求呢，像农民家里自己养的鸡鸭，自己种的蔬菜，拿到城里去卖，或换盐都是不允许的；还有一些比如说酱油醋等，也都不允许买卖。记得当时农民用的洋油，是卖掉鸡蛋这些东西换来（当时没有电灯，点的洋油灯）。因为农民的那些东西只能由国家供销社收购，为什么让他们收购这些，农民不愿意呢？因为供销社收购的价格很低，外面卖的话，价格高很多。所以他们宁愿多花些时间到城里卖，渡船渡来渡去，这样赚的钱算起来也比较多一些。在当时来讲做买卖的人都是属于"资本主义尾巴"，是不允许农民去做的。

我创业的时候，国家已经实行改革开放了，商人之间可自由交易。首先要审批营业执照，需到工商局去办理，规定不管什么行业都得取得营业执照，才可开业。那时我还有工作的，没有完全退下来。后来我也随波逐流，开始创业，随后成立机械厂，申请的法人代表是我的妻子陈锦红，这事还是我亲自去办的。从1987年到1990年，是企业的黄金岁月；因当初物质都比较稀缺，企业刚起步的时候赚钱机会比较多；也因当时创业的人很少，相当于竞争力少，生意就好。现在机器制造技术日益发达，成本越来越高，竞争更是激烈。举个例子来说，一家机械厂解散了，很多失业的工人想着自己去创业，于是企业就越来越多了。随着三年、五年、十年的优胜劣汰，有的就倒闭了，有的发展壮大了，有些赚了大钱的企业就会去上海等发达的城市买厂房，买地，让企业的发展更强大，知名度更高。这些年我的企业也在不断地迅速发展，在瑞安的知名度也不错，在 2007 年，更名为浙江邦泰机械有限公司，到现在已经十年。

在创业初期，我就开始培养我女儿吴云。30 年前，我女儿才 16 岁，就跟着我去西安参加展览会。展览会上有几百个人，很少有女性，5% 都没有，更不用说小姑娘了。她在展览会上，拿着照相机到处拍照，对事物都感到很新奇。她那么年轻就跟着我到处跑，也不怕辛苦；而且她还独自一人到新疆乌鲁木齐。那个时候，连男人都不敢去，她居然有这份勇气和胆识，我很骄傲。当时我们到西安去开会，住在止园饭店①，我都想得起来。止园饭店是西北军杨虎城将军的别墅。止园饭店不大，但是当初很了不起。

二　遗体捐献事业

采访者：下面我们重点来谈一下您致力于遗体捐献事业的一些故事。

吴永安：随着企业的发展，我们会去参加很多国内的展览会，打开销售市场；后来经社会趋势的演变，展览会走向了国际化。曾经我们参加的都是温州、上海、北京的展览会，后来产品打入国际市场，与世界接轨；我就去国外了，一方面是去开会；另一方面是考察，还有旅游。我到访过很多的国家，见识了很多新奇、文明的东西和事情。尤其是外国人考汽车驾照的事，他们考驾照之前，有个表格要填，我也看不懂他们填什么。那边的熟人就给我们介绍，说："表格里面有这么一点，当你开车的时候，万一发生意外事故，丢了小命的话，你是否愿意将器官捐

---

① 陕西省止园饭店位于西安市青年路中段，始建于 1950 年 5 月，因毗邻杨虎城将军纪念馆——"止园"而得名，是一家拥有 60 年历史的大型涉外三星级饭店，有西安城内唯一的优质医疗型地热温泉井，据考证，这里曾是唐代皇家太极殿的遗址，明朝时为"九王府"，中华人民共和国成立初为干部招待所，曾接待过周恩来、邓小平、朱德、陈云、胡耀邦等党和国家领导人。新装修后的饭店设施更加完善，功能更加齐全，是商务活动、会议住宿、休闲娱乐的理想场所。

赠出去？"大概有三分之一的人填写"我愿意"，我也没有具体统计过人数，觉得外国人这做法确实先进和想得开。我们中国的传统思想，就是入土为安：认为人如果不在了，还要让身体不完整，缺少某些器官，是不能被接受的，甚至有违道德的，但在国外好像很平常。我慢慢地也认同了这种做法，认为人就像一瓶矿泉水，水喝完了，它就变成了一个废品，如果送给有需要的人，就是帮助了别人。如从眼角膜移植的事情来说，将自己的眼角膜移植到别人的身上，是不是证明你还活在这个世上？还有一点就是，人以前不是喜欢传说吗？用别人的眼睛穿透自己的内心看到这精彩的世界，如同自己还活着，岂不是更有意义？我就想到这里，慢慢在脑海里形成了一种想法，回去之后一定要和我的家人说。

采访者：当时中国器官捐献还不为很多人所认识，在您产生这个想法之前，看到中国有这样的例子吗？

吴永安：真是凤毛麟角，几乎不知道。前年我在杭州时，听到从2010年到2015年人体器官捐献增加40多倍，到现在已经增加了将近100倍。人的思想改变很大，比汽车递增量不知快多少倍。

2012年11月，我瞒着家人，到瑞安市红十字会签署了遗体捐献协议，但红十字会的工作人员告诉我，协议生效还需要有直系亲属签字。我想：要家属同意，不如让大家一起捐吧。我索性动员子女。几天后，我跟子女们说："人生就像一瓶矿泉水，水喝完了，瓶子留着有什么用？给有需要的人不是更好？"我总结了"十六字真言"——"生不带来，死不带去，活有意义，死不占地"。我女儿是比较优秀的，是瑞安首届十大优秀青年之一，是政协常务委员，新阶层人士联谊协会会长。大儿子是上海同济大学毕业，小儿子浙江大学毕业，现在都有各自的企业。我的长女、长子2013年上半年相继去捐献遗体器官了，这相差不到半年的时间，说明他们的思想转变很大，也认为这样做是对的。我也没有说"你们一定要去做啊"之类的话，我们一家人聚在一起吃饭时会闲聊，可能无意间说了一下，主要也在于我们的家风比较好，思想也都比较前卫，而且我平时在家里说话，从来没有吹胡子瞪眼。2012 年，我签署了器官捐献协议，后来慢慢地我们一家五口都这样做了，我的这种正能量行为绝大多数人都是赞美和支持的，所以这件事情在瑞安引起了很大的轰动。中央电视台也报道说一家全部"革命"了，分了三个批次：第一次是我，第二次是我的长女吴云、长子吴萍，第三次是我的妻子陈锦红，小儿子吴雷，全家人都志愿在身后捐献全部器官。

吴永安先生带着女儿和大儿子签订遗体捐献协议（2013 年）

第三次情况有点特殊，当时我的妻子觉得我的做法挺对：人不在了，如果还能给社会带来一点作用，何乐而不为？于是她和小儿子吴雷商量，决定一同完成。其实她的这种想法比我还要早，原因在于：我家里曾经发生了不幸的事情，为什么现在只有三个孩子？我曾有个儿子，现在算起来就是 40 年前，当时他 8 岁，他到马路上去玩，发生车祸，抢救不起来孩子就这样没了，一家人非常痛心，这孩子名叫吴斌。当时我的妻子是个财务人员，她说："我们把孩子的遗体捐出来。"那时瑞安根本没有什么接收遗体捐献的单位，更何况他爷爷、奶奶健在，也不会同意这样做。后来政府就考虑我们的实际情况，我们又生了一个儿子叫吴萍。在2015年，母子俩完成了捐献手续，就这样，我们一家五人除了签下遗体捐献协议外，其中四人还签了器官捐献协议，我妻子因身体、年龄受限未能如愿。当时我女儿吴云说："父亲的行为感染了我们，我们要做一名劝捐者，让更多的人加入到这个队伍中来。"在2010年，瑞安市启动人体器官捐献试点工作。

吴永安先生一家人在瑞安红十字会合影（2015年）

我们一家的事迹见报后，温州市红十字会打电话过来咨询情况，还有其他很多的地方也是这样，比如成都、上海、北京、宁波、杭州；中央电视台、全国一千多家电视台、报纸对此事都有报道、转载，这在全国还是没有先例的，家里一个人去捐的是有很多，但家人数量这么多的尚属于少数。

采访者：签订了这个协议之后，您的家庭生活和过去相比有没有一些变化？

吴永安：很多记者来采访我，我这个人也比较幽默，我说："你们不要来采访了，你们老是这样，我会受不了的。"后来有一次有人来采访我。我说："我先采访你吧，温州的房子贵不贵？"他说："温州的房子贵。"我说："恭喜你回答正确，我再问你温州的墓地贵不贵？"他说："墓地更贵。"所以后来我写了十六个字给他，"生不带来，死不带去，活有意义，死不占地"。2016 年，经上海大世界基尼斯总部认证，我们一家获得了"中国签订器官和遗体捐赠协议人数最多的家庭"大世界基尼斯之最的证书。

采访者：据说您一家还当劝捐者，让更多人加入大爱行列。

吴永安：现在很多人知道我了。我有很多社会资源。比如说鳌江有一个非常有名的假发公司——丝丝心语的老板说："吴老师，你的事情我知道了，太感动了，太让人敬佩了，是否可到我们公司见个面。"丝丝心语很有名，全国有三百多家连锁店。于是我就去了，跟他们说了我的事情，个个竖起大拇指。恰逢他们在开年会，有表演节目的，我也加入了他们年会的节目表演。当时有 7 个人在平阳红十字会签订了器官捐献协议。

我 2016 年住在云周卫生院，因为我 2015 年在杭州做了手术，这次住院需要把钢板取出来，治疗了近一个月。当初我还拄拐的，准备在云周卫生院拆线，认识了一位姓陈的医生，他听了我的事迹以后也加入了这个行列。原来都是一个一个去捐，现在都是结队去捐的，当然是两三个人，四五个人一起的那种。

经过很多电视台和新闻报道，我们家事迹影响力还是很大的，在一定程度上推动了中国捐献遗体事业的发展。我参加的市民监督团有一百多人，大家也都很关注我，所以我的事迹他们很清楚，也很支持我，里面就有好几人提出来要捐献的。现在越来越多的人打破传统的观念，转变思想，已慢慢地加入到这个队伍中来，还包括了老年人和小孩子，这个我非常欣慰，也让我感受到我们中国人的正能量越来越强。像我们一家五口全部捐献遗体和器官的，世界上的例子肯定也不多，若这个消息传播到国外去的话，肯定会有更多的国外友人参与到这队伍中。我觉得今后不要把捐献遗体当作一种荣誉和特例来对待，就当平常事一样。现在我变成了一个特例，在某种情况下来说觉得比较累，其实我就想尽自己的绵薄之力，帮助需要帮助的人而已。我现在到农村去演出，单看人，很多人都不认识我；但是我要骑着独轮车从他们身边过去，很多人都会说这个人我们认识，他上过电视的：有时一边骑独轮车，一边表演东北花绢；有时一边骑独轮车，一边吹萨克斯。大家纷纷称赞道："到目前，还没有看到过这样的节目，你的节目有特色。"

三 热心公益

采访者：我们来谈一下您一家人热心公益的事迹。

吴永安：我们家会帮助一些贫穷的孩子读书，其中有几个孩子因为读书有知识了，改变了他自己的命运，还有一个孩子还在我们的公司工作呢。我们除了帮助孩子读书以外，只要有困难的，我知道的，我有能力的，照样帮助他们。我们公司原来有一位外贸人员，叫苏彩霞，她是湖南人，六年前离职了，自己回家创业，业绩也不错，后来得了白血病。这种病需要巨额的医疗费用，前后花了80多万元。我儿子吴萍还专门赶到湖南的医院探望她，对他们一家伸出了爱心的援手。为了她，我们专门建了一个联谊群，那时候不管员工是否在职或离职（将近百名员工），都纷纷伸出援助之手，募捐费有16万多，其中公司资助2万元，我和我的妻子资助 2 万元，都给她治病用。遗憾的是她与病魔斗争了四年，最后还是离开了我们，让我们痛心不已。我们的企业是"人走茶不凉"，离职了的员工，还是我们的员工。她临走时说："我很幸福，因为在我患病期间有这么多的人关心我，我没有什么遗憾了，衷心地谢谢你们。"我们也尽力了，这件事情电视台也报道过，原瑞安政协主席白一帆有篇文章，就提到了这件事情。我的想法可能会有点不一样吧，觉得我们企业的发展离不开员工们的付出和汗水，人虽不在这里工作了，但是我们还惦记着他们，希望他们发展得更好。比如我们公司一些已离开的员工，有三年、五年、八年，甚至十年的，在每逢过年的时候，我会发给他们一些福利小红包，几百、一千、两千、三千的都有，望每个人大吉大利。相信很多的企业是很难做到这样的，即使你是一个资历很深的专家工程师，在公司时会给你钱，但走了以后就什么也没有了。在我的心里，无论是在职员工还是离职员工，我们都是一家人，相识是一种缘分。因此，我们的这种热心助人的家风，也扩散到企业当中去，以一种关爱他人的思想，关爱着员工，犹如自己的亲人一般。

吴永安先生在浙江邦泰公司 2010 年年会上演讲

　　2015 年王芙蓉一家发生瓦斯爆炸事件，我们一家五人都捐款了，这事很多人都知道。由于我参加的协会比较多，认识的人也多，所以我就发动了身边的人和企业的员工为他们捐款，后来我又捐了一次钱，想着，能帮助的尽量去帮助。

　　我的妻子是信佛的，几十年来她为佛堂捐了几十万元。有一天我对她说："你不要老是为这地方去捐钱，那个是泥塑木雕的，没有多大作用。"她说："你不知道，捐钱为佛堂修路也是帮助大家。"我还写了一首诗，题目叫《某人》。我说："佛前叩首自虔诚，民瘼无关系儿情，一掷千金夸壮举，何曾微惠及苍生。"她也写了一首诗："修桥筑路益大众，开山凿渠富村民，莫道民瘼不关心，十里山路郁葱葱。"她的意思就是说原来道路上都是坑坑洼洼的泥路，现在用我们为佛堂捐的善款，修了水泥路，逢年过节前后，村民烧香拜佛出行变方便，两边山地上还种了茶、药材等，大家都受益，何乐而不为呢！

　　我曾看电视新闻有一则报道：马屿有个老人，79 岁，姓林，12 年前一个风雪天，有人在他家门口放了一个弃婴，是个女孩子，于是他就收养了这个女婴。女孩子读到小学五年级了，户口的问题还一直解决不了。最近我就为这个事情努力，后来户口的问题解决了，他们一家人很感谢我，尤其是这个女孩子。因为我认识公安系统的人比较多，而且我又是公安局党务监督员，所以很多的问题可以找他们咨询，找出解决办法的关键。后来了解到，因为户口的问题，所以女孩子天天在哭，以前读书的成绩也不怎么好，不过村里一直对她有照顾和帮助，还有学校里的校长也帮助她，让她读完小学，但读中学就没有办法了，要自己想办法。这回户口问题解决了，可以读初中了，她就非常高兴。有一次我们到马屿派出所，一天去了四个地方，最后还去了马屿、高楼的交警中队。我发现这个林老汉真不错，很有爱心，即使家里很贫穷，还去帮助他人。我决定资助这个孩子读书，于是联系了当地的派出所，和派出所指导员说："感谢你们这些警察为民办事，尽心尽力，我也做一点奉献。"我的手机通讯录跟人家手机有点不同，我有分类的，比如说有一个"公"，就是指公安系统，如果是温州的号码，前面写着"温"，前面写着"浙"，就是浙江的。所以公安系统很多号码都在这里面，这样便于我为民办事。

我要尽自己的能力回馈给社会。我以前经常到外面做义工、义演，都是穿着红马甲，时常慰问老人，几十个人提着油、大米、棉衣等送给老人。我现在还穿着红马甲，可能有些事情我不能再亲力亲为了，我会直接捐钱，借别人出力。因为现在我的时间都安排满满的，事情太多了，但我也想把一切给做好。

对于义演，我现在花了很多的心思，反复地练习，表演的节目都是新颖的，大众喜欢的，像骑着独轮车吹萨克斯，东北花手绢啊；我以前还到过部队表演节目，唱《说句心里话》。大家都很喜欢我表演的节目，我很满足啊！

采访者：您一家人每年都结对贫困户对吗？

吴永安：对，以前我们都有的，曾经有一个我们资助过的学生，后来到我们公司上班了。上次我们瑞安外语协会开年会的时候她来了，外语八级，很不错的。她出生在陶山的某一个村里，以前家里条件比较困难，因为有好心人的资助，便有了上学的机会，现在家里条件已慢慢好起来了，而且盖了新房子。她也早已结婚生子，老公也是白领，两夫妻年收入七八十万，现在她的孩子也都比较大了。人的命运，往往可以利用知识发生改变，所以我们要好好读书。

采访者：您开始发放文明传单是在哪一年？

吴永安：至少有十年，为什么呢？十年前发的传单是白纸，现在每年发的传单的颜色都会有所不同。因为每年传单的内容都会有所增加，都需要重新再印。我觉得这些都是老古董，很有意义，所以我每年都会保存起来。

采访者：当时您做这个事情的起因是什么？

吴永安：以前，我经常看到瑞安罗阳大道的路边，有出租车司机在车上吃完早饭或其他零食，随手将垃圾朝车外扔的现象，我认为这种无视公德的不良行为极大地损害了瑞安市的形象。我每次都上前制止，但仅仅凭我一人之力是远远不够的。于是，我当即写了一份倡议书，印刷了一万份，亲自沿街发放，也包括附近小区，发动周边的居民来共同监督，维护好街道卫生。此后，这种不文明现象有所减少，发放文明传单的效果还不错。

我们国人确实有一些陋习。举个例子，北京天安门升国旗，升国旗是极其隆重的事情，但是升完国旗之后发现地上会有垃圾。我到访过很多国家，绅士区真是干干净净的；有的时候穿着皮鞋走一整天，都是干净的，没有灰尘。我没有深入到家家户户发传单，因为我们小区的人的轿车基本上都停在小区内，只要我早上，将传单夹在汽车挡风玻璃上就可以了，他们开车的时候就会发现；还有现在每个小区的每栋楼的门口都会有信箱，我只要把传单塞到信箱里即可。后来我发现他们拿了也不会看。经过这十来年发传单，我得出了经验，在马路上红绿灯亮起来时，我们马上走过去将传单往车里塞进去。他们知道这是发文明传单，因为我是戴着红袖套；但是有些人没有戴着红袖套，有人会感觉你是来推销什么东西的，还没到车边上，就把玻璃升上去了。我发传单发了十来年，至少发了几百次，我就看得出，哪些人是真要，哪些人是不要。我现在发的传单一般都是我自己花钱印的，大概有一万块钱，而且我自己也有这个钱，平时也花不了多少钱，希望能用到该用的地方。上次瑞安文明办的同志看到这些传单感觉很好，很有用，里面的内容都是遵守社会公德，这种传单是人人可以看的，也是人人要做到的，于是就有好几个人到我这里来拿，然后一起发。我有时还会派员工去发传单，当初很多人不愿意去发，觉得在厂里上班就好了，该休息就休息，后来我就和他们说："如果礼拜天休息，你过来发传单发半天算一天的工资。"

我的传单印了五种颜色，按区域分的，绿色是送到万松山，黄色的和蓝色的是送到外滩。因为我晨练的地方比较多，而练独轮车需要大的空间，往往这些锻炼的地方人也比较多。看我，一边踩着独轮车，一边吹萨克斯，或是玩杂耍，大家都会来围观，刚好我围着骑一圈，发放文明出行宣传单，大家也都看得尽兴！我的车技很好，然后我的孙女也加入了训练，现在她的车技也不错。我最初是觉得独轮车很新奇，纯属锻炼身体，接触后就不知不觉地爱上了这项运动。独轮车不但能锻炼反应能力，而且腿部要保持平衡，可以协调全身肌肉，健身又益智。

采访者：这么多年来您坚持发传单，您有没有看到一些好的效果？

吴永安：社会总风气好多了。瑞安文明办我去了很多次，我说："对不文明现象一定要处罚。"举个例子，开车酒驾、醉驾都有处罚，还是有很多的酒猫子；看现在环境污染的政策都改变了，要量刑了，以前就是罚款，企业家觉得这还是合理的，成本低，影响又不大。现在改为量刑的话，那概念就不一样，少者停业整顿，大者关门，所以说这个措施是有一定好处的，时刻提醒企业生产的同时，时刻注意环境污染问题。我觉得现在温州也好，瑞安也好，处罚力度还不大。举个例子，在重庆，如果你在公共车里吃东西是要受处罚，而且很严，还有新西兰、澳大利亚原来也是很不文明的，现在他们那边也都慢慢改善了；在英国，醉驾三次的话，这辈子就不能开车了，所以我认为规矩很重要。

采访者：您经常会上街劝阻一些不文明的现象，这个经历也有将近十来年了，有没有印象比较深刻的事情？

吴永安：有时候发文明出行宣传单，手递出去给他们，人家也不理我，我走到旁边给他们，也不愿意拿，尤其是车停在那边等红绿灯的时

吴永安先生在瑞安街头发放文明出行传单

候，如果是隔着玻璃的，不好说话，想想也就算了。我会站在各街头疏导交通当中的一些事情，看见不文明行为的，我都会劝，说："不要闯红灯，闯红灯危险，注意安全。"有的人会听，有的人不理睬我就走了，有的人说有急事就闯过去了，各种各样的人和事都有。我毕竟是一位普通市民，身上没有特殊的标志，一个人的力量也薄弱，不过我还是要尽自己的能力去劝导他人。在劝导过程中，我也收获了很多的好评和赞赏。

采访者：除了发传单，您还特别注重文明行车，是一位热心的交通疏导员。早在 1997 年，您就"发明"了停车牌，请您介绍一下这种停车牌是怎样的？

吴永安：现在大家的车上都会有一个停车牌：临时停车，麻烦你了，并写了手机号码。记得十来年前，大约是在 1997 年正月里，我去温州钢材市场采购钢材，因为我们是机械行业的。那天可能是周六，也因为是在过年期间，钢材市场很多店面没有开，人也少，钢材市场里面的道路也是空溜溜的。我准备去咨询钢材市价，就把车停在了路口旁边，不影响其他车辆出入。等我办完事出来的时候，就看到有个人盯着我的车，一直找不到车主，想叫人把车移走。我刚好就走过来了，问："同志，你找我有什么事吗？"他说："你把这车移一下。"我说："这里没有其他车要过来啊。"因为钢铁市场里面，路还是比较宽的。他说："不是，等一下有一辆很长的货车，要运铁板过来，要在这里拐弯，你车若停在这里，货车拐弯的时候可能把你的车给碰了。"当时我就在想：如果今天我的车一直停在这里，而且我人又不在的话，很长的货车拐弯时一个不小心，会直接把我的车子刮花了，司机又怎么联系我呢？于是我灵机一动，自己去做了一个停车牌，上面写上了我的手机号码，如果有要紧的事情，可直接联系到我，从此之后我就经常用这个了，方便又省事。这停车牌的事情就是在温州钢材市场受到启发的。

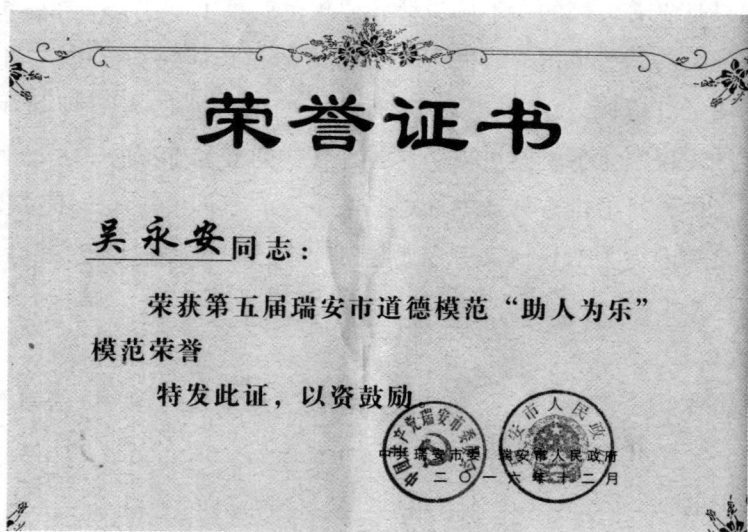

吴永安先生荣获第五届瑞安市道德模范"助人为乐"模范荣誉（2016 年）

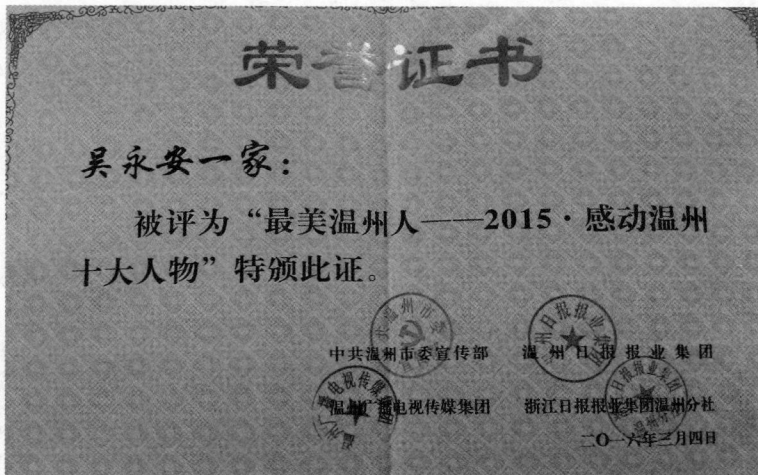

吴永安先生一家荣获 2015 年感动温州十大人物（家庭）

采访者：您和女儿都加入了瑞安市的市民监督团，在这个监督团里面做了哪些工作？

吴永安：我是在 2012 年的时候，加入到市民监督团的，已经有五年的时间了。市民监督团的工作每个月都有好几次，如马路积水、焚烧垃圾、帮助一些受灾的群众捐钱等。市民监督团还会去表演节目，穿着红马甲，今天到这个村，明天到那个乡，他们有演出我基本上都会去。2013 年，我被评为十佳先进之一。

四　业余爱好

采访者：您有很多业余爱好，您经常会带着魔术道具、手绢，以表演的形式去发传单，您觉得这样的形式有哪些益处？

吴永安：第一，大家很乐意看我表演的节目；第二，我要出现在那边，大家会纷纷过来问，今天要表演什么节目啊，都很期待！我会在表演一段后，再把文明出行宣传单发出去，大家都会拿走，并会仔细看一下里面的内容。现在我的表演受到很多人的喜欢，技艺受到很多人的欣赏和肯定。目前，已有很多机关单位工作的人也加入到发传单的行列中，队伍正在慢慢壮大。

采访者：除了独轮车，您有很多爱好，请您举一些例子。

吴永安：我喜欢乐器弹奏吹奏，尤其擅长电子琴、萨克斯、葫芦丝；我唱歌一般；爱好独轮车，一边骑车一边吹奏；我还会魔术、变脸。

文化团体我参加得比较多。我读初中时就喜欢诗词，也是从这个时候开始培养的；以前背诗可以背得很多，像《毛主席诗词》一本几百首，我都能背下来。现在的我，还是喜欢诗词，于是就参加了瑞安的诗词学会。虽然我的年纪有点大了，但我热爱外语，外语学习也很多，尤其是英语，便参加了瑞安外语协会；还有茶文化我也喜欢。家里人也都非常支持我的这些爱好，并且我的这些爱好对家人也产生了影响，像我孙女现在跟着我一起学习骑独轮车，我的爱人、孙女她们还经常被邀请到社区里参加表演，还和我女儿一起表演过。

五　家庭与家风

采访者：我们接下来谈一下您对子女的教育情况，您的教育方式有哪些？

吴永安：教育子女方面，我不怎么严厉，让他们跟着自己的意愿走；一些传统的中国人有重男轻女的思想，我家没有。我退下来了以后，让子女接班，因为他们都很优秀，我本来想让女儿当董事长，她起初也同意。我说："你有 20 多年工作经验，管理能力也好，且社会口碑也很好。"后来我女儿跟我说："老爸，你这么看得起我，我非常感激，但是咱们有传统观念。两个弟弟现在也很优秀，都受过高等教育，阅历也有，是不是让我当总经理比较好？"结果她就让给了大儿子吴萍。大儿子又这么说："老爸，弟弟是学机械的，又是浙江大学毕业的，和我们的机械厂刚好是对口的，让他来当吧。我呢，经常还要到国外去参加会议，精力会分散些。"就这样老大让老二，老二让老三，后来老三吴雷当了董事长，这是第一件事情。第二，人要做正能量的事，不要做负能量的事。我在外面处理问题，是对亲者严，疏者宽，原则的事情一视同仁。举个例子，在儿子们小的时候，要是他们和其他同年龄的孩子吵架甚至打架的话，我一定责备自己的孩子，并和他们讲道理，让他们以后不要再这样了。我儿子假如有违法犯罪行为的话，我一定亲手把他们送到公安机关处理。我们不会想着家丑不可外扬，所以我们从小就要教导孩子们，给他们讲道理。而且还有一个原则，我说："我自己已有很多财富，包括房子，银行的存款，我不会留给你们了，我要去帮助需要帮助的人，回馈给社会，希望你们长大了，把自己的下一代教育好，也传播这种思想。"他们也都很支持和赞同我的这种做法：父母的东西总归于父母，下一代要靠自己的双手去创造财富，自给自足。我们也不需要想什么豪宅、别墅，目前就是让孩子读好书，将来能成为国家人才，我外甥明年准备去美国留学了，他英语很好。而且我经常对儿女们讲："你们要自己努力，也不要给子女太多财富，给他们平台，给他们土壤，让他们自己来创业，这才是正道。"我现在退居二线，自己完全可以过一个充足健康的晚年生活。关于企业的事情，我现在很放心地交给我的儿女们打理，现在企业发展得也不错，我很欣慰。

我和子女之间相处像朋友一样，他们有时候讲话，我记笔记，从他们身上我也可以学到很多，尊重孩子会获得更多尊重。之前我兼董事长时，他们要服从我；现在他们是董事长、总经理，如果我要报销什么的要经过他们审批。举个例子，比如一起招待客人吃饭什么的，要报销，我儿子说："这个不能报。"如果是这样，有些老的企业家要发脾气的，企业都是我创办起来的，为什么不能批啊？还有一次，我要买一个包，用了120块，准备报销，我儿子说："这个包是你自己买的，这个不能报。"我很高兴，他这是坚持原则。我们家经常会开展批评与自我批评，这是一个家庭里很重要的一点，目的是为大家相互和谐，相互谅解，相互学习。作为家长的我，有时候会很严厉地责备我的儿女们，事后想想觉得自己过于激动了，勇于向他们承认错误，向他们道歉。记得有一次骂了我女儿，后来想到自己这样做不对，觉得有点过了，于是我就向她道歉，然后我的女儿就哭了，她要是哭了说明我这样做是错的。父女之间哪里来的隔夜仇啊，我就发微信给她，安慰她，她都说没事，是为了她好。

采访者：您刚才谈了家教的原则，我们发现您在很早的时候就带吴云女士出去开阔眼界对吧？

吴永安：我以前做生意的时候她还没读书，我说："你看看旁边别人做生意是怎么吆喝的，现在有个名词叫'练摊'，怎么迎接客人，怎么送走客人都要学一下。"

采访者：请您谈一下您的女儿在创业的过程中您给她的一些指导。

吴永安：其实与其说指导还不如是她的身体力行。她16岁时，我带她去西安开会，当时我们开代表会有300多人，女的不足10人，宾馆服务员不算，她是唯一一个小娃娃，拿着一个照相机东跑西跑，有时候还找不到她，所以胆子慢慢地练大了。后来，她单枪匹马到新疆，人生地不熟的，一待就是好几年，家里人都怕她在那边不好，当时这个地方连男人都不敢去。30年前我教导她："家里这些事情你都看到了，你爷爷也是从很苦的地方做起，还常常烧茶水给路人喝；父亲很小的时候，提篮在轮船码头、汽车码头做小买卖补贴家用，穷人的孩子要早当家。"我以前在学校读书的时候个子比较小，有时候会被欺负，有两兄弟、三兄弟一起过来吵就没办法。我是独子，很多时候都要自己忍受。我的母亲也教我，不要和人家吵。这些情况我都会和女儿说的，她也经历了这么多年的风吹雨打，也是经得住考验，各方面也确实很优秀，所以让她当董事长是我经过深思熟虑的。

我对自己的孩子是严慈相济的，尤其是对自己孩子的安全问题，特别注意，当然企业对安全问题更要引起重视。举个例子，我的公司成立之后，就在温州黎明西路南站旅馆旁设立了办事处，办事处后面有两个房间，一个是办公室，一个是睡房，我睡在办公室，我女儿睡在隔壁睡房。因为这个旅馆的房顶上晚上很少有人走动，有时候我出去，晚上也回来得比较晚，我叮咛她一个人一定要注意，一定要听清楚是谁了才开门，不要随便一敲门就开门，万一遇见坏人就不得了了。旁边旅馆的服务员都说她可爱，很喜欢她。有时候看着服务员在那边干活打扫卫生，她要是闲着，也帮忙打扫卫生，所以那些服务员对她很好，时常拿一些水果和糕点给我们吃。我女儿那段时间在温州有五六年吧，口碑也很好。

我们在瑞安老家和别人相处非常好，和服务员也好，领导也好，邻居也好，都打招呼，态度很好，欢迎来，欢送去。

我的大儿子吴萍，对经商很有头脑。他在上海读大学的时候，起先做广告，后来还利用休息天时间跑到义乌小商品市场买小商品，拿到大学里卖给同学们，因为大学里的同学都来自五湖四海，购买量还是很多的，尤其是女孩子都喜欢。他就这样一直做着小买卖到大学毕业，大学的开销都是他自己赚的钱，而且还用自己的储蓄，在上海买了房。虽然房子只有几十平方米，大概也是 20 来万元。他已经是独立的。就当时来讲，人家的孩子还靠家里寄钱过日子，他居然能这么厉害，我对他是刮目相看，很是欣慰。二儿子吴雷是在浙江大学读书，当时成绩很优秀的，学校里有两万多人，设有 20 个奖学金，他每年都是拿奖学金的，而且是这 20 个奖学金里最好的，我也为他感到高兴。如果孩子不读书，老是打他骂他，是没有用的，要用心去教导孩子；我们也不能死读书，要去多实践。我就是通过自己的言行传递给他们，这就是我与子女相处的方式。

采访者：您认为您家庭的家风或者家庭中最重要的精神是什么？这种精神对您的子女和孙辈产生哪些影响？

吴永安：我们家的家风是热心助人、为人本分、勤俭创业。关于热心助人，前面我讲了，我印象最为深刻的是每到炎热的夏天，做木工的父亲会在村头烧伏茶，让路人解渴，我也经常会去帮忙。父亲的这种善举对我今后的人生之路产生很大影响。关于为人本分，我对子女的教育方式是"严慈相济"，帮助他们从小养成良好习惯，学会正确的处事方式。我和我的家人生活都比较本分，本分做人，不喝酒，不抽烟，没有沾上不良的习气。我的三个子女没有不良记录，而且都是先进、标兵、模范。关于勤俭创业，前面我讲了自己辛勤创业的事例，我平时也经常教育子女：创业要勤俭，不要坐吃山空，凡事要靠自己。我们都热爱学习，我的子女、孙辈学习成绩都不错。我们都比较孝顺。这种精神对孙辈也产生影响，我现在发现这些孩子都不错。

口述者———

俞　雄

俞 雄：
读书　慎行　清白　敬业　勤俭
——

采访者：郑重、曾富城
整理者：郑重
采访时间：2017 年 8 月 13 日
采访地点：温州阳光花园

俞氏家族全家福

口述者：俞雄先生，1933 年出生于瑞安，是瑞安俞氏家族第十代，长期在党政机关工作，退休后从事地方文史研究。瑞安塔儿头俞氏源于浙江绍兴，清康熙年间迁往瑞安，是一个书香门第家族。俞黼唐先生（1851—1921）是俞氏迁至瑞安后的第七代，自他起，家族开始形成"读书、慎行、清白"的家风。俞黼唐先生及其后人酷爱读书与学习，慎行、清白是他们作为知识分子的操守。家族的第八代中，俞春如先生（1887—1974）是一位对俞氏家风发扬光大的关键人物。他对读书写作，终生不倦；对清白家风，恪守不渝；他为人淡泊名利，安贫乐道，但怀有一腔爱国热血，具有强烈的责任感，在中华人民共和国成立后能够与时俱进，努力学习科学新知。为瑞安县政协三届常委，五届连选连任瑞安县人民代表。分类编目直至完成，这批书现成为玉海楼藏书的主体。家族的第九代中，俞大文先生（1909—2000）一生任教，擅长诗词书法，身上继续散发俞氏家风的清香。俞象川先生（1910—1986）是一位实业家，被称为瑞安近代金融业的先驱，他对工作十分敬业，有着实干、创新、开拓、担当的精神，在抗战时期为瑞安的经济发展做了许多贡献，因此俞氏家风又有了新的发展。家族发展到第十代，俞氏书香变成三缕：俞雄、俞海、俞光三兄弟共出版著作23种，传承了俞氏文脉。而家族的第十一代中，职业更加多样化，既有传承文脉的优秀作者，又有敬业奉献的公务员、获国家发明专利的科技工作者。2016年，俞氏家族成员通过在微信群上热烈讨论，确定瑞安大沙堤俞氏"读书、慎行、清白、敬业、勤俭"十字家风。其中，读书是主线，慎行、清白是为人处世的准则，敬业是落实处，勤俭是持家原则。

一　瑞安塔儿头俞氏由来

采访者：俞先生，您好！您出身瑞安书香门第，家族的历史非常悠久，有着优良的家风，感谢您接受我们的采访，请您先介绍一下瑞安塔儿头俞氏的由来和概况。

俞雄：应该先从家族的由来说起。我们瑞安塔儿头俞氏源于绍兴，是清代康熙年间从绍兴迁到瑞安的，到现在已经两百多年，开始迁过来的始迁祖叫俞维卿。俞春如的《拔贡卷》和他写的他父亲俞韘唐的行状，都有明确的记载："始迁祖维卿，康熙自绍兴迁瑞之塔儿头……上世浙江会稽人，有祖讳维卿公者，清康熙时迁瑞安东北隅，为瑞安人。"绍兴具体是哪一支？我们看到有一份材料，是俞昌泰写的《绍兴俞氏漫谈》，这篇文章里面说：清初18世纪，俞维新因为家口繁多，入不敷出，弃农经商，往松江贩布至温州，串家走巷，设店经管，家道渐丰。他这文章里面说的是俞维新，和俞维卿只一字之差，所以我们到绍兴查了俞氏宗谱，当时怀疑是谐音之误，但是没有查到能证实谐音之误的证据材料，也就是说证据还是不够。但是我们考虑按照这个情况，一定要下一个结论，好像也没有现实的必要。不过我们瑞安塔儿头俞氏家族从绍兴迁来，是有根有据，绝对可以肯定的。俞维卿之后的事，我的祖父俞春如先生在为他父亲写的《韘唐公行状》有记载：二世祖俞廷华"以商起赍，为邑富家"，历三四世，至五世进楠"则中落"。嘉庆年间，六世俞坤（月槎）"邑庠生，学行纯朴，乡里称之"，设帐于家，"被儒服不事生产，贫遂甚"。自月槎起"三世杏坛守青毡"。这是俞氏家风形成的基础。从他起，俞氏家族就是以教书为职业。俞坤在家里面教学生，他的出生年份都没有记载，他是俞君尧的父亲。迄今为止，俞氏家族迁到瑞安已经两百多年，到我这一辈，已是第十代。第七代俞韘唐分为两支：城区支（俞春如支）、廿四都支；俞春如支又分大文、象川两支。现今俞大文这一支后裔约24人、俞象川这一支49人、廿四都支约110人，共约180人。从第十、第十一代起，有的人已迁居北京、上海、杭州、深圳、广州。

二　俞氏家风的开创

采访者：您的曾祖父俞君尧先生是迁瑞第七代代表人物，请您介绍一下他的生平概况。

俞雄：俞君尧，字黼唐，习惯称俞黼唐，是迁瑞第七代。他生于清朝咸丰元年（1851），逝世于民国十年（1921），享年71岁。《黼唐公行状》中称："幼以窘故，令习鄙事，然不自暴弃，服劳之暇，必手一卷……数年间六籍皆成诵。"他的求学道路也是比较曲折的，因为家里经济不富裕，开始没让他念书，干些劳动，就是过去认为的"鄙事"。他不愿意自暴自弃，在劳动之余把书拿起来经常看，自学成才，学了几年之后《六经》都能背得出来了。有的时候，他的父亲叫他教学生，他也教得挺好。宗族里面有个叔叔叫俞成

俞黼唐先生

敖，他觉得这个小孩子有发展前途，不应该浪费人才，所以鼓励他，支持他读书。于是黼唐公就正式跟一位先生念了几年书，24岁补学官弟子，这是在同治年间。他52岁时是瑞安县学高等学官。

他的著作主要有四部。一是《周易讲义》，这是研究《易经》的。二是《禹贡说要》，这主要是研究《禹贡》的，这部著作民国九年（1920）在温州务本书局付印时失火焚毁。三是《河间诗存》，这是他一生所作诗的选编，一共选了120首。现在俞氏家风里面很多材料就是从他的《河间诗存》里面选出来的。四是《存古翼圣编》。"存古"是把古代的事情保存下来，"翼圣"就是保卫孔子的圣道，这是他的论文选集，里面有二

十几篇文章，我看了一下，三分之一是讲古文字学的，文字怎么写、字形怎么样、发音怎么样等，说明他在这方面的研究是颇有心得的。他后来有一个学生戴家祥是我国著名金文学家，他后来编成《金文大字典》似乎和这种启蒙影响是有渊源关系的。

黼唐公有很多学生，他的学生许仲笙、金镛举孝廉入仕，学生万友悟因黄绍箕①举荐，曾是清末大臣端方的幕宾。学生中最突出的有两人：池虬和戴家祥。

池源瀚②就是池虬，字仲霖，号苏翁，曾任福建平潭、松溪、崇安、山东阳信县知事，后来在永嘉行医，创办国医国学社。原来温州中医院院长任侠民便是池虬的学生。他曾为黼唐公《存古翼圣编》《河间诗存》作序。黼唐公也有几首诗是关于池虬的，比如《送池仲霖人都应试》《赠池仲霖》《余徒池仲霖》等。黼唐公是他的老师，他又是春如公的老师，两家为世交，长期交往甚密。现在他的后人和我们还有联系。昨天我发现池仲霖就是我一个侄子俞彪的夫人的外公，这个是亲上加亲。

还有一个学生是戴家祥，是我国著名的金文学家、华东师范大学教

---

① 黄绍箕（1854—1908），浙江瑞安人，字仲弢，号漫庵，黄体芳之子，光绪进士，选庶吉士，授编修，旋升侍讲，历任四川乡试考官、武英殿纂修，为清流健将。他与维新派首领康有为交往甚密，助其上书，极言时危，请及时变法。因遭到顽固守旧者的非议而有些畏缩。甲午战争后，他遂又与侍读学士生战甚力的文廷式等人上书抗议，严厉指出：《马关条约》割地赔款、丧权辱国。1895年11月，他参与上海强学会发起筹备工作，并与梁鼎芬等草拟章程。1898年，他被授为翰林院侍读学士，以湖广总督张之洞所著《劝学篇》进呈，奉命饬下各省督抚学政，广为刊行，实行劝导。戊戌政变后，他被升为左春坊庶吉士，派任京师大学堂总办。他自幼仰承父训，于书无所不览，其藏书处"蓼绥阁"有书1100余部，珍本亦有100余种。他逝后，藏书捐赠温州图书馆，有9295册。他的著作有《广艺舟双楫评论》《中国教育史》《鲜庵遗集》等。

② 池源瀚（1871—1947），名虬，字仲霖，晚号苏翁，浙江瑞安人，民国十八年（1929）归寓永嘉城区华盖山麓，建有倚山阁。宣统元年（1909）举孝廉，历任福建平潭、松溪、崇安、山东阳信等五县知事。因政事动荡，遂弃儒从医。平生博览群书，学问渊博，擅诗文、善书法，又精于医。他自山东南归后，曾题对联："山左返征轮，浩劫余生，云甓草堂温旧梦；海东盟息壤，活人有愿，兰台玉版讲传书。"夙志以发扬祖国医学为己任。1920年创办温州国医学社，行医讲学，桃李盈门，临证细心。生前黎明即起，朗读诗文，上午门诊，下午出诊，晚上讲学。他擅长温病，医名远播，著有《倚山阁诗文钞》《医苑》等十余种。

授，是我国自东汉迄今收集金文字数最多的《金文大字典》主编。这本书被列为国家"六五"重点科研项目，收录金文2661字，全书3册，5860页，历经16年辛勤编成，获得上海社哲优秀著作特等奖。他是黼唐公晚年的学生，《戴家祥自述》中提道："幼年读私塾时，老师是一位年已64岁，曾任瑞安县学堂学官的知名学者俞黼唐。"黼唐公的诗《主海安钱氏讲席感赋》《授书上田课余杂咏》，也证明他的确曾在海安一带任教过。戴家祥就是他在这里任教时教过的学生。

采访者：俞君尧先生哪些具体的事迹可以体现他身上重要的精神，请您介绍一下。

俞雄：我认为他最重要的有三点精神：一是读书，二是慎行，三是清白，都体现在他的《河间诗存》里面，《河间诗存》是很好的载体。俞氏家族自他起开始形成"读书、慎行、清白"的家风。

读书方面，《河间诗存》中有《读书》《河间读书乐》等诗。"日西追月到黄昏""黄卷摩挲争寸晷"等诗句是他对自己酷爱读书的形容。他把读书作为人生第一要素。《丝竹》这首诗里面写道："书读一生浑未了，日西追月到黄昏。"他觉得有的书读了以后还没有弄明白，太阳西落了还要追月亮到黄昏。《读书》这首诗里面写道："柔史刚经味有余，窗前绿满不曾除。"他自己专门读书，窗前青草都长满了。他的诗里面这些语句是很多的，这一切都说明他很酷爱读书。

慎行方面，他曾说："余生平不出勤学、慎行二义"。意思是我生平就知道两件事，一个是勤奋学习，另一个是慎行。慎行不是消极的，是积极的，有很高的要求。他在《励志》里面提道："持身圭璧已多年，岁月销磨志益坚……义路礼门凭出入，人情世虑概删除。"俞春如先生在为父亲写的《黼唐公行状》中记述："先考持正，不苟言笑，遇老农村民，与谈忠孝节义事娓娓无倦态。见有言不轨行不方之徒，虽非相识，而在稠人广坐亦严斥之无所忌。"《黼唐公行状》中还提道："我少岁读孔氏书，三复不释手，钻仰孔子，每饭不忘。曾入圣庙低徊久之……然我入世恨晚，不得孔子而亲师之，他日归真当行束修，谒孔子而受正焉。"这几句话把他性情耿直、明道自任和一个虔诚的儒家知识分子形象，描绘得淋漓尽致，入木三分。

清白方面，他有首诗是《四恶》，写道："余生平有深恶者四。"说他生平最讨厌的事情就是"四恶"。其中第一个就是攀附逢迎，拉拢关系，拍马屁，这是他很讨厌的。他在《暮年壮志》中说："我独行我素，不喜工趋附。"他在《咏怀》中说："何如拙守窗前草，不比逢迎陌上花。"他讨厌逢迎、拉关系。第二，他讨厌奢侈华丽，他在《咏家事》中说："多积黄金累子孙，奢华不系我思存。"奢华不是他想要的东西。他在《浪费》一诗中说："趋新世态务纷华，好似飞尘与散沙。"他觉得奢华就像散沙。奢侈的对立面就是安贫乐道，表现为：安贫乐道，倡勤俭家风。他在《家政》一诗中写道："安贫乐道此箪瓢，勤俭家风累世传。"他在《竹实》一诗中写道："清心寡欲品非常，修竹深林独主张。"第三，他讨厌词讼，在《词讼》一诗中写道："弄文弄墨弄乡愚，此笔从来最可虞。"《黼唐公行状》中称他："尤恶贪墨之官、刀笔之吏，以为若辈实扰乱天下治安，甚非国家人民之福。凡为儒者……若握三寸管剥人肥己，是民贼也。以故阅历数十年中，惟心织舌耕自给……而地方诉讼未有一与其事者，在官有司亦未尝有相与接见者。"他最讨厌的就是贪污官吏、刀笔之吏，所以他觉得这些人扰乱天下的治安，不是给予国家人民幸福，是"民贼"。他自己几十年在地方上从来都没有参与官司案件。他经常教育他的儿子："你也不要做这些事情。"他自己没有同当官的打交道，不屑与他们往来。清末瑞安的官场比较黑暗，他抱着深恶痛绝的态度。这就是他的三个精神：读书、慎行、清白。从他开始，俞氏家风逐步发扬光大，所以他是俞氏家风的开创者。

采访者：迁瑞第八代俞春如先生继承父亲衣钵，他是发扬俞氏家风的关键人物，请您介绍一下他的生平概况。

俞雄：俞春如先生，名煦牲，又字和卿，是俞氏迁瑞第八代。他对父亲的家风是发扬光大，身体力行的，是形成俞氏家风的关键人物。他生于清朝光绪十三年（1887），逝世于1974年，享年87岁。他在16岁的时候应童子试入庠。他22岁的时候，也就是宣统二年（1910），清廷举行拔贡考试，他荣膺浙江省第三名。当时的浙江省提学使批其拔贡卷："思清笔健，三艺一律。"浙江省巡抚批为："文笔清通，迥不犹人"；总批"合校诸艺，识解闿通，才华飚发，经经纬史，并擅厥长，信非疏陋剽窃者所能道其只字，隽才伟器，企予望之"。当时那种情形可以说是少年得志，意气风发。后来，他在《五十述怀》中写道："蜗角争名弱冠年，一鞭不肯让人先……探骊手欲珊瑚拂，徘徊金阙怅朝天。"他在《庚戌应试在京，瓯属同年相与摄影》诗中写道："同出风尘着祖鞭，汉廷对策欲朝天。短衫团扇前头坐，十七人中最少年。"当时在北京一起参加考试的温州人有十七个，他是其中最年轻的。

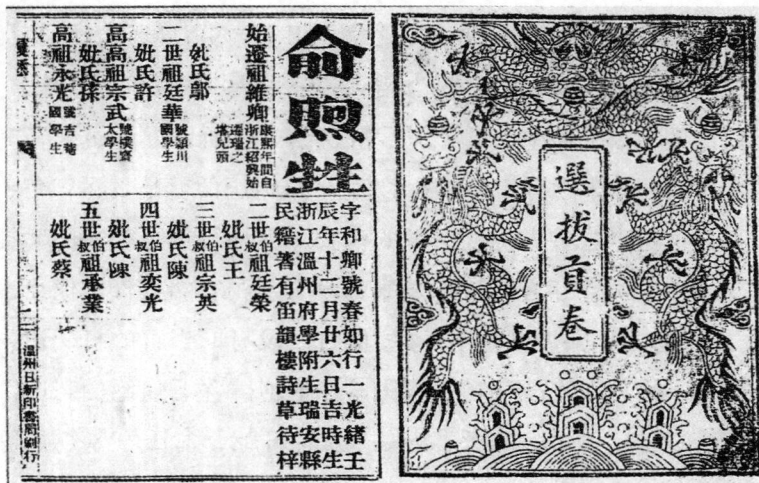

俞春如先生的选拔贡卷

　　第二年，也就是宣统三年（1911），他到北京参加礼部考试，当时给他分配的职位是直隶州判，是一个州里面第二位的官位，知州是第一位。因为宣统三年的时候辛亥革命爆发了，中国几千年的封建制度被推翻了，所以他这个官就没有当了。但是他思想很开放，基本上没有很大的变化，顺着时代的潮流，能够与时俱进，这是他很重要的一个特点。有些人因为自己官没得当了，就抵制民主共和，那就不对了。

　　民国前期，军阀混战，他绝意仕途，蛰伏乡里，一心从事教育。他在瑞安中学任国文教师多年，也曾在私塾、永嘉东山学社任教。

　　这里要提一下他在瑞安中学教书的情况。2017 年 7 月 19 日《温州日报》有篇文章《瑞安中学——百年名校的教育风范》是记者林慎写的，其中就提到俞春如先生。文章中说："从创办之初，瑞中便吸引了大批学者名师献身教育，成为群贤荟萃之地。当时温州地区最有造诣的算学家林调梅（学计馆首任馆长）；晚清文坛上杰出的剧作家和诗人洪炳文（方言馆历史、地理教习）；温州近代三大日记之一《杜隐园日记》作者张棡（文史教员）；浙江省首批文史馆馆员俞春如（国文教员）……一大批知名学者构筑起了瑞安中学丰博深邃的治学品格和科学严谨的学术精神，使当时的瑞安小城一度成为浙南教育文化中心，引领浙江教育文化的发展，甚至站在全国教育文化发展的高地之上。"

俞春如先生

　　采访者：俞春如先生有没有什么比较著名的学生？

　　俞雄：他的学生中有些是共产党员，比如瑞安县革命先烈林去病、郑馨、黄得中、张子玉等都是他的学生。还有中华人民共和国成立以后担任浙江省建设厅厅长的张忍之，也是瑞安中学第一批共产党员。

采访者：除了教书，他在民国时期还做了哪些工作？

俞雄：民国二十六年，也就是1937年，应瑞安县修志委员会聘请，他参编民国《瑞安县志》，承编"大事记""灾异""氏族""经籍"等卷。

采访者：中华人民共和国成立后，他担任了哪些职务？

俞雄：自1954年7月起，他当选瑞安县第1—5届人民代表，均连选连任，至1974年去世止。自1952年起，他连续被聘为瑞安县政协第1—3届委员、常委，兼任县政协学习委员会副主任、社会工作组组长。1953年，他被聘为浙江省文史馆第一批馆员，他是温州地区首批十人、瑞安最早三人之一聘书上有浙江省主席谭启龙的印章。文史馆馆员的工作地点就在家里，他把地方上的文史资料整理起来，一共向省文史馆送了二十几篇，这些都是用解放以后新的观点看过去的历史。比如《清末民初群众闹荒简况》《瑞安南北区与陶山事变》。他那时候还研究瑞安方言，作为一个老知识分子能做到这些，说明思想是开放的，他到民间去向农民搜集民间民谚，编了一本《瑞安方言》，现在从研究的角度看当时是很肤浅的，但是在解放初期一个老知识分子能带头干这种事情是很了不起的，是带头开风气之举。

他于1974年逝世，享年87岁。逝世时虽值"文化大革命"时期，但他作为一位能与时俱进的老年爱国知识分子，瑞安县委报省批准，成立治丧委员会，召开追悼会，瑞安县委统战部长亲致悼词。他的学生、解放前瑞中地下党第一任支部书记、时任浙江省建设厅长张忍之，也赠送了挽联。县里对他很尊重，报省里批准后召开追悼会，这在当时是很难得的。浙江省委批准，由县委群众运动办公室召开追悼会，县里成立治丧委员会，还送了挽联，追悼会上县委统战部部长致悼词，这些都是政府对他的礼遇。1996 年出版的《温州市志》、2003 年出版的《瑞安市志》，都为俞春如先生立传。2005 年，瑞安市政协文史委出版了我们俞氏后裔整理的《俞春如集》。

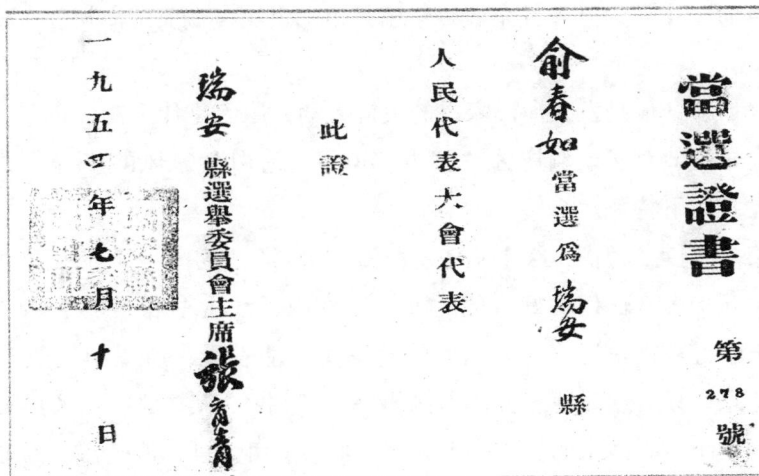

瑞安县人民大会代表当选证书

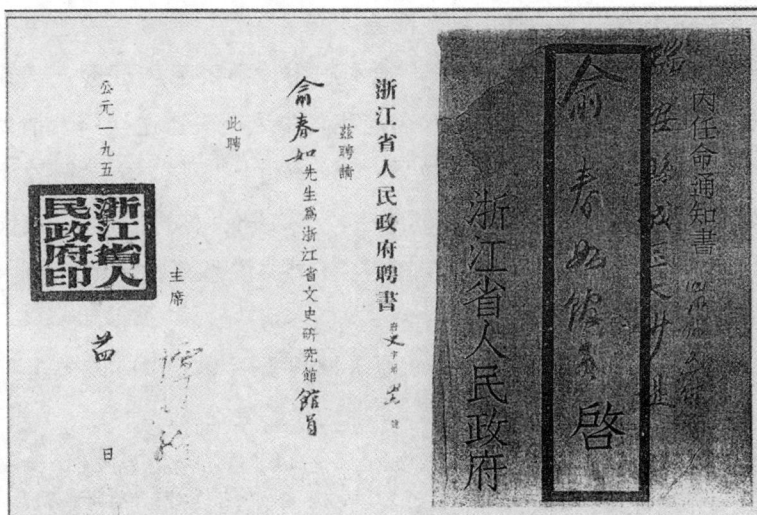

浙江省人民政府发的文史馆馆员聘函、聘书

采访者：俞春如先生有哪些著作？

俞雄：他一生主要著作有 10 种，有《春庐诗文正续集》《公余吟墨》《春庐诗话》《春庐文史稿》《易学发展史》《谈谈老子》《春庐读书记》《春庐丛脞录》《瑞安方言》《瑞安县一些地方史料》。除了前两种在"文化大革命"中散失外，其余收藏于温州市图书馆、瑞安玉海楼。

采访者：他是发扬俞氏家风的关键人物，原因是什么？

俞雄：他对父亲黼唐公"读书、慎行、清白"家风的宣扬，身体力行，尤具以下特色：

第一，读书写作，终生不倦。俞海曾说："他的一生，除了看书写作以外，几乎没有任何嗜好，他的书桌上堆满了线装书和很多手稿。晚年他的眼睛近视得很厉害，要紧紧贴着书页才能看见，所以中途要时常停下来休息，只有这时他才会踱出他的书房。"我的印象是：一张我父亲从永元钱庄闭歇时搬来的长 2 米半、宽 1 米半账房大桌，他坐在三方堆满高一二尺的书堆中，整日埋头读书、写作。他在《五十述怀》这首诗中说："爱向琅嬛福地行，不教本色负书生。老来未改丹铅习，南面还思拥百城。"他要做书的主人，就是这个形象。

第二，清白家风，恪守不渝。他不趋附，不羡荣华富贵，《五十述怀》中说："富贵看人镜水月，功名与我马牛风……迹避侯门羞请谒，缘乖贵客懒将迎。"他牢记父亲的教导："汝家世传忠厚，从无舞弄地方之事，汝切勿挟势弄文，累邦人而坏家法。"宋慈抱①称赞他："吾友俞君春如，笃行君子也。由科目出身，未尝与有司关说私事，日惟陈书讽籀为乐，仆甚佩仰之。"

第三，淡泊名利，安贫乐道。他考取拔贡后，本来应该去当直隶州

---

① 宋慈抱（1895—1958），字墨庵，号縠斋，少名阿育，浙江瑞安人，居瑞安县城西门外，博学通儒，文才卓越，经史诸子无所不通，骈文、散文、诗词等各体皆以工整典雅著称。他曾从游著名学者冒广生，备受器重。他毕生致力于教书育人、文史研究和古籍编纂等工作，是一位成就突出、著述斐然的文史学家。

判，因民国鼎革没有赴任，他淡然处之，便不再钻营，株守家乡，一心从事教育。他牢记父亲所教："为官最易坏人名节，汝才薄年轻，一入仕途恐失我清白家风。"他在《黼唐公行状》中也说："煦牲是以地方之事概不与闻，而就职家居，亦未尝出谋禄养，盖不敢违先考以获戾也……虽清贫，布衣蔬食处之晏然。"他的一生安贫乐道，粗茶淡饭，怡然处之，他在《五十述怀》中有首诗："不为服官增惆怅，年来学易识穷通……长安棋局频迁换，旧物依然子敬毡……风流岂敢贪名字，粗粝何嫌作腐儒……菜根咬得真多味，任听腥鲭笑五侯。"

第四，爱国情怀，长在心中。对军阀长期混战、涂炭生灵，他极为厌恶。《丁卯除夕感怀》中说："国事廿载间，弈棋无定局。武汉起风云，天地失亭毒。健儿好弄兵，耽耽逐其欲。杀气贯四时，伊谁调玉烛……我今念及兹，忧喜乱心曲。"

抗日战争爆发后，他的《抗战歌》慷慨激昂："环顾国中，敌骑所至成焦土。家室流离，骨肉可怜沟壑委。……畏缩若不前，何能得生理？……誓灭楼兰，歼其封豕，报赐之师当如此。寇深矣，剑及履及何可矣？须致死！须致死！……安可含垢而忍耻？……逐日极须拂衣起；能输财者尚源源，巾帼亦当脱簪珥……我糈既足我垒坚，敌忾同仇我与子。勿诿匹夫责，勿嫌肉食鄙，勿作身家图，勿掠他人美。彼为角兮互为犄，持之久兮示之死。寇深矣，毋萎靡！毋萎靡！"这一时期，他敬佩戚继光，他在《读明史·戚继光传有感》中说："吁嗟乎！堂堂中域岂无人……小人皇皇谋朝食，大人耽耽逐肉食。偷生翻作燕处堂，攘臂怯同螳螂当……吾慕戚继光，军声震寰宇。南折倭寇北慑胡，壮哉英雄能用武……嗟吾握兵人，相当分旗鼓。勿作阋墙斗，同仇御外侮。倭夷寇已深，杀敌须抖擞。胡迹未扫尘，室家亦何帚。"他严厉谴责"攘内不攘外"，揭露"耽耽逐肉食""攘臂怯同螳螂当"，正义凛然，洋溢着民族大义，句句是对当权者的沉痛鞭挞。温州、瑞安沦陷光复后，他有一篇《过城市感赋》："冬来春往别城垣，一载沧桑怕溯源。幸见玄珠还合浦，尚惊鸳鸟过天阍。开心市井翻新样，饮恨闽阁有劫痕。何日鲸鲵行大戮，荒江长许话琴樽。"诗中，喜、悲、惊、恨、盼五感交集，一片爱国情怀跃然纸上。

第五，与时俱进，老而益壮。他在《接政协及人民代表开会通知感赋》里面写道："几回浪作代言人，何补苍生已老身。不弃樗材仍入选，感恩只是国翻身。"这是他感恩之心的自然流露。

《俞春如先生事略》里面写道："自任社会工作组长后，即吸收社会人士组织学习会，学习政治，每周开会讨论，十几年寒暑无间。"《参加政协学习有感》里面写道："不忘鲁论义开宗，兀兀随年兴倍浓。孤陋原来非独学，析疑益友喜相从。"这表明他关心政治、学马列"兴倍浓"。

他热心桑梓，虽然年已花甲，经常参与社会公益活动，老而益壮。他与宋慈抱、李孟楚等十几人，对从土改中没收所得及搜罗的私家书籍，从夏到秋，冒烈日全部摊晒，整理、修订、分类编目直至完成，这批书现在成为玉海楼藏书的主体。他所提的《在城区筹建自来水》《建大沙堤菜市场》等人代会提案，实施后至今造福于民。

俞春如先生追悼会（1974 年）

他作为老知识分子想努力跟上新时代，阅读社科新书，并订阅《光明日报》。他以唯物、阶级观点，撰写《清末民初群众闹荒简况》《瑞安人民反帝斗争》《瑞安南北区与陶山事变》等地方文史资料。在 20 世纪 60 年代，他整理《瑞安方言》，搜集农事谚语，走出书斋，努力走向工农。他的新著《易学发展史》《读〈易〉笔记》等，都融入许多科学新知，很带有 20 世纪 50 年代初期那批老知识分子试图对传统文化进行现代阐释的探索特点。

三　俞氏家风的新发展

采访者：俞春如先生生活的年代跨度很大，是发扬俞氏家风的关键人物。到了迁瑞第九代，俞氏家风又有了新的发展。请您先介绍一下俞大文先生的生平事迹。

俞雄：俞大文先生是俞氏家族迁瑞第九代，是俞春如先生的长子。他生于清宣统二年（1910），逝世于 2000 年，享年 91 岁。他曾任瑞安县第 2—6 届县人大代表，入编李淳的《瑞安文化名人》一书。俞春如先生有两个儿子，大儿子俞大文，老二俞象川，俞象川就是我的爸爸。他们都是生在清末，也就是清朝快要灭亡的时候。俞大文也是教书的，他的文化程度也不是很高。因为经济不是很宽裕，俞春如先生在两个儿子中，只能培养老大，让他去念中学，实际上他中学只读了一年，家里没钱了，就没读了。当时他是考上了浙江省立第十中学，就是温一中。他的同学里面有一个人叫苏渊雷①，很有名。在他晚年的时候，苏渊雷同他往来很密切，互相唱和。苏渊雷有诗书给俞大文，俞大文也有诗写给苏渊雷。

---

①　苏渊雷（1908—1995），浙江省平阳县玉龙口村（现属苍南县钱库镇）人，原名中常，字仲翔，晚署钵翁，又号遁圆。他专治文史哲研究，对佛学研究独到，尤洞悉禅宗。中华人民共和国成立前，他曾任上海世界书局编辑所编辑、中央政治学校教员、立信会计专科学校国文讲席、中国红十字总会秘书兼第一处长等职，1995 年去世前为上海华东师范大学教授、中国佛教协会常务理事。

俞大文的书法很好，魏碑，篆文、行书都会写，各具特色。

他的诗从 20 世纪 60 年代开始到后来，保存下来的有 1845 首。他有两首诗《北雁行》和《孔繁森赞歌》得了全国诗词大赛佳作奖。所以，他在温州诗词学会当顾问，在瑞安诗词学会也当顾问。他的学生有两个比较突出，一个是郑熹，在台湾，俞大文 90 岁的时候，郑熹画了一幅画，祝俞大文先生 90 大寿。还有一个学生叫黄焕森，现在已经 90 来岁了，曾任中国大百科全书出版社编审。前几年，他写了一篇文章，感谢他的三位启蒙老师，其中俞大文就是一位，发表在《瓯风》杂志上。俞大文的一生从事教育，擅长诗词、书法。这就是他对俞氏家风的继承。他的特点是：

第一，一生任教。他有一首诗："清白家风传砚田，杏坛三世守青毡。门墙桃李叨称许，鸡肋生涯奈足怜。"又有一首《粉笔生涯》诗："孺子耕牛劳半世，门墙桃李岂三千？"他逝世十年后，在 2010 年，年已 90 岁、曾任中国大百科全书出版社编审的学生黄焕森，撰文"衷心感念使我受到良好启蒙教育的三位恩师……俞大文先生"。他在文章中提道："我在瑞安西南小学读五年书，教我国语的有多位老师，只记得俞大文先生一位。大约是我读高小二年级时，他来教我们的，早几年他就来校任教了。词学大师夏承焘教授说过，用瑞安话朗诵古诗文最为好听。俞先生教我们古典诗词课时，解释完诗词句子以后总是让我们学生跟着他一句一句地有节奏地高声朗诵。他用瑞安话朗读古诗声音洪亮，抑扬顿挫，富有韵味。他还要求同学背熟全文。于是，校园内常闻琅琅书声。至今，我偶然也读些古典诗文消遣，有时用普通话，有时用乡音瑞安话，总觉得还是乡音顺口，读着读着，俞先生教我读诗的情景就会浮现出来。"

第二，他酷爱诗词。他是温州市诗词学会顾问、荣誉理事、瑞安市诗词学会顾问。一生写诗近两千首，著有《癖鸣吟稿》《有闻诗词》《忆菊庐吟稿》《忆菊庐鸡肋集》等。温州诗词学会会长张桂生同志评价："俞大文的诗词造诣已达到炉火纯青境界，堪称瑞安文坛泰斗，东瓯诗坛耆宿。"

俞大文先生的作品《北雁行》

俞大文先生晚年照（1989 年）

张桂生同志与俞大文先生合影（1995 年）

第三，他擅长书法。习魏碑，工篆隶，能钟鼎，行书苍劲有力，书法功底颇深。在他身上继续散发俞氏家风的清香。

采访者：您父亲俞象川被誉为近代瑞安金融业先驱，请您介绍一下他的早年经历。

俞雄：我的父亲俞象川，是我爷爷俞春如的次子。他生于清宣统三年（1911），逝世于1986年，享年76岁。由于家境不宽裕，俞春如先生只能培植大儿子读书，我父亲则被送去当学徒，16岁进永元钱庄。钱庄开在瑞安城内大街闹市区，三年学徒期满，因办事干练、忠诚可靠，为店主徐远山所赏识，擢升为钱庄掌柜，兼丰和酱园会计。

1935年年初，浙江省地方银行打算在瑞安筹建办事处，便从瑞安钱庄中物色筹备人选，选中了我父亲。我们家没有什么关系、背景，就是靠父亲这个人忠诚可靠、办事能力强。据父亲回忆，那年春末，应浙江省行总经理徐恩培之邀，他偕同温州分行经理李惠衡、瑞安县金库主任汪周之去杭州，商谈筹建瑞安办事处事宜。到杭州后，他们拜访徐恩培总经理，汇报有关情况。此后徐恩培又数次单独接见我父亲，对他所撰的调查报告《瑞安经济生产调查》倍加赞许，详细询问瑞安一带的生产及民情等，并告之他们回去后立即着手筹备瑞安办事处。我父亲在杭州逗留3周，仔细考察省行的业务情况，对筹建之事胸中初有成竹。回到瑞安后，又经过数个月的具体准备，1935年10月，浙江省地方银行瑞安办事处在县城小沙巷口宣告成立，这是瑞安历史上第一个近代官办金融企业。年轻的父亲，被任命为主任，平步青云，脱颖而出，成为瑞安近代金融业的先驱。浙江

俞象川先生

省地方银行瑞安办事处有5人，我父亲任办事处主任。经营业务主要为存、贷款、汇兑，后来又接收县金库的业务，就是管理瑞安全县的财政、赋税、县政府各部门的经费收支、出纳等。

采访者：请您介绍一下您父亲在浙江省地方银行瑞安办事处的工作经历，他为瑞安经济发展做出哪些贡献？

俞雄：浙江省地方银行瑞安办事处成立后，在日寇侵略日深的情况下，困难重重。他当办事处主任是从1935年10月份开始，到1943年结束。这段时间正是日本侵略中国越来越厉害的时候，当时瑞安的经济因为日本的侵略面临很大的困难，日军把东南沿海全部封锁了，瑞安的土特产品出不去，外面的原料进不来，所以瑞安经济、工农业生产都遇到很大的困难。这种情况下，父亲依靠他的敬业、实干及开拓精神和卓越

才能，银行越办越好，为瑞安经济发展做出重要贡献，主要有这么几点：

第一，资金奇缺，打开局面。办事处成立之初，没有固定资金，靠以收抵支，透支部分报市行拨款弥补。在他努力下，想方设法发动全县各界踊跃存款，很快打开局面。

第二，白手起家，建起大楼。因原店面过于狭小，难以拓展业务，他巧出"双赢"办法，与在上海开商行的瑞安人何洛夫协商，请他将大沙巷口的几间店面及火烧地拆建成二层洋房出租给办事处，议定建成后月租30大洋，这是作营业大厅和办公用房，并新建钢骨水泥库房，共占地近两亩，在当时瑞安城内颇具气派。

第三，他具有开拓精神，克服战时困难。1937年7月卢沟桥事变后，日军封锁我国东南沿海，瑞安全县经济受到沉重打击。当年，办事处存款总额从上年的1506万元急剧下降到912万元。在日寇封锁沿海、温州遭三次沦陷、狂轰滥炸情况下，他把银行方向转向农村开拓。1940年间，他带领大家调查瑞安江南、陶山甘蔗种植及制糖业、农村奶牛饲养业等情况，在此基础上执笔撰写《瑞安农村经济状况报告》，建议设立农贷所。报告经温州分行批准，办事处在海安所、塘下、林垟、仙降和陶山5处建立农贷所，使农村信贷业务迅速扩大，抵押品有油菜籽、槐豆、茶油、菜油等。他还及时开办"青苗贷款"与"农产品封仓保管放款"两项业务，又将工商界急需解决的货物堆栈建设，作为贷款主要投向，迅速扭转存贷额急剧下降局面，使银行越办越好。据民国《瑞安县志稿》记载：1936—1941年办事处的存款总额由1506万元提高到6530万元，贷款总额由2286万元提高到8824万元。办事处还热情细致地为用户办理汇兑业务，1936年全年汇出总额1303万元，汇入总额6471万元；到1941年，分别提高到18544万元和12529万元。1936年，我父亲作为金融界代表被选为瑞安县商会理事。1938年经营额接近战前水平；1942年创办事处建立以来历史最好水平。

第四，国难当头，为公忘家，保护银行财产安全。1941年4月19日深夜，日军为掠夺战略物资，侵犯瑞安。接到警报后，我父亲通知办事处全体职员及挑夫迅速集中，将现金、账册和贵重物品连夜整理装担，转移出城。他只派一名工役来通知家中，叫我们分散出逃。父亲他们先撤离到瑞安城北山上，原来打算向陶山方向撤退，后来听说陶山方向已出现日军，临时改变计划，折向南面渡江到马屿，再经平阳坑、高楼到百丈漈，徒步行走 100 多里路，终于保住银行资产不受损失。据我回忆，途中我父亲被持枪的兵痞扣押，勒索军饷，但他不顾个人安危，尽力周旋，始终不允。那天父亲身上发烧，头上盖着毛巾，躺在一张靠背椅上，周围围着持枪兵痞，都是拿枪的兵痞，过来要钱，他们说："我们没有饭吃了，国家要给我们钱。"而我父亲坚持原则，软的拖，硬的顶，总算把事情应付过去了。

而我们住在廿四都那个地方的时候，遇到过土匪抢劫。一天，土匪夜里来敲门，后来进来一些人，都是脸上画黑了的，来抢东西。我父亲带着我逃到后面的牛栏里。这些磨难都是我们亲身经历过的，但是我父亲保住国家的财产没有受损失，这也是他有爱国心的实在表现。

1941 年，日军退去后，浙江省行决定将办事处升格为省直属支行。支行下辖平阳、鳌江、泰顺办事处及大峃分理处。1942 年，银行的存、贷、汇兑总额进一步增至 47027 万元，主要业务指标均创历史最好水平。随着业务和机构扩大，业务人员很缺乏。我父亲决定在瑞安公开招收 10 多名年青职员，亲自帮带，精心培育，并在瑞安最早推行新式会计簿记。

1942 年 7 月 1 日，南京国民政府财政部发布《统一发行法币办法》。1943 年的一天，父亲他们突然接到温州转来的总行密电，要他们立即收缴伪中央银行发行的"七版券钞票"，并限于当天收兑结束，逾期不予兑换。消息传出，来银行兑换的群众络绎不绝，到了兑换期限的最后一天那天下午，银行都关不了门，外面排队的人很多。我父亲当时出于照顾地方父老利益，就打电话请示温州分行负责人，要求延长兑换时间，但被拒绝了。无奈之下，他自作主张，把当天银行下班时间延长 3 个小时。

结果这个事情后来被上面批评了，认为他的做法不对，他被降级调任浙江省地方银行海门办事处主任。瑞安银行当时是比较大的，等级比较高，而海门办事处在台州那边，当时是很小的，所以他就于1944年年初辞职回到温州。1944年3月，父亲与温州的王鼎元、奚百里等人合股创办温州中华铸字制版印刷厂，他任经理。他在温州最早引进制版和铸铅字技术，使温州印刷业发生革命性变化。这些都是开创性的。但是在1944年下半年，温州很多地方又成为日军沦陷区，他就把厂搬到平阳去了，这也是出于爱国心，因为他不愿意把厂办在日军沦陷区，所以后来厂就倒闭了。在这之后，他又回归他的老本行，办了一个钱庄。1946年年初，因为他熟悉金融，在瑞安县与沈觉夫合股创办的益泰钱庄任经理。1947年上半年，又在温州林某创办的信孚钱庄任经理。1948年瑞安县商会改选时，他再次当选为理事。后来他又在光安火柴厂当会计，同时是厂里的顾问。

采访者：请您谈谈他在中华人民共和国成立之后的经历。

俞雄：1949年以后，他在瑞安的通济轮船公司当会计，通济轮船公司的轮船主要是瑞安与温州来往的轮船。后来公私合营以后，他就成为国家干部了，再之后他就从通济轮船公司调往温州地区航管处，后来调到温州市交通局当会计，再后来调到温州港务局担任主办会计。所以他当会计是很内行的。他这个人工作是很敬业的，基本上全身心都投入在工作上，一整天都在工作，经常为了完成工作不眠不休。长期住在办公室后面数平方米的小房间里，常常工作至深夜，很少回瑞安的家。因为他工作积极，所以多次被评为先进工作者，1958年还曾被评为温州市先进工作者。温州在江心屿有一个工人疗养院，只有劳模才能进去疗养的，因为他是温州市先进工作者，也能进去疗养。他算盘打得是很快的，算盘一次打下来，从来不出差错。所以，温州港务局领导到省里开会都带他一起去，他对业务精通，人称"活账本"，港务局里一年有多少收入、支出都在他心里面，都能马上报出来。他还热心培育青年财会人员。他以工作认真负责和出色的业务能力，基本上年年被评为单位乃至温州市先进工作者。后来在"文化大革命"期间，他也受到了一些冲击，因为他在旧银行里当过主任，又办过厂，被归为资本家一类，所以当时说他混入了革命队伍。但是最后平反了，他退休时65岁，也是作为干部身份退休的。

我父亲能成为瑞安近代金融业先驱，归根一点在"敬业"。他身上体现的俞氏家风，和前两代从根本精神上是一致的。前两代以教书为业，"敬业"突出表现为读书著述；他是实业家，突出表现为"敬业"精神，亦即实干、创新、开拓、担当精神。实干是敬业的必然表现，开拓更是实干的延伸和升华。这构成了俞氏家风，到了我大伯、父亲这一代的新发展。

采访者：能否讲一讲你们俞氏"十字"家风中"勤俭"家风的由来？

俞雄：这个"勤俭"家风也源自曾祖父黼唐公《河间诗存》，里面的《家政》诗便有"安贫乐道此箪瓢，勤俭家风累世传"。这说明"勤俭"家风与他的"安贫乐道"人生观分不开，是由此派生而来的。此诗中还有"庭有芝兰联玉树，荆钗裙布亦称贤"。在曾祖母去世后，另一首悼念诗《咏内人》："锦瑟回头痛断弦，每思冷暖泪潸然"的注中，他注"内人胡氏有懿行，善治家，余以是无内顾忧。"这两首诗联起来，也说明曾祖母的"称贤""有懿行"中，明显是包含"勤俭"家风在内的。

至于后来，我母亲金孟英更是我辈所见俞氏"勤俭"家风的典型代表。她真的是"孝、慈、爱、勤、俭、明、和"七字齐备，而且字字都有十分突出、极其令人难忘的事例。

她对上"孝"，对下"慈"，对家"爱"。祖母因青光眼治疗不及时，双目失明，时时刻刻需要人照顾，母亲悉心照料她的吃饭、穿衣、洗澡、上厕，从无怨言，一干就是18年。接着，父亲又患上帕金森病，全身佝偻，骨头僵硬，母亲没日没夜给他煎药、按摩、翻身、洗理，又是十年，直到父亲去世。我女儿小萍三岁时，患急性肝炎，住隔离病院，母亲毫不顾忌自己被传染的危险，也住进病院，悉心照顾三个多月，直至病愈出院。

她既"勤"且"俭"。解放后，父亲长期在温州工作，工资也不高，为维持家庭生计，家庭经济拮据，需省吃俭用，都需母亲来操持，她是我们这个大家庭的主心骨。母亲在门口炸弹废墟上辟出菜园，种高粱、芝麻、蔬菜；在院子里担土搭棚，种起南瓜、丝瓜、白银豆；家里还养了猪、鸡、鸭。她还和邻居摆了个米饼摊。她平日除照料全家九口的衣、食、洗涤外，总是一整天没闲着，纳鞋、织毛线，还给芝麻除枝、去杆、剖丝，搓麻绳。春天芥菜上市，她借板车，买来一大车芥菜，洗净、切碎、腌制、晾晒，我们家的院子成了"芥菜世界"。秋天鱼汛期，黄鱼便宜，一角一斤，她买了许多，斩头、腌制、晒黄鱼卷，还炒少许鱼松供祖父母佐餐。年年如一日，为这个大家庭终日操劳，她的手掌变糙变厚，每到冬天，手背肿得像个馒头，皮肤裂缝，渗出血水。

她大事"明"，邻里"和"。母亲对国家大事从不含糊，解放初她把自家最好的正间腾出给解放军伤病员住，抗美援朝捐献飞机大炮，她把家里房门上仅有的铜把手卸下拿去捐献。后来她还当上居委会主任、人大代表。她与邻居关系融洽，亲如一家，近邻赛远亲，小孩似兄弟。住温化生活区时，左邻右舍好像有了一位大管家，白天他们上班了，晒在外面的衣服，不用担心刮风下雨，母亲会及时给收拾料理；有的早上匆忙去上班，买好的菜篮子会先放我家，下班来取时，母亲早已给洗干净了；有的晚上临时加班，会将小孩先放这里，母亲会代为照料；白天哪个人家有客人来，送什么东西来，她都会接应，安置好。她的乐于助人，使她赢得大家的尊敬和爱戴。母亲生于清宣统三年（1911），卒于2004年3月，享寿94岁。她也是俞氏家族的长寿老人之一。

采访者：请您谈谈俞氏家族迁瑞第十代的情况。

俞雄：2006年2月12日，《温州日报》以整整一个版面，刊登了记者南航《一座书香门第的前世今生》采访报道，称"在瑞安著名的孙、黄两大家族宅院中间，有一条名叫大沙堤的巷里，也曾毫不逊色地飘出一缕书香，历经五代人的酿造，弥漫了一百多年……到了第四代俞光、俞海、俞雄，这一脉单传的书香被酿出了三缕……这个家族不仅有'兄弟作者'，还有'祖孙作者'、'五代作者'"。他说："在我市，三代作者已属不易，五代作者不说绝无仅有，至少极其罕见。"这篇文章获当年优秀副刊二等奖，在温州地区产生较大影响。

我、俞海、俞光三兄弟，共有著述30余种（已出版23种），600余万字。我们三兄弟职业不同、经历不同，但相同的却是退休后都回归书斋，从事学术或文学。这必有其因，这个原因只能用家风熏陶来解释。

采访者：您是俞象川先生的长子，请您介绍一下自己的经历。

俞雄：我于1933年出生，读小学时正处在抗战时期，先后读过瑞安城南、海安小学、瑞安县小，初中在瑞安中学就读。后来我考上温州中学高中部。解放前夕读温中高二时，我参加了地下党外围读书会，投入学生运动。解放后长期在党政机关工作，任温州市团市工委学生部干事、温州市法院秘书科长，温州市委秘办副主任、鹿城区农委调研科长等职。我在机关里工作了42年，56岁提前退休，被邀参编《温州市志》，负责工业方面《机械工业志》《化工志》《电力志》等14卷的编审，一共编了6年，逐步走上地方文史研究之路。我在退休以后这20年，一共出版了6本书。第一本是《温州工业简史》，这本书是与俞光合著的。这是温州市第一本有关工业历史的书，填补了温州市这方面的空白。这本书实际上是我参加编写《温州市志》的副产品，因为在编《温州市志》的时候我看了很多档案，到温州市档案馆里，把温州解放以后所有工业档案

396 卷全部看完了，发现里面有许多很重要的史料，在编入《温州市志》时会受篇幅限制，所以后来就自己写了《温州工业简史》这本书。

第二本书是《张棡日记》，这是温州近代三大日记巨著之一，编这本书是因为当时温州市准备编一部温州文献丛书，想把这本《张棡日记》也列入。因为我对这本书有点研究，写过《张棡杜园日记的史料价值》论文，所以让我进行整理。这就是我的第二本书，经我整理选编，最后被列入温州文献丛书。

第三本就是《骄鸥远影》，实际上这本书是记载温州百年来的学人，温州大学当时的校长谷超豪提出温州向来有重视地方学术史资料整理的优良传统。我当时读了孙诒让的《温州经籍志》，它只录到清道光为止。于是我就想把它续下来。时值世纪之交，我便搜集资料，以 20 世纪温州学人为主题，选择了 124 位，记录他们的学术业绩，实际就是一部 20 世纪温州学术史的缩影。

然后接下来有三本书，集中于对瑞安三位历史文化名人孙诒让、陈傅良、叶适的研究。其中叶适祖籍浙江龙泉，出生成长在瑞安，晚年在温州。

一本是《孙诒让传论》。我当时发现全国还没有什么人对孙诒让的专著进行研究。我是瑞安人，觉得我们地方上出了这么一个文化名人，作为后学，我要去研究他，给他出书，这是应该尽的责任。出这本书我花了三年时间，后来复旦大学教授、博导、中国哲学史学会理事潘富恩评价《孙诒让传论》时称它为"目前所见关于孙诒让研究的颇具特色、较为系统、全面而精详的上乘之作"，"能详人之所略，有发人之未发的独到之见"，"有独具一格的论析特点……自成一家言，对孙诒让研究有更高层次的新突破"。这本书是温州在孙诒让逝世一百周年的时候，作为向孙诒让的献礼，市社科联在温州湖滨饭店为这本书举办了首发式。后来我知道我这本书在全国是第二本，还有一本山东大学李海英的《朴学大师：孙诒让传》，它的出版时间比我这本早几个月。

俞雄、俞海、俞光应邀参加温州市社科界纪念孙诒让座谈会（2008 年）

　　一本是《陈傅良传论》，这本书是瑞安社科联资助出版，浙江人民出版社出版的。

　　再一本就是《叶适思想论稿》，主要是研究叶适的思想，只研究这一个方面，其他生平事迹就没怎么提到了，这本里面也有一些新的观点。比如南宋思想史学家、杭州师范大学副校长何俊，他对这本书评价也挺高的："先生据水心《序目》而细论之，不仅路径非常正确，而且补学界之空白翻阅更知先生用功甚勤，立论有理有据，诚当敬佩。"但他也提出"是否定为'反理学'，或可再酌"。温州地方史专家、原温州医学院纪委书记徐顺平赞《叶适思想论稿》："深究叶适之学，突破樊篱，新开境界，功大矣。"

　　我退休以后就写了这六部著作。2012 年 6 月 21 日《温州都市报》在"温州学人访谈录"专栏中发表了记者金辉的一篇报道，题目是《俞

俞海先生和俞雄先生出席纪念陈傅良诞辰870周年暨永嘉学派学术研讨会

雄——不读百书不动笔》。我在研究孙诒让，写他的传论时，确实花了很多时间读古文字学、训诂学等一些书，为此翻阅参考了108部书。写陈傅良资料少一些，只看了三四十部书，写叶适也看了一百来部书。

这6部书的出版费用都是公家给我资助的。还有四部书稿如《周礼新论》《读〈尚书笔记十三篇〉》等还没有出版。

采访者：请您简要介绍迁瑞第十代中俞海、俞光等人的情况。

俞雄：我的弟弟俞海出生于1936年。1951年，才16虚岁的他，刚瑞中初中毕业，是少数几名免试直升高中的学生之一。为响应抗美援朝，他毅然决心投笔从戎，报名参加军干校。接着，他被分配到海防前线的福建军区司令部为报务员。他在部队入了团，参与了1952年解放东山岛战斗的无线电通讯联络。他在1955年复员，回瑞复学读高中，在校为团委委员，获得"瑞中优秀学生"奖章。1958年高考时的极"左"政策，因为舅父的社会关系，他未高考便被拒绝于高校门外，下放农村劳动。同年的教育"大跃进"，瑞安也大办"工学院"，他又被

第一个召回任代课教师。1959 年至 1961 年，他先后被派赴省技工学校进修"车工工艺学"，派赴杭州工学院进修"理论力学"和"高等数学"，又被派赴浙大进修"材料力学"。在这个过程中，因国家贯彻八字调整方针，先是工学院被调整为瑞安技工学校，最后被撤销解散。在面临去文成机械厂和回瑞安待业的两项选择中，他又回瑞安，最后被安排在县广播站为线路工。这时他虚岁 26 岁。他这 10 年的人生，道路坎坷崎岖，兵、农、教、工都做过。这一番兜兜转转到了广播站当线工后，又当过会计、广播员、助理、编辑。但他的顽强奋斗精神不变，从业余时间考试，写一些短诗开始写散文、写报道，坚持不懈。在文学的道路上努力耕耘，终于取得了成绩，直至步入文坛之后，才充分显露出他的文学才华。1984 年，他被调至文联工作，长期担任《玉海》的主编，文联副秘书长。他为培养文学新人倾注了大量心血，曾获"庄重文学奖"和"浙江省五个一工程奖"的知名女作家钱国丹致为"启蒙"。1989 年，他被选瑞安市文联副主席，还曾任温州市文联委员、温州市作协理事。退休后，他曾任瑞安玉海文化研究会首任会长，2012 年被授予瑞安市文艺事业突出贡献奖。他的散文《柿子红时》，在 1991 年被《人民文学》发表。1982 年《散文选刊》8 月号曾以俞海散文 5 篇，刊出俞海"散文特辑"。著名文艺评论家、浙江大学中文系主任骆寒超，评价俞海"是在这一股热潮中涌现出来的散文新家……他孜孜以求的是对现实人生作细腻的叙写中，让人情味升华到了乡土之美、生活之美和情操之美……俞海的散文能给人颇强的审美感染力……语言的平实、朴素里有一种光彩在隐隐闪烁"。中国作家协会副主席叶文玲评价："生活如斯，爱心如铸……生此感慨，缘是在看了俞海的一些散文作品之后……因精力所限，目光难及，我常常只能顾及近边的、熟悉的文友而疏漏了不常交往的，俞海便是这样被我疏漏的一位……作家毕生的劳动就像一条蚕……俞海当然也是这样一条蚕，这是他结出的一个鲜亮的茧。"俞海的作品有《心旅》《明月共潮生》《坐对青山》《五月桃花水》；校注出版《集云山志》及主编《瑞安历史文化品读》《李竺诗文选集》等十多种。他已出版的作品除散文外，还有报告文学、小说、影视剧本等。中篇影视小说《琵琶记》，以南戏之祖高则诚为主题，国家一级作家、台州文联常务副主席钱国丹称赞它"犹如悠悠南曲，一曲唱罢，余音绕梁，久久不绝"。与人合作的电视剧《明天的太阳更美好》，由中国儿童电影制片厂摄制，中央电视台播出。

俞光，1945 年出生，浙江大学毕业，读的是化工专业，后在机关工作，曾任瑞安市科委副主任、物资局副局长，退休后仍然回归文史。他已出版的专著有《瑞安经济史》《温州古代经济史料汇编》《温州经济史话》等 5 种。其中《温州经济史话》获 2014 年度全国优秀社会科学作品普及奖。原浙江省社科院历史研究所长、浙江省经济史学会会长的陈学文，评价《温州古代经济史料汇编》："具有较高的学术价值，是吾省第一部地区级古代经济史料汇编，是一部很有价值的资料集。""除正史、方志、文集、别集外，还注意到了碑铭，谱牒等有价值的史料。全书收集了史料 1471 条，861 目，可谓丰富周全。"并指出"有些书不易见到，如汪道昆《太函集》，李鼎的《李长卿集》等文献很有价值"。"永嘉《胡氏宗谱》对胡永发兄弟栽靛的史料，瑞安蔡桥车骨业的仪例条规（碑文）；无疑是很罕见并有价值的史料。"评价《温州经济史话》，"从浩繁的史料（350 多种资料书籍）中勾稽出重要的历史事实，加以提炼论述"，"总结出温州古代经济基本形态，是移民经济，海洋经济，重商经济。这是切中肯綮的深刻见解"。评价《瑞安经济史》说："在全国尚属首创，是在国内以县为范围的首部经济史论著。"原温州市历史学会副会长、浙江省历史教研会副秘书长冯坚，读了《温州古代经济史料汇编》后，来信说："一连数天读完了全书，爱不释手，钦佩不已。温州至今尚无一本能反映温州古代社会经济全貌的书籍。你从众多的史书、杂著中，搜罗了数以百万，你为温州历史研究做了功德无量的工作。"据我所知，他对温州、瑞安古代经济史有较深入的研究，在温州地区几乎可说是这方面的"唯一"学者。

俞光现在也还有《温州古代经济史话续编》《瑞安经济史话》未出版。其实《续编》这本书很有学术价值，是研究温州古代经济很有用的一种工具书。这种书由我们自费出版。

在迁瑞第十代俞氏兄弟中，俞崇主要在改革开放中体现了俞氏家风，更多体现了我父亲俞象川那种着重于"敬业"精神的家风。他是温州化工厂汽车驾驶员，他是该单位第一个实行汽车承包经营的人，承包当月收入为原工资30倍，然后又最早购买私人汽车营运。他又回归公司，帮助公司扭亏转盈，在温化港口储运公司经理任上，带领公司向仓储业转型，建成油轮停靠码头。他在改革开放中，收获了第一桶金，是五兄弟中最"富"者。俞松是五兄弟中唯一继承祖辈事业的从教者，曾考取宁波师范学院数学系，1962年因八字调整方针，学院解散，他回瑞安偏远山区桂峰乡小学任教。他仍以那里的孩子渴望读书的事例，教育子女践行读书家风，牢记读书是立身之本。他晚年享受国家重"教"红利，已经退休。

第十代中，我大伯俞大文的后裔中职业较为多样化。俞麟是广州国棉六厂厂长、总工程师；俞蔼夫妇则是温州医学院教授、温州三医主任医师；俞杲属于能工巧匠，改革开放前是瑞安县汽配厂技术员，是后来瑞安蓬勃兴起的汽配行业"元老级"人物；俞咏继承父业从事教师工作，是中学高级教师，她著有长篇小说《微尘世间》由中国文联出版社出版，也传承了俞氏文脉。由于具体情况未详，只能作简述。

四 俞氏家风的传承与弘扬

采访者：请您谈谈俞氏家族迁瑞第十一代中的代表人物，这代人身上体现的俞氏家风呈现哪些新特点？

俞雄：第十一代中，职业更加多样化，家风传承表现为两方面：

　　传承文脉方面，如俞颖，获得硕士学位，她是《瑞安日报》编委，兼新闻传播中心主任。她从事新闻工作 20 余年，曾被评为浙江省县市区域报"十佳"领军人物、浙江省三八红旗手、浙报集团年度优秀人物，是瑞安市首届"四个一批"人才、瑞安市优秀共产党员、瑞安市优秀新闻工作者；当选为温州市第 11 次党代会代表、第 12 次妇代会代表、瑞安市新闻工作者协会理事。她撰写的评论《警惕用形式主义反对形式主义》，获 2014 年度中国县市报新闻奖一等奖。她已出版个人新闻作品集《罗阳记事》，与人合著长篇报告文学《生命只有一次》。

　　传承敬业家风方面。如俞彪，硕士学位，是高级政工师。他曾被评为浙江省优秀团干部、温州市党教名师、瑞安市先进宣传思想工作者、优秀统战工作者等。他曾任共青团瑞安市委书记、瑞安市民族宗教事务局副局长、瑞安市广播电台副台长、瑞安市委讲师团成员；瑞安城市学院党委书记、院长、市教育局副局长。他还是温州市第 7 届政协委员、第 5 届青联委员；瑞安市第 8 届政协常委、第 12 届人大常委。他主持了 2015 年浙江省、温州市《整合社区教育资源，破解小学托管难题》实验项目。瑞安城市教育学院连续两年获全国"全国终身学习活动周成功组织奖"和"优秀组织奖"；《浙江日报》《浙江教育报》都曾以"让更多的人得到更好的教育"为主题，报道了瑞安城市学院。

　　俞帆，浙江大学研究生毕业，在校入党，被评为优秀学生，1992 年分配至浙江省交通设计研究院，从事岩石工程、软件地基、路基地面、隧道、桥梁工程等科研与设计。她主持省级课题一项，主持高速公路设计五项。其中甬金高速公路中宁波至嵊州甘霖段工程，获得 2008 年度浙江省建设工程优质优秀设计一等奖。她自主研究提出新型连拱隧道结构形式，并独立完成施工图设计，首次应用于甬金高速公路宁波段柏坑隧道。该结构克服了传统隧道的弱点，提高了安全性能、防排水功能和施工效率，节省了成本，至今已有近百座隧道应用了它的结构，节省工程造价三百多亿元。获得专利的"一项用于治理桥头跳车的桥头结构"，桥头搭板采用下置式，消除了近台端搭板下方路基脱空现象，能有效调节路基与桥梁之间的不均匀沉降，可消除桥台与路堤衔接处的跳车和搭板远端二次跳车，能防治路面反射裂缝，是一种有效的综合处治桥头跳车的技术方案，并可较大地减少软土地基高速公路营运成本。她于 2012 年 3 月开始钻研这一技术难题，近一年多探索获得成果。2014 年提出发明专利申请，2016 年 1 月获得国家知识产权局批准，颁发专利证书。她的论文《EPS 轻质陆堤研究》获得 1998 年浙江省交通厅科技进步一等奖；《人造轻质土路堤研究》和《高速公路软基处理方法适用性研究》分别获得中国公路学会、浙江省公路学会科技三等奖。

第十二代中，也出现许多可喜的新亮点，他们都还处于刚开始进入社会人生的阶段，故都不指名，相信家风传承自有后来人。他们比第十一代走得更远。有的赴国外留学，加拿大皇家大学毕业后，已在加拿大就业。有的赴德国汉诺威大学信息自动化专业读研，有的被派赴美国、捷克培训足球；有的获全省大学生机器人设计大赛二等奖；有的获温州电力赛区调度值班技能总决赛第六名、温州市 2017 年度调度值班二等奖等。

采访者：请您谈谈你们家族在传承与弘扬俞氏家风中所做的努力。

俞雄：弘扬俞氏家风，社会力量、俞氏后裔两方面都做出了努力。首先，依靠有关部门和社会人士的重视与努力。如解放前温州区乡先哲遗著会缮录了俞黼唐的遗著；温州市图书馆古籍部、瑞安玉海楼收藏、保存了俞黼唐、俞春如多种遗著，包括温州市图书馆《历代朱卷档案》中的俞春如《己酉拔贡卷》。1974 年，我祖父俞春如先生去世，虽在"文化大革命"期间，瑞安县委却特地报浙江省批准，成立治丧委员会，召开追悼会，瑞安县委统战部长亲临致悼词。1996 年、2003 年，《温州市志》和《瑞安市志》都为俞春如先生立传。1980 年，《瑞安文史资料》刊登了许世铮先生的《俞春如先生事略》；1990 年刊登俞象川口述的

《浙江地方银行瑞安办事处筹建始末》；1994 年又刊登《俞春如己酉拔贡卷选登》。2005 年，瑞安市政协文史委员陈正焕提议，经后裔整理，出版了《俞春如集》。2006 年 2 月 12 日，《温州日报》刊登南航采写的《一座书香门第的前世今生》，在温州地区产生较大影响，这篇文章获当年优秀副刊二等奖。2014 年《瑞安日报》刊登《近代瑞安金融业先驱俞象川》，这是社会对他在瑞安经济发展中贡献的肯定。

其次，40 多年来俞氏后裔也为此尽心努力，做了大量具体工作。俞海一直走在前头。

第一，复印材料，为扩大传播提供基础。20 世纪 80 年代初，我从温州市图书馆，复印回俞春如《己酉拔贡卷》，寄瑞安各弟；2015 年，又从温图古籍部复印俞麟唐《河间诗存》，寄回瑞安。

第二，多方挖掘，进一步丰富家族史料。2003 年，我在图书馆查阅解放前旧期刊中，发现 1928 年《瑞中》校刊创刊号上俞春如佚文《文章通论》；2006 年，从《戴家祥自述》发现他曾是俞麟唐的晚年学生；2015 年，从市图收藏《存古翼圣编》中，发现宋慈抱《俞麟唐先生墓表》、池源瀚为《河间诗存》和《存古翼圣编》所作的序。2009 年起，俞海陆续发现俞春如佚诗《五十述怀》《〈飞云〉发刊题词》等 3 首；然后又从《温州老副刊》发现俞春如诗《抗战歌》；还发现俞象川的银行移交册手迹。俞光从玉海楼藏书中，发现俞春如佚文《宋慈抱〈寥天庐文集〉序》；从《民国瑞安县志稿》，发现俞象川作为近代瑞安金融业先驱的一系列关键性数字；从《云江吟社诗课》发现他的佚诗《读〈明史·戚继光传〉有感》《浴佛》《孔庙古桂歌》《中秋望月》等 15 首。由于俞海、俞光发现的佚诗，使俞春如的诗从编《俞春如集》时的 19 首增至39 首。

第三，撰写怀念先辈的文章。最早的时候是 1980 年 10 月俞海在《浙南大众报》发表《腊梅花开》，这是怀念祖父的最早的文章。接着他又有《祖父春如先生二三事》《晚清学者俞春如》等，分别发表于浙江省文史馆《古今谈》、台北《温州会刊》。1990 年，俞海根据父亲口述整理成《浙江省地方银行瑞安办事处筹建始末》，发表于《瑞安文史资料》第 8 辑，这是最早发表的有关俞象川的史料。1994 年，他在《瑞安文史资料》发表《俞春如己酉选拔贡卷选登》。从 2001 年以来，俞光先后在温、瑞报刊发表《瑞安贡生俞春如的试卷》《瑞安文坛三俞》《俞春如和瑞中》《民国〈瑞安县志〉甲子祭》《云江吟社遗芳菲》等文章。1997 年，俞光在《温州日报》《瑞安日报》发表《母亲》《母亲的情怀》。2004 年、2014 年、2016 年，俞海、我、俞崇陆续写了《想起父亲》《回忆父亲》《思念父亲》，形成系列。2014 年，俞光在《瑞安日报》发表《近代瑞安金融业先驱俞象川》，这标志着对俞象川的认识提高到一个新高度。他的专著《温州经济史话》《瑞安经济史》中，都有专节多方考证了俞象川为瑞安近代金融业的先驱，抗战时期对瑞安经济发展的贡献。

2004 年，《瑞安日报》春节特刊编发俞春如《瑞安方言》，俞颖为责任编辑。此外，俞崇还撰有《父母亲在温化生活区的日子》，俞麟、俞咏撰有《纪念父亲俞大文》《〈乡思〉伴我思父亲》，俞小萍撰有《慈祥的祖母，永在我心中》等。据不完全统计，40 年来俞氏后裔共撰写怀念、宣传祖辈的文章 60 多篇，报刊发表 28 篇（其中俞海、俞光 25 篇）。俞氏后裔在挖掘、宣传祖辈事迹的过程中，也加深了自己对俞氏家风的认识。

第四，编文集、辩疑正视听、调查家族源流。2004 年，为编纂出版《俞春如集》，俞海专程来温州商议，由俞麟和我牵头，俞海统管编务，俞光、俞咏、俞小萍共同参与文稿整理，2005 年完成出版。2007 年，俞海对《俞春如有否拔贡需商榷》一文，据事实以理驳斥，澄清是非；又撰《〈瓯风社诸贤〉考补》，回答有关俞春如参与瓯风社活动的质疑。2011 年，俞海主动去绍兴寻根，撰写成《瑞安俞氏源流考》《俞氏世系表》《陆游俞氏家乘源流小考》《寻根东堡村》等文。

采访者：请您谈谈你们家族对传承俞氏家风和在编写家风书的事。

俞雄：传承主要是对内。过去我们对家风认识不足，改革开放后认识逐步提高。

首先是思想酝酿。2000 年，为纪念母亲金孟英 90 寿诞，俞海编印了《清白忆家风，家学溯渊源》小册子，目的是让下一代多了解一点自己家族的历史，开始有"家风""家学"的概念。2006 年年初，南航的《一座书香门第的前世今生》在《温州日报》发表后，俞光写信给我说："这是俞氏家族的喜事，如何传承这缕书香，是我们面临的大事。"他提出加强家史教育、家长带头身体力行、推动俞氏家族书香传承三点建议。2014 年，俞海写信说："我们俞家的家风，就是这样一代代积累而成的，应该传承下去。这是比房子、票子更为珍贵的一笔财富。"

其次是组织大讨论。2015 年 11 月 7 日起，我和俞海共同主持了历时两个月的家风大讨论。采取印发材料与微信讨论相结合方式，先后印发材料 9 期，微信讨论发言 40 余人次。我撰写了《读〈河间诗存〉，忆俞氏家风》《还原祖父人生》等文；俞咏写了《先父俞大文对黼唐公、春如公的回忆》，并提供了王岳崧《贺姻兄俞黼唐六十大寿》、池源瀚《贺春如仁弟五十寿》等珍贵寿屏史料；俞崇写了《思念父亲》；俞小萍写了《慈祥的祖母，永在我心中》。

家风讨论的内容涉及：俞氏家风的形成、发展过程、黼唐公家风的内涵、象川一代家风的发展、对俞氏家风的归纳、提炼，以及对践行的表态等。如俞小东说："我爸已把家风材料给我看，我感觉很好。俞家的优良家风一定要发扬光大，仔细阅读了家风材料，收益匪浅……非常感谢几位伯伯为寻宗觅祖作出的努力。"俞颖说："80 多高龄的大伯，连续寄发了许多材料，循循善诱，殷殷之心，我们晚辈应身体力行，继承优良家风，并代代相传，发扬光大。"俞小萍说："以前我也知道点我们家族出自书香门第，但不系统全面，经过讨论，对先辈的生平史事，有了更全面清晰的了解，大大提高了儿孙辈对先辈认识的深度和广度。我们应从先辈的言行中，去寻找、发掘、总结、提炼我们俞氏的家风。"最后我们一致赞同"读书，慎行，清白，敬业，勤俭"为俞氏家风的"十字"表述。我以"践行家风永远在路上；后辈们也在创造家风"为结束语。俞海作了一首小诗祝贺："微信群里论家风，集众求得识见同。箴言十字应记取，践行还须毕生功。"

最后是编写家风书。2016 年春节聚会，在俞鹏夫妇的筹办下，我们拍了以"四世同堂，永继家风"为题的 49 人"全家福"照片。会上，大家都同意编辑俞氏家风一书，并推定了编委会及正、副主编。俞光说："要编就应编个精品。"

2017 年 1 月 29 日（农历正月初二），我们召开了编委、顾问座谈会。会上，俞光作了"加快家风书工作设想"主题发言，会中对编书形势、指导思想、精品要求、编书框架、正副主编分工、出版档次、经费分担、综合性文章承担、审稿人、编辑进度要求等，形成了共识，并印发《记要》15 条。会后，编辑工作开始启动。目前已成书稿样本，除序、后记外，全书文稿 66 篇，其中综合性文章 7 篇，俞黼唐 10 篇，俞春如 14 篇，俞大文、象川、金孟英 15 篇，俞雄、俞海、俞光各 4 篇，俞松、俞崇各 1 篇，俞颖 3 篇、俞彪 2 篇、俞帆 1 篇。其余工作在继续进行中。

采访者：俞氏"十字"家风的内部关系是怎样的？在传承与弘扬俞氏家风中，家族成员有哪些思考与心得体会？

俞雄：在传承家风的实践中，我们对俞氏家风的认识，形成了一些肤浅看法。第一，它与党和国家大力弘扬优秀传统文化、提倡道德建设与家风优良的大方向高度一致。第二，大沙堤俞氏家风延续五代、传承百年，具有一定的典型性意义。正如记者南航所说："在我市，三代作者已属不易，五代作者不说绝无仅有，至少极其罕见。"第三，它如何形成，如何发展，如何弘扬，如何传承的过程，都有一些可供研究的价值，值得加以整理、总结、提炼、提高。第四，俞氏"十字"家风的内部关系。我认为读书是第一要素，是"十字"家风的基础。慎行、清白指为人处世，前者是行为准则，后者是要达到的目标。敬业，指处事方面（亦即事业上）的要求，由此形成"实干"是敬业的必然要求，"开拓"则是它的进一步延伸。敬业对外，这是"十字"家风最重要的内容和核心。勤俭指持家方面，着重于家庭内部。这是我对"十字"家风内部关系的理解。

从俞氏家风的发展中，我们感到如下一些问题很值得深思：

第一，前三代家风的形成与发展。"三世杏坛守青毡"是俞氏家风形成的基础。前两代俞麟唐、俞春如以教书为业，突出表现为读书、著述。俞象川为实业家，突出表现为实干、开拓。它们从根本精神上是一致的，实质都贯串着"敬业"。俞象川身上的家风，实干是敬业的基本要求，开拓则是敬业的必然延伸，它们都派生于敬业，根在敬业。这个"敬业"正是俞象川能成为近代金融业先驱的"魂"。

第二，俞春如经历三个时代，是从这个翻天覆地大变化的时代走过来的人；他却能"五个"与时俱进：22 岁考中拔贡是一俱进；民国鼎革未仕，淡然处之，不对共和抵触，是二俱进；反对军阀混战，合乎时代主旋律，是三俱进；坚持抗战，是四俱进；对新中国感恩之心，跟党走，学马列、热心公益，老而益壮，是五俱进。这五个"俱进"，都能跟上时代，极不简单，是什么原因？这值得我们进一步深思。

第三，俞氏三兄弟职业不同、经历不同，最后都回归书斋，这是什么原因？这只能说是家风"潜移默化"的作用。

我认为俞氏家风今后还应进一步传承与发展。前阶段家风讨论，虽然解决了一些问题，如增强了家族凝聚力，对俞氏家风的总体认识有所提高，但真正落实到践行，相距还很远，还需大力践行。今后随着就业多样化，家风的传承中，敬业似将越来越成为重要方面。我觉得俞氏家风在传承中，我们老一辈不仅要言传身教，而且应重视下一代培育，帮他们扣好人生的第一粒扣子。

口述者——

郑超豪

郑超豪:

规矩做人　行孝扬善　厚德循道

采访者: 郑重、曾富城

　整理者: 郑重、雷玉平、曾富城

采访时间: 2017 年 3 月 31 日

采访地点: 瑞安市委党校

口述者: 郑超豪, 瑞安市委党校原常务副校长。1961 年出生于瑞安陶山, 他家庭的家风是规矩做人、行孝扬善、厚德循道。郑先生的父亲是一位医生, 为人正直, 对长辈也特别孝顺, 平时有生活特别困难的村民来家里看病, 他总是拒收诊费。郑先生耳濡目染家族善举, 年少时就乐于帮助他人。在大学期间, 他担任班级团支书, 曾义务帮扶一个误入歧途青年, 并经常到温州黄龙劳教所劝导他。这名青年出所后便自强自立, 后来在义乌小商品城有了自己的一番事业。郑先生走上"草根慈善"之路源于他 2006 年成立的第一个基金——陶山教育基金。目前, 他已牵头

创立 10 个民间慈善基金，帮扶奖励对象数以万计。他一直强调：人人可慈善，慈善需人人，慈善惠人人；做慈善要热心、用心、恒心。目前，郑先生正专注他的"崇德系列公益事业"，这项事业是他对好家训的传承与发扬。其中，崇德书院是公益性质的道德品行培训机构，日常的费用支出，均来自社会各界的捐赠。2014 年元旦，他还创立了崇德慈爱站，组织义工每天在瑞安市区向环卫工人与社会弱势群体发放爱心早餐，从未间断。这些义工由瑞安社会各行各业人士组成，为文明瑞安、和谐社会建设传递着正能量。

一　早年经历

采访者：郑校长，您好！首先，请您简要谈一谈自己家庭的情况。

郑超豪：我于 1961 年出生在瑞安陶山镇沙洲村，我家里有八个兄弟姐妹，上面有五个哥哥，两个姐姐。我排行第八，我出生的时候家里是 11 口人，有父母，我们八个兄弟姐妹，还有一个奶奶。父亲出生于 1924 年，是个眼科医生，这是家庭的基本情况。

采访者：郑氏家族有自己的家风，这是什么时候传下来的？

郑超豪：规矩做人、行孝扬善、厚德循道，这家风应该是从我曾祖父这一辈开始传下来的，家庭环境给我的影响主要是奶奶、父母的一些言行举止。

采访者：您的奶奶是一个慈祥的老人，她有哪些言行是您印象比较深刻的？

郑超豪：在我的记忆当中，奶奶是一位非常慈祥的老人。在我懂事起奶奶就身体不太好。尽管她自己身体不太好，但是待人接物方面还是非常好，很多方面值得我们学习。比如说在我记忆当中，奶奶虽然身体不太好，但是每逢夏天的时候，她都在我们村里有个往仙降方向走的渡口去泡茶给路人喝，另外我们家里经常有一些挑担子过来干买卖的小商小贩，我奶奶就先做生意，比如先买半斤东西，买了以后把钱付掉，然后才留这些小贩在家里吃饭，开始的时候我们不太理解。奶奶跟我们说："假如我们先留他吃饭，他可能就把东西便宜点卖给我们，或者不肯收钱。那这样不好，生意做好了，钱也拿走了。我们先做其生意，再留他吃饭，我们也心安理得。"因为在当时农村里面没有什么餐饮店、点心店。另外，因为我父亲是医生，星期天经常有病人到我家里看病，尤其是小孩子过来，我奶奶对他们特别好。有的时候，她站在小孩子的边上会说："假如你这个病给我就好了，我反正老了。"夏日会拿着一把扇为病人或小孩扇扇凉风。所以那些家属非常感动。家里最大的长辈就是奶奶，爷爷去世比较早，爷爷我没见到过，据说在我父亲六岁的时候就去世了。我的爷爷不是医生，但我的曾祖父原来在农村里面行过医。

　　我的父亲是眼科医生，这里有个小故事，他为什么会走上从医之路？因为父亲是个独子，没有兄弟姐妹，这样的情况在那个年代比较少的。所以那个时候家里就是三口人：曾祖父、奶奶和我父亲。父亲曾告诉我们，当时有这么一件小事情促使他走上从医之路。有一次我奶奶身体不好，我父亲要到另外一个乡——荆谷请一位医生。我父亲很早就去了，这个医生还没起床，我父亲就安心在那里等他。等了很长时间，后来有个财主也想请医生，但是他把轿抬过来了。医生就在家里慢悠悠地吃了饭，抽了鸦片。尽管我父亲坐在那边比较早，这个财主是后到，但是他的待遇好，轿子都带过来，然后医生就跟他走了。我父亲就一直跟在后面，等接来医生已近黄昏了，奶奶的病情也加重了。后来这件事对父亲的触动非常大。所以他想：能不能学医，为穷苦的人治病。就这样，我父亲告诉家里的长辈，我奶奶应该说还是比较有远见的，就送我父亲去读书，后来就送到温州去，考上温州医学院的一个预科班，读了以后就留在温州的一家医院，应该是现在温州三医的前身，那个时候我父亲已经结婚了。我父亲考虑到我奶奶身体不好，年龄又大了，还有曾祖父在家里，所以他就辞掉温州的工作，回到自己老家来办私人诊所。这个私人诊所据说生意是蛮好的，因为那个时候农村缺医少药。搞了几年以后，大概家里也算稍微富裕一点了。没有几年解放了，响应政府的号召，他的私人诊所并到离我家约 10 公里的丰和公社卫生院了。我爸爸在丰和公社卫生院上班至退休，应该说是当地比较有名望的一位眼科医生。外地的人都来看病，包括我们周边的一些平阳、苍南、文成、泰顺、永嘉、温州等地。

父亲对长辈的孝，我印象非常深刻。因为我父亲是在丰和公社卫生院上班，每个星期一都是比较早去工作。那个时候都是步行去的，要走一个多小时。他每个星期一出去，离开时会跟我奶奶问声好。因为我奶奶身体不好，交待奶奶把药吃好，要按时吃饭。父亲每个星期六晚上回来，无论多迟，他第一个先到我奶奶房间，看望我奶奶，看看这个星期身体怎么样。我们家里 11 口人吃饭是规规矩矩的。第一碗白米饭盛起来肯定是先给奶奶吃，那时候我们家里主要吃番薯干，前面掺点白米饭。

我母亲虽然是普通的农村妇女，但是很善良，在农村做接生工作，就是助产妇。那个时候不管刮风下雨，不管是白天还是黑夜她都会随叫随到，我们村，包括邻近村，也经常过来请她去接生。我的母亲只要有人过来需要接生的，就马上起床，而且技术也蛮好的，她的待人接物也是非常好。比如说有乞丐过来，那时候我们家庭并不富裕，她叫我们抓一把米时要抓多一点，给这些乞丐。另外她不仅严格要求子女，也教我们兄弟姐妹为人处世的一些道理。虽然都是一些最普通的道理，比如说：待别人等于是在待自己，她说自己吃的东西可以差一点，对待别人要热情大方。比如说我们家兄弟姐妹跟一些小伙伴有吵架，这也难免，我的母亲都先批评我们自家的兄弟，不追究人家小孩子有没有什么责任，先把自己的孩子教好，类似这样的事情对我们影响蛮深。母亲作为一个普通农村妇女，她的宽宏大量深深影响了我们。

采访者：您父亲早年开诊所，对特别困难的村民，会有照顾是吧？

郑超豪：这个应该有。因为我那个时候很小，但是我知道他就是星期天回来，病人过来看病是很多的，远地的、近地的都有过来，我父亲对他们态度都非常好。我曾听长辈他们讲过一个焚烧账本的小故事。因为在农村行医的时候有的人没钱，欠账，不少的村民等农作物收成以后，自己有收入了，或者过年了才把钱拿过来还。那我父亲都先问他们的具体情况，比如说有的家庭仍然比较困难的，让他先不用还，先买种子肥料，先把庄稼种下来了，这个账先缓缓。这样的事是经常有的，所以有烧账的故事，就是怕这些困难的家庭，好像家里这个账永远欠在那里，心里有个负担。我父亲怕他们有负担顾虑，意思说你这个钱我就不要了，所以就把厚厚的一叠账烧掉了，让那些人不用还了，放心。

采访者：刚才听您讲了以后，家里人对您的影响很大，那么您家族当中从医的还有其他人吗？

郑超豪：因为那个时候没有什么事情做。父亲是医生，子承父业，哥哥当中很多人都在从医。

采访者：您后来的读书学习经历是怎样的？

郑超豪：我是家里最小的孩子，高中毕业以后读了几年复习班，1982 年，考上温州师专，学的是政教专业，1985 年毕业，毕业以后分配到瑞安党校，一直干到退休。

采访者：20 世纪 80 年代您有没有做过一些慈善公益事业？

郑超豪：那个时候也不知道什么叫公益。但是做了一些事情。1984年，我读温州师专的时候，担任班级团支部书记，校团委书记组织我们去温州黄龙营教所结对。那个时候应该是叫帮扶吧，我们也不懂，反正我们去了。我就结对了一个叫李军的小伙子，家住温州城区铁井栏，出身干部家庭。我后来经常跟他通信，去黄龙也去了好几次，还到他家里去。这个人出来以后，成家立业了，后来在义乌办紧固件小厂，不过最近几年都没有联系了。这是我读书的时候，印象比较深刻的事情。

采访者：您早年是不是还曾为修桥造路捐款？

郑超豪：我参加工作以后，村里老人或者村干部过来讲村里要修桥，要铺路了，哪家有困难了，我都捐了一些。因为当时也不可能拿出更多钱，工资只有几十块到一百块左右。我刚刚参加工作时，一个月工资只有50元5角，也拿不出很多钱，只是自己力所能及地做一些小事情。

采访者：您觉得您这个家庭当中从医的人那么多，对您后来做慈善工作有没有一些影响？

郑超豪：有直接影响也很难说，但是从医的兄弟姐妹多多少少会影响我。因为从医的人跟他接触更多的都是一些病人，一般来说生病的人相对来说家庭是比较困难的。现在也是一样，有很多人是因病致贫的，但是我们接触的总体来说都是社会上的弱势群体，当然富贵的也有。有的时候到我家里去看病的，一般来说都是农村的人，家庭比较困难。因为有的家庭条件好的，药费可以报销，都到大医院去，到农村找医生想省一点，便宜一点，方便一点，以弱势的群体为多，经常和这些弱势人群接触自然就有一种同情心。

二 十个公益慈善基金会

采访者：您是什么时候开始萌生了做慈善事业想法，是什么事情触动了您？

郑超豪：何时萌生也很难说，但是我总觉得能够走到今天，做一些慈善事业或者慈善公益工作，我认为就是家庭潜移默化的影响，这是真

有关系。假如父母是个好吃懒做
的人，或者是一个非常不善良，
没有同情心的人，子女出来，去
做善事，去做公益事业的可能性
相对来说就会小一些。我们经常
说家庭是小孩子的第一所学校，
父母是小孩子的第一任老师。那
肯定有影响。我是 20 世纪 60 年
代生人，家里饭都吃不饱，怎么
做慈善、做公益？这个概念都没
有。想当年我们在农村里面，家
庭条件还算是中等。但我读高中
的时候吃不饱饭，那个时候十六
七岁的人，吃不饱饭，咕咕叫，
很难受。我那个时候的理想，这
辈子能够吃饱白米饭就是最大的

郑超豪先生在瑞安市党校

幸福。所以那个时候谁还想做慈善？后来在党校工作，我接触的面比较
广，听得也比较多，包括下乡，到一些山区去，看到家徒四壁的人，还
有人家里倒着几个病员，长期卧床。我想：看到那个情形，每个有一定
良知的人都会有触动。幸福是来自比较，我们跟他们比觉得很幸福了，
真的是这样。你没有去比较，整天跟生活条件好的人比，那你觉得自己
不幸福。到穷苦人家一看，我们感觉很幸福了，哪怕我有一点余力，我
就会帮助他们。刚工作的时候我工资收入也不高。我们陶山丰和乡有个
好像叫陈静的女孩子，那个时候我记得是团市委结对的，家里很困难，
父母生病。我虽然并不富裕，但是我总觉得这个钱要出，便拿出两三百
块钱资助她。后来就没有再联系了，几十年过去，这个小孩子的命运怎
么样也不知道。

在我们初中、高中同学里面有的因为家庭困难没有条件继续学习，而我很幸运，能够上学，能够通过几年复习，考上大学，改变了命运。想当年假如我没考上大学就是另一种命运，或者在农村，或者命运好点考一个招聘干部。但是我想能够取得大学学历对我今后的人生之路来说肯定比没有考上要好，这是肯定的，所以说付出就会有收获。那几年复习确实很痛苦，精神压力、经济压力确实很大，但是熬过来了，几年付出了，就有收获。所以我经常讲过去我们读复习班是很耻辱的，考一年考不上，心理压力特别大，你们可能不太理解，现在高考复读班读一年就好了，然后什么大学都可以上，差一点也可以上。我们那时候没有，门槛很高，真的觉得比登天还难。我现在也经常梦到当年的情形，压力特别大，真的有些阴影。尽管苦过来了，今天我不敢说成功了，起码说有收获。现在有些年轻人，不想付出，就不会成功。中国人常说："先有舍才有得，小舍小得，大舍大得，不舍就没有得。"我热衷公益事业也是一样，尽管我有不少的付出，但是我收获更多，包括社会对我的认同，对我做公益事业的认同，各级政府、包括社会各界也给我一些荣誉。当时我做公益慈善，哪里会想到获得什么奖，真的没这么想。后来各种各样的荣誉给我，也是激励我再去做。荣誉真的是代表过去，其实有的时候没有给你荣誉，你可以歇下来，不要做，没有压力。给了你荣誉的话，那你就要做下去。当然，我做这个事情不是为了荣誉，真的是发自内心的，我自己有能力，力所能及做一些事情，因为现代社会特别需要，真的需要。所以我最近就从物质慈善怎么样上升到精神慈善来思考问题，我就提出：人人可慈善，慈善需人人，慈善惠人人。

2011年，广东佛山小悦悦的事对我触动很大，没有叫路人出钱出物，哪怕你把手一拦，后面的车不要再碾上，哪怕你打个120电话，哪怕把小悦悦拉出来了，一条鲜活的生命可能还在。18个路人这么麻木，让小悦悦躺在地上第二次被车碾上，小悦悦最终不治而亡，多可怜，那个时候我真的想成立一个救助基金。

　　我认为人人可慈善，大家都可以做，有钱出钱，没钱出良心、出良知。一个微笑，一句公道话，一只援助之手，我认为都是慈善。慈善不仅富人可以做，穷人也可以做，慈善需要人人参与，因为"人无千日好，花无百日红"。哪个人一辈子都不受别人帮助的？每个人都需要别人的帮助，在帮助当中不断成长、成功。当然你得到别人帮助，你总要帮助别人，你一辈子都靠别人帮助可能吗？别人帮助你的同时，你成长了，进步了，那你就要帮助别人，社会就是这样。所以慈善需要人人来共同参与。另外，慈善惠人人。我们现在不少人认为慈善总是惠及贫困者和弱势群体。我觉得不对，现在有不少人是物质的富裕者却是精神的贫困者，所以我们省委提出"两富"浙江物质富裕，精神富有的现代化浙江。现在有的人钱很多，精神却非常空虚。这样的话，物质慈善是解决不了的，还要解决精神慈善的问题。所以我在多个场合讲到慈善工作要转型升级，要从物质慈善提升到精神慈善。在 2008 年前后，我就提出来了，我们慈善工作权不能一直停留在原来的层面，这样也做不大、做不好。比如说大学生的结对。过去的结对绝大部分都是一对一的，假如我困难，你帮助我，我要认可你帮助了我。这个实际上我认为是小慈善，是比较低级的慈善。最后是我完成了大学学业，我只感谢你一个人，因为你帮助了我。而相对大一点的慈善是：你把这个钱捐给慈善机构，然后慈善机构把这个钱发给我，解决了我的就学困难，那今后我感恩的不是你一个人，而是感恩整个社会。因为是社会给了我上学的机会，这个慈善的层次就高一些，不然我一生就感恩你一个人。但是感恩你一个人以后可能又带来一个沉重的精神包袱。比如说你帮助了我，那我大学毕业以后我要感恩你，怎么感恩？打个电话给你拜个年，问个好，有的时候可能过年到你家里去坐一坐、拜个年，哪怕就买点小礼物过去。一年、两年、三年走下来了，第四年、第五年，还走不走？如果不走，停下来，就怕资助人会说你："翅膀硬了，不来了，我又没有要你拿礼物来，你就过来看一下我总可以吧。"受助人放下了物质包袱，却背上了沉重的精神包袱。所以 2007 年我们开了个资助学生的座谈会，温州大学宣传部有位女生，她说以前也是我们瑞安一个企业家跟她结对的，现在已经是第六年了，每年都去企业家家中拜年，这个企业家对她也很好。但是她就不敢停下拜年的惯例，怕停了以后，就会出现和我刚才说的一样的情况，思想负担很重。所以我就下决心把华峰诚志助学基金建立起来，这是一个重要的方面。

采访者：我们现在回过来，您成立这个陶山教育基金是 2005 年年初还是 2006 年？

郑超豪：应该是 2005 年设想筹建，2006 年成立。因为我们陶山有一个陶山干部联谊会，每年正月开一次。2005 年正月开这个会，推选我当新的会长。新的会长就要在 2006 年主持工作，我在 2005 年就设想要搞个新的载体。就设想创立陶山教育基金，应该说所有的筹备工作都在 2005 年，真正成立建立是在 2006 年年初。

我们陶山有个干部联谊会，主要是促进当地社会经济发展，把陶山的一些干部、企业家集中起来搭建一个平台。大家先在陶山聚一下，比如说企业碰到什么困难，大家要帮助解决一些。2005 年推选我当会长，我想每年假如都这样开个会，吃个饭，拿一份礼物觉得没有多少意义，已经开了五六年了，每年都这样。所以我想必须要创新一些东西，让大家凝聚力更强一点，而且实实在在地为陶山当地做一些事情，大家比较一致认同的就是搞教育奖励好。因为我们经常讲知识改变命运，像农家子弟要走出陶山，要建设陶山，都需要读书，需要有一个良好的学习氛围，需要知识技能来改变人生，基本上是基于这个考虑。同时大家觉得钱拿出来是资助教育的，都比较乐意。在这么一种氛围下，比较积极踊跃。那我就把这头牵起来，因为我们原来没有搞过基金这些事情，心里没有底，但是有一点，无论干什么事情，牵头人自己必须带头。榜样的力量是无穷的，这个是肯定的，无论干什么事情，你自己都不出钱，自己都不干，叫人家去干、人家出钱不可能。当时我们设想 50 万就可以了。但是我想目标必须要定稍微高一点，尽管大家现在说五六十万就可以了，但是我想能够达到 100 万最好。我当时是这么考虑的，虽然我没有跟别人讲，我自己去考虑，能不能把这个基金做到 100 万，然后我们这100 万就拿出去放到一个企业里面，按照年息一分的利率。那么 100 万存在某个企业里面，企业可以每年拿出 10 万块钱的利息。我们用这个利息作为奖励，然后这 100 万的本金还在。那 100 万怎么凑呢，这要有一个布局。怎么筹钱，我想我自己肯定要带头，我不带头人家肯定没积极性。但带头怎么带，拿出多少钱呢？后来我跟我姐姐商量，她在意大利经商。也蛮有爱心的，高中比我高一届，也是陶山高中毕业的，最近几年生意做得还可以。她同意出 10 万元，我自己再出 2 万元，我们姐弟俩就出了12 万元。这样，陶山的企业家、干部就纷纷捐款，所以头一次捐款就达到 140 万元。我这个事情要靠他们支持、响应。当时我们主要奖励两种对象，一种是学生，学生主要是当年考上重点高中就是瑞安中学，一个人奖 1000 元。考上大学二本以上的也奖励 1000 元，考上硕士研究生的奖3000 元，考上博士研究生奖 5000 元。这是一个奖。另外一种是奖老师，因为要把教育办好，不仅要奖励学生，老师的积极性也非常要紧，所以我们当时就定下奖 10 位师德优良、教学业绩突出的老师。后来又定下来要奖校长，因为一个学校办好，校长的领导很重要，一个好的校长可以带出来一个好的学校，好的教师队伍。后来奖励的氛围非常好，不少家长有种荣誉感，这不是钱的问题，而是荣誉感：我儿子、女儿考上瑞中等重点高中了，考上大学、考上研究生了，他们觉得很光荣。我们身边就有这么个事例。一个陶山煤矿机械厂的老板李小示，他的女儿考上美国一所大学的博士研究生。我们当时定下的规则就是要奖当年的应届生，凭入学通知书。而他女儿是前一年考上美国的博士研究生，按照我们这个规定不符合条件。因为我们今年刚定下来，去年考上的，不符合标准。他就跟我商量，他说："郑校长，我女儿是去年考上，但是你最好给她奖一下。假如给我女儿奖励 5000 块钱，我向教育基金捐两万块钱。"我说：

"这个好。"因为他的女儿考上博士研究生，他自己不好在陶山干部联谊会上去宣传，但是他能上台代表女儿去领奖就很光荣，另外他捐两万块给教育基金，也觉得挺光荣。

陶山干部联谊会的组成人员除了陶山干部之外，还有陶山一些上规模的企业都是联谊会的成员。这140万大部分来自企业的捐款，那个时候企业还是比较景气的。那个时候企业家文化程度高的比较少，都是草根企业家、农民企业家，所以他们对投资教育，对成立教育基金都非常支持，觉得这个方案很好，所以他们就愿意把钱拿出来。

采访者：现在这个基金会运行怎么样？

郑超豪：现在应该说是非常正常，也在持续。现在基金总额应该在两百万以上，就长期存在银行，因为捐给慈善总会的钱必须是零风险，利息没有这么高了，我们就按定期三年，利息高一点。

采访者：关于基金会成立初期有没有遇到一些困难？

郑超豪：我觉得没有，大家都非常支持，非常顺利。

采访者：2007年您又成立了沙洲济困敬老互助基金，这源于您的一次下乡调研。

郑超豪：因为陶山教育基金会成立起来比较顺利，这种模式广受社会的欢迎。所以2007年年初，我们瑞安市里开展了科级干部下乡蹲点调研活动，要求走几个村。其中我就选择自己老家沙洲。我召集村里边的党员干部开座谈会，大家意见都比较一致：村里面要修桥铺路，一些基础设施的建设要健全。

这里有个小插曲，2004年有一次我坐出租车，从老党校坐出租车往新党校工地走，一路上跟驾驶员聊天。聊了一会儿，到地了，他就问我："同志，这个是什么单位？"我说："党校。"他看看我说："你是不是党校校长？”我说：“你怎么会知道我是党校校长？”他说：“我听你讲话的口气，可能是党校校长。”我说："我是。"他说："那你是不是姓郑，叫阿博。"我说："是啊。"因为我的曾用名叫郑福博，福是辈分，家里排行第八，因此农村里叫我"阿博"。我说："你怎么知道我名字？"他说："上个星期，我开出租车到你们村里，我开了这么多年的出租车，村里的水泥路这么长又这么宽，9米宽的水泥路，我没有见过。我就问你们村民，村里的水泥路怎么修得这么宽。村民说这条水泥路都是我们村里一个在党校当校长阿博给我们修的。"我听了那个话心里很感动，其实修这条路我就是跟村干部出谋划策做一点点事情，自己也仅仅出一点点钱，想不到村民把我记住了。所以那一次蹲点调研开座谈会的时候，村里有人就向我提出咱们村路已经修得很好了，但是有一座通往碧山的桥还没有造好。我就问他们："造桥要多少钱？"他们说："估计要二三十万元。"他们的意思要我到市交通局、水利局去要点钱过来把这桥造起来。那我就跟他们说："说句实在话，我这个面子也不大，即使每个局要一万、两万还是造不起来，能不能这座桥我们自己造。"怎么造？当时我自己就有想法，因为我母亲年纪大了身体不是特别好。我想让父母在世的时候做一件流芳百世的事情，让他们的心里感到欣慰。这座桥我们自己家把它建起来，以母亲的名字命名。我一直不好意思这么说。我就跟他们说："这个桥我们不要向政府要钱，我们村民自己假如谁家愿意造的话，这座桥的冠名权给他们家。"村民一听有道理，在农村，修桥铺路，大家都愿意。我们村里有个法国华侨郑品海，他从他的父亲那里得知这一消息，没过几天，就找我了。他的爱人叫蔡建霞，他们夫妻俩在国内注册了一个海霞服饰公司，郑品海很乐意，说："我们家把它造起来，取名叫海霞桥。"后来他们家花了32.8万元，把这座桥造好了。这座桥造好以后，我就在村的西头建了个亭，我出5万，我姐姐出5万。以我母亲名字冠名，叫"华鑫亭"，因为我母亲叫陈华鑫，造起来也蛮漂亮的，给村民避风挡雨也好。村民觉得这样不错，纷纷过来问我。他们说："我们也想造亭，有什么地方做没有？"我就跟他们说："不一定都造桥、造亭。其实我们还有好多事情可以做。比如说可以建立一个基金，去帮助困难的家庭，生病的病员，遭天灾人祸的家庭，需要我们帮助的很多。"村里的几位企业家、村干部觉得我这个主意好。

有一天我就专门在新王朝摆了桌酒，把陶山的镇长、书记请过来，村里的干部企业家也来了。我说："我们村里大家的积极性都很高，想造亭、造桥，但是我想是否要成立一个基金？"喝了几杯酒以后大家积极性就上来了，我就马上叫服务员把红纸包拿过来，笔拿出来，我就写了。我说："我们今天就算一个筹备会，先把这个事情定了。那个时候我想我们村里这个基金能够筹到五六十万就可以了，毕竟是一个村。"在红纸包上我就第一个签下：郑超豪，15 万元，我签下来后，大家轮着写。有两个人签了 10 万，另三个人签了 5 万。有的说自己再考虑一下。然后我们到村里去发动，我们就给基金取名叫"沙洲济困敬老互助基金"，一是济困，家里有困难的给他们帮扶，家里有生病的给他们补助。二是敬老，村里 70 岁以上的老人，每年每个人发一个 100 多元礼包。有的不缺钱就是缺一份关怀，80 岁到 90 岁的老人再加 300 块钱现金，90 岁到 100 岁的老人再加 600 块钱现金，超过 100 岁了给 1200 现金。然后，村里挑出 15 户困难家庭，每户发一张面值 1000 元的免费医疗卡，我们就拿出 15000 存在陶山医院，这 15 个家庭里成员去看病、体检、买药，就在这里扣。现在有不少的家庭困难，就是因病致贫，小病不去看酿成大病医疗费就更高了，这样他就是公费医疗一样。2007 年 5 月，我们就成立了这个基金。第一次捐款就达到 135 万元，当年的温州慈善总会会长孙成堪说这是温州市第一个村级慈善基金。我查了一下不仅是温州，我们浙江省当时都没有。我们这个村的慈善基金成立起来以后，现在扩展了不少，不少人过来取经。2014 年我们村被评为浙江省慈善村。

孤寡老人，我们在年终的时候给他们慰问和补助，这体现"敬老、爱老"这么一种风尚。从 2007 年第一次发放到现在，每年都有老人把自已的钱捐出来。现在经常有人过来捐的。其中一个老人郑福郊当时尽管比较困难，但他觉得这个事情好，所以就拿出 300 块钱。这就意味着他们对这个基金的支持，有高度的认同感。后来村民们的慈善意识也提高了，因为他们每年都拿到一份礼物，都是社会爱心人士捐赠过来的。村民们慢慢也会有一种感恩之心。这个本金现在长期存在银行是 150 万元。我们现在还在继续做这方面的工作，所以效果是很好的。有一些接受过资助的人，他也会对这个基金会进行回报，每年都有人捐钱。

采访者：您刚才提到了华峰诚志助学基金的一个成立背景，2006 年您是不是以个人名义资助过两名大学生？

郑超豪：我在 2006 年曾经资助过两个大学生。现在我们不少的爱心人士去找大学生结对，一般希望结对学习成绩好的，被一些名校、重点大学录取的，比如说北大、清华的学生。2006 年我去结对，我特意挑了两个，一个是我们陶山人，是温州大学瓯江学院的。另外一个是湖岭的，这个学生是被衢州职业技术学校护理专业录取的。因我爱人是瑞安市人民医院的护理部主任，我想这样的学生毕业以后，来人民医院找一个工作，哪怕是临时工也是可能的。结对以后，我们不仅要解决她们的就学困难，也希望能够解决她们的就业问题。

当年红十字会要求我们跟结对学生要签订合同，合同是约束我们双方的，要求捐赠者你不是一次性的，四年都要结对。主要是这样的约束。另外是对学生的约束，要求学生每个学期要把学习生活的情况写封信告诉我们，做个汇报。但是第一年春节快到了，这两个学生和跟我朋友一起结对的几个学生，总共是 5 个学生，没有一个学生这么做。这 5 个学生都没有写信汇报一下学习生活情况。

学生没有履行承诺，有的捐赠者心里不太平衡。我想也许是：第一，这些学生一般来自困难家庭，说句实在话，学习成绩特别好的也不多。成绩不是特别好的人，有的时候不好意思汇报学习的情况。第二，因为他们来自困难家庭，也不好意思开口向你打个电话汇报，怕我们误解了：这个人怎么经常过来烦我啊，我钱给你就是，有的人就是这样一种心理。学生怕打电话给你不方便，会不会让你讨厌，往往会有这种心理。第三，困难家庭的学生家庭教育一般，他们比较自卑，这个我们要理解。后来放假的时候我就把我资助的这两个学生，还有那3位学生叫过来在瑞安吃顿饭。有两位学生就说了非常朴实的话。我也不好意思问他们为什么没汇报。我就是跟他们说："能不能不用我们2006年这种结对的方式？"因为我们这种结对方式有弊端，比如说报纸、电视台当时有公示的，张三学生考了多少分，家庭情况怎么样，被什么学校录取，母亲残疾，父亲得癌症或者什么病都公示出来。这公示了学生的隐私，有的学生不愿意，但是没钱读不起，没办法，只能公示。我总是觉得这样伤害了学生自尊，很不好，所以我就想能不能不用这种方式，不要公示学生隐私。我们的钱类似于借款人借给他，等他有钱的话再还给慈善机构。我们没有拿他的利息，也不用什么抵押，充分相信现代的大学生有诚信。

后来我就问了些企业家，企业家觉得这种助学模式好。我们那时候瑞安市结对贫困大学生，每年都拿出350万元左右，其中有扶贫办的专项经费、有市教育局的人民教育基金，有爱心人士的捐款等，这些钱每年都分掉了，但学生并不买账，学生说公布了他的隐私，让他在学校抬不起头，在同学面前抬不起头，有的学生会放下金钱包袱，而背上精神包袱。而我设想的这种模式怕大学生不认同，因为这种助学模式是要还的，我心里面没有底。所以我就叫结对的学生过来，征求他们的意见，我说："去年这个钱拿过去，你们不用还。但是我今年想创造一种新的模式，用诚信助学基金这个模式，不公示你家里的基本情况，我充分相信你，你拿身份证复印件、录取通知书复印件给我。但同时，要签订一份承诺书。主要几条是这样写的：第一，这钱拿过去以后要在八年之内也可适当延长，把这个钱还给助学基金，让基金再去帮助别人，而不是还给企业；第二，假如你毕业以后完全有能力还这个钱，但是你没有把这个钱还给基金，那我可以保留向有关单位提供你这个学生的诚信情况。比如说你在温大工作，当年你已经承诺了，现在有能力但你没有还，那我要向你单位去提这个事情。"结果一个学生听到我这么说，她说："郑校长，不瞒您说，去年我从您那里拿了 5000 块钱以后，心里就有一种不劳而获的感觉，心里永远有疙瘩。一年前我跟您都不认识，我凭什么到您那边拿钱？"第二个学生马上接着说："郑校长，人世间最难还的债是人情债，我只想有一天我有了钱，我就把这两万块钱在四年后还给您，了却了我的一份人情。"我听了后感触很深。我们现在这种助学模式尽管有公示，其实真正有困难的学生不会都资助到。有的小孩子不知道这个信息，有的小孩子比较要强就坚决不要这个钱，也有可能，有一些不困难的家庭反而拿到这个钱。比如我结对的这个学生，其实并不十分困难，但是她的经历看起来是非常困难的。她自己读温大瓯江学院，学费当年大概是一两万。她父亲去世了，母亲是瑞安一所私立学校的生活老师，工资一个月 1200 元，还有个小弟弟在读小学，这个简历确实挺困难。后来我们了解，其实这个学生家庭经济上并不困难，因为她父亲当年是一个厂的副厂长，因为工厂事故去世了，他父亲获赔了 70 多万元。因为我当时处理过这个事情，我知道。她父亲在世的时候，家里条件是蛮好的。我们现在这种助学的方式方法是什么？学生提交一份表格，当地村委盖个章，乡镇盖个章，大家都会给你盖章，不一定能够真正资助到最贫困的学生。

　　我这种方式，你就是不困难也没关系，你暂时困难，以后还可以还过来的。所以这种模式我认为是蛮好的一种励志助学模式，我们将该基金取名为华峰诚志助学基金。诚信为人，励志成才就这么一种模式，保护了学生隐私，基金推出来后，我们瑞安市市委宣传部也很重视，专门为我们华峰诚志助学基金开了个新闻发布会，当时《法制日报》刊登了一篇报道，中央电视台 9 月份专门过来采访，后在中央电视台第十二频道"社会与法"栏目播放了 8 分钟。基金成立已经 10 年了，这 10 年里，我们做了不少工作，把每一届的学生集中起来成立一个联谊会。这个联谊会就类似于同学会，因为过去的命运各不相同，但都是受华峰诚志助学基金资助的学生，起跑线大同小异，都是困难或者相对困难的家庭出身的。这联谊会建了，大家可以相互交流就业信息，可以谈恋爱组成家庭，门当户对。同时我跟华峰集团提出建议，华峰集团每年腾出一些就业岗位，让这些学生到华峰就业，我认为这些学生对华峰的忠诚度比社会招过来的人要高得多。他们会想：当年我困难的时候华峰资助了我，现在又解决了我的就业问题，我怎么不为华峰企业努力服务呢？华峰集团尤小平主席听进去了，每年都招一批学生过来，现在家庭困难的学生，他们填写专业都有意地悄悄改变。因为华峰是化工行业，填报化工专业的学生就明显多起来。我们今年对宣传部和市里的领导都说了，准备搞一个大型的采访活动。现在回捐的情况也很好，我们在没有发动的情况下，已经回捐60多万元。我想若干年以后这些受资助的学生里面，也有可能会出现第二个尤小平，第三个尤小平。他们不仅把两万块钱还掉，还向我们捐款。现在我们不叫返还款了，从过去的借款到返还，现在叫回捐，回捐后就是我们基金会的成员了。十年了，我们要搞个大型采访活动，也准备要开个新闻发布会，这对社会、华峰企业、对这些受助者都是一个很好的交代。

采访者：当时您是因为有了这个想法，跟尤小平主席是有一次交谈，当时的情况您现在回忆一下。

郑超豪：当时是这样，因为我一个朋友在华峰集团当总经理，有一次跟我聊天的时候他就问我："你最近干些什么事情？"我介绍了自己在做一些公益慈善项目，也谈了对社会现有的助学模式的看法。我说："我想准备创新助学的模式。"他觉得这个蛮好，他要向尤小平主席汇报一下，看他态度怎么样。两三个月后，没有回音，我估计有问题了，我就问他。他说："我给尤小平主席讲了，好像他没有多少感觉。"可能也是他转述我的意思不太清楚。我想想不对，那就必须要亲自给尤主席讲。有一天，在一个饭局里面我碰到尤小平主席，我就和他说："我有个事情想跟您商量一下。"他也没有问我什么事情，他说："好吧，那你明天上班时间过来，9点钟我在办公室等你。"我就如约而至。我到了那里，讲了15分钟都不到。我跟他讲："通过这么多年的努力，华峰集团已经成为我们瑞安企业的龙头，华峰之所以有今天，当然与我们华峰人的努力是分不开的，但也离不开瑞安社会各界对华峰的支持。所以我想假如有能力回报社会也是应该的。"讲到这里，尤主席听进去了，他也有这份心思，想为瑞安做一些实在的事情。我就把我的这种助学模式和过去的助学模式做了对比。我具体把我准备想做的助学模式给他做一个简要的介绍，他充分肯定了我的助学模式。他就跟我说："大概需要多少钱做这个基金？"我就给他算，我说："太少，没有社会影响力，要做就要做大一些，正常地运转下去我估计要一千万。具体我是这样算的：按大学四年，每年五千，四年两万计算。第一年，资助一百个学生，一个学生5000元，就50万元。第二年，再要一百个学生等于要支出100万。第三年，也一样，就等于第一年50万元，第二年100万元，第三年150万元。第四年，就要200万元，那么第五年、第六年都是200万元，200万是高峰了。按照我这样的想法算下去，一般来说七八年就有回赠了。回赠以后，我们钱不用投进去了，就可以有良性的循环，滚雪球一样，有可能就越做越大。"他听进去后说："好，但一千万数额也不少，必须要开董事会。"他估计问题不大，要我把方案拿出来，同时要求我必须当理事长，因为思路是我的，要我来运作。我就承诺下来，整个过程15分钟不到。十年过去了，今天想想，当时我的心情可想而知，一千万不是十万、一百万的钱，15分钟给我讲通了真的不容易。今年为什么要搞这样的活动，也是要给尤主席一个交代，对得起华峰集团。十年我们资助下来，这批学生到底怎么样？今天在哪些岗位？干出什么成绩？得汇报。同时也要激励我们这些学生，要好好去回报社会。我觉得必须要这样做，所以今年我想搞个比较大型的采访活动，搞个新闻发布会，把十年来受到资助的学生都请过来。

采访者：现在有没有人来学习这种模式？

郑超豪：大家来学习是有的，但是他们量少的话做不出来，三五个学生是做不出来的。我建议我们市里的红十字会要做，哪怕受资助的学生不要他们回捐，让他们做义工也可以，回报社会，人人可慈善，总要激发起他们对社会的一种奉献精神。做义工也是对社会的一种回报，若干年以后有钱了，再捐赠也可以。不过，我认为这当然不是一种硬性的规定，也没有什么硬性的约束，是一种倡导。

采访者：2008年，您为了表示对母亲的怀念，以她的名义成立了"华鑫道德基金"，您设立这项基金的初衷是什么？

郑超豪：我母亲陈华鑫是2008年8月21日去世的，我觉得母亲去世了，如果没有一个怀念的载体，就会慢慢被淡忘，因此，我和我的几个兄弟姐妹商量，我说："能不能以一种基金的形式，以父母的名义设立一个道德基金，用于奖励本村的一些道德模范、道德示范家庭。"对于我的这一提议，我的哥哥、姐姐都很赞同。这既是对母亲的一种怀念，也是对我父亲一种安慰。母亲的丧事就尽量简办，除了一些亲朋好友送来的蜡烛钱，我们自己再凑点，共拿出8万块钱，成立了一个以我母亲冠名的华鑫道德基金。在我的记忆中，母亲就是一个普通的农村妇女，宽容慈祥，从来没有和家人、邻居吵过架，在当地口碑是非常好的，假如母亲在社会口碑不好，设立基金也会给别人笑话的。我也经常讲，我在慈善方面的一些理念继承了她的优良品质。华鑫道德基金的成立，每年我们村评出15户道德示范家庭，我想通过若干年的评选，可以对村里的道德建设、良好村风的树立应该有一定的促进作用。事实确实也是如此，从2008年第一次奖励到现在已经十年了，总共评出了151户家庭。评选标准非常简单，家庭和睦，邻里关系好，村当中口碑比较好的，其实就是家风比较好的就可以。然后大家推选出，推选出来以后，在村里面公示栏里做个公示，让大家知晓，不妥当的地方也可以调整，但是十年来，村里评得比较准确。所以我认为当选的这 151 户家庭对整个村里还是有点影响的。获奖家庭将"道德示范家庭"的木头奖牌挂在家门口。后来，不少村民就要求我把他们家也评上，我说："这个不是我评的，你自己做好了自然会有的。"他们要这个牌子的原因也是要证明自己家风良好，这个牌子挂起来很有用，因为假如有人过来找对象，看家庭情况，有奖牌挂起来的家庭是村里评出来的道德示范家庭，家风就差不到哪里去。我除了发一个木头奖牌之外，还发一个奖品，不发奖金，我觉得奖金有弊端，钱花掉就没有了。我们给每户买一个高压电饭锅作为奖品，电饭锅比较实用。然后我们在电饭锅外面特意印了"道德示范家庭"这几个字，希望他们在每天煮饭吃饭的时候就看到这几个字，如果这个家庭不是特别道德的话，每天从这里盛饭吃，看到这几个字就慢慢变得道德起来，我是这样想的。所以奖品设置也很讲究。他们每天都看到，因为是道德示范家庭，他们时时刻刻都会有这么种感觉，有一种约束和激励的效果。

　　华鑫道德基金建立起来以后，取得了良好的社会效果，因为这个奖励不是停留在物质层面，奖励的额度不大，一个电饭锅批发过来只有 400 块钱，一个奖牌几十块钱，钱虽然不多，但是更多的是精神层面的奖励。我觉得华峰诚志助学金也应该是精神层面的奖励，也是从物质慈善到精神慈善的一个提升，2008 年这个基金建立，运作了几年，社会反响很好。2011 年我父亲身体不太好，所以我想，不要等父亲去世了以后再做这个事情，趁父亲还健在，他自己神志还很清楚的时候比较好。所以我就跟父亲商量，我们要建立一个以我父亲和母亲共同冠名的，面向瑞安全市的一个诚信道德基金。我们现在经常讲社会诚信缺失、道德滑坡，所以我就想在诚信、道德方面设立一个奖，我父亲也非常乐意，就问我需要多少钱，我说："要一百万吧。"有的时候老人家很想做善事，就怕我们有经济负担。当时我向慈善总会承诺，十年之内把这一百万块钱打完，我在第三年有钱了，就一次性把一百万存在慈善总会里面，取名就叫"郑明陈华鑫诚信道德基金"。

郑超豪先生在瑞安市慈善总会成立郑明陈华鑫诚信道德基金（2011年）

这个基金的奖励对象比以我母亲名义命名的基金要广。我主要是奖励四种对象，第一种是道德示范家庭，这跟我村里那个一样，这是面向全市的道德示范家庭；第二种是道德模范个人，奖励道德模范个人；第三种是奖励新居民道德模范，因为当年在瑞安注册登记的新居民大概有六十几万吧，我觉得新居民是个比较大的一个群体，需要在他们中间评选道德模范个人，然后带动新居民这个群体形成一种积极向上的风尚，所以第三种对象就是新居民道德模范；第四种对象主要针对现在食品安全问题，所以我就奖给诚信道德示范经营户。

从2011年基金建立到现在，已经评选出来的各类道德模范合起来大概有1000位。我在陶山镇首次评选出来122户道德示范家庭，20名道德模范个人。然后，我跟市委宣传部、市文明办联合，在全市范围内推选，当时我个人设想在瑞安910个行政村里面，每个村不管大小，推荐一个，道德模范就在我们身边，大家都看得见。要求依然很简单，就是村里面大家公认的，口碑比较好的就可以，先评出来，然后让大家学，向他看齐。因为当时全市道德模范个人每两年只评出10位，宣传部觉得有点多，就将名额分到乡镇，后来评出来500多位，小的村没有，大的村有，总之这个事情的社会反响也很好。新居民道德模范评出60位。关于诚信道德示范经营户的评选，我主要是跟商务局、食品药品监督局联合，主要是针对那些小面积店铺进行评选。然后，小餐饮行业评出100个。因为这个事情需要持续，不是一两次就好，所以我觉得要形成一种评选的氛围和机制。我们从2011年开始评，到现在已经快有7年了。那么除了上述这4种对象，还有瑞安以外的个人，我们也开展评选。2013年，瑞安有个新居民，是安徽太和县人李国龙，他拾金不昧，捡到19000元，全额还给失主。

这个事情的整个过程是这样的：当时我记得，2013年的情人节，有个刚退二线的局长姓黄，去外地企业兼职，在外签了一份合同，合同签完之后，是坐动车回来的，本来他朋友要去动车站接，他不让，自己坐公交车过来。在瑞安公交车站下车，那天刚好下雨，他就叫了辆三轮车，他自己觉得累了，把一个挎包拿出来，放在三轮车边上。三轮车夫一直骑，骑到了瑞安瑞湖路的环岛转盘。他突然发现自己的包不见了，他那个时候就全乱了，包里面钱无所谓，重要的是合同，第一次跟人家签合同，据说这个合同拿过来以后，好像是要在瑞安会计师事务所验证或者盖章什么的，反正他将原件带过来了。他马上就叫骑三轮车的人停下来，然后去找，没找到。后来他就打电话给他们局里面的人帮他一起找，垃圾桶翻了，草坪里面看了，都没有。他回家去，在家里写一个寻物启事要给电视台，准备打电视游底广告。刚在写寻物启事的时候，有个陌生电话打过来，当时心里很反感，直接按了，按掉以后那人还接着打过来，他想看看这人要干嘛，然后就接起来。他态度也不好，很烦躁。在电话里，那人说："同志，你有没有东西丢了？"提到东西丢了，他马上就来精神了。后来那个陌生人就说："这个东西我捡到了，你明天上午上班的时候到华泰集团，把包还给你。"失主就很高兴了，他还不放心，不确定华泰集团是否有这个人。他想起有一个金副局长退休了，在华泰集团任总经理，他就打电话给金副局长，问他有没有叫李国龙的人。副局长说："有。"这下他就安心了，寻物启事也不写了。快要睡觉的时候，这个陌生电话又发了信息，"你安心睡吧，明天早上见。"这么一条信息让他很感动。第二天早上很早，他就去厂里见李国龙，李国龙就把包原原本本交给他，包里面的文件还有一万九千块钱，一分不少。这个时候他非常感动，就拿出包里一万块钱奖励给李国龙。李国龙不要，后来董事长说不用这么多吧，给他 5000 块钱，但他也不要。他说："我们捡到是应该还给你的。"从李国龙厂里出来，黄局长总觉得心里过意不去，他就想想，还是到报社给记者反映一下，写个表扬信，表扬信写出来我就看到了，我当时看到也非常感动。现在拾金不昧的这种事情要大力弘扬，要大力去提倡。当时我看到报道激动起来，我想 19000 就全奖给他，后来慈善总会说不要这么多，按理说他这钱捡到就应该还给别人。我觉得现在社会存在这样的现实问题：拾金昧了。本来是拾金不昧，应该要还给人家，但是现在好多人捡到钱就好像理所当然是自己的，他们认为这又不是偷来抢来的。那天那个失主以为自己丢的钱再也回不来了，假如能把合同书还给他，他就很感谢了。后来我就带着新居民服务管理局的副局长、慈善总会的副会长等人去了李国龙的厂。我就拿出 5000 块钱奖给李国龙，厂里为有这么好的一名员工而感到非常自豪，所以当天下午，厂里的厂长就向我们承诺要奖给他 3000 元，并将他从一名普通的员工提为车间副主任，职位升了，工资也涨了。后来，我记得我们瑞安市新居民服务管理局也给了他慰问金，然后还给他们家乡太和县发了个嘉奖，他给安徽太和务工者树立了好榜样。温州市评百名优秀务工人员，本来这个名额全部定好了，5月1日要表彰的，看到这样的事情就把他加进去了。当时全国不少的媒体都在报道这件事情，像钱江卫视也开展讨论，拾金不昧，该不该奖？最后主持人给我这个事情点个赞。后来全国据说有200多家媒体都在报道这个事件。温州瓯海区爱心人士成立的一个基金给诚信道德基金汇了一万零两块钱，他们对于这个事情表示支持。一万零两块钱应该是有含义，什么含义我也不知道，因为是没记名汇到慈善总会来，搞不清楚到底是谁汇的，可能这两块钱就是一个记号。另外温州一个公司的朋友也给诚信道德基金捐了一万块钱，认为我这个事情做得很有意义。假如李国龙当时将19000块钱全部占为己有，后续的表彰及一些荣誉就没有了，我不可能给他奖5000块钱，厂里不可能把他升为车间主任，厂里也不会嘉奖他。我还给了李国龙一张自己的名片，我答应他今后在瑞安遇到困难就给我打电话。后来他经常打电话找我办一些事情，包括他小孩子上学、他自己开个小超市没有房产证批不下来，我就主动帮他跑。我就一个理念：好人一定要有好报，这样人们才愿意做好事。

还有一件事情就是龙湾的环卫工人张红军捡到30万块钱，也归还失主。我看到这个报道以后就特意送一万块钱给他作为奖励，他虽然不是瑞安人，但是这样的环卫工人值得我们奖励。这个就跟他的品德有关系，那我听了以后非常感动，就送给他这个奖。

我经常在报纸上看到了出租车司机捡到钱，我都给他们奖了两千块钱。虽然钱不多，我觉得真的应该这样，所以出租车驾驶员很多都认识我。像类似这样的人我们必须要奖励，包括苍南的一个典型吴乃宜[①]，新华社报道了这个老人的事迹，我就觉得这样的老人这么讲诚信，很不容易。四个儿子，其中三个被台风夺去生命，留下一个受伤的儿子和80余

---

① 吴乃宜（1929—2014），浙江苍南县霞关镇三澳村人。2006年，超强桑美台风夺走了他3个儿子的生命，并留下了80余万元债务。当时已经77岁的吴乃宜开始吃稀饭、织渔网、捡废品，他节衣缩食，用5年多的艰辛与毅力恪守着"子债父偿"的承诺。其感人事迹经媒体报道后引起广泛关注，被称为"诚信老爹"。

万元的债务。他把保险公司拿过来的第一笔钱就还给信用社，这样的老人真的好。当我看到报道，这个老人还欠五万块钱，我就跟苍南慈善总会联系。

郑明陈华鑫诚信道德基金奖励"诚信老爹"吴乃宜

我觉得这样的老人必须去看一下，我奖励给他一万块钱。吴乃宜这个人真的非常难得，他仅仅是一个普通的老百姓，我们受党教育多年的公务员都不一定能够做得到，我们的领导干部不一定能做得到。但作为普通的渔民，一个农村的渔民能够做到这样，儿子欠人钱必须要还，不容易。他养些鸡，捡些破烂，种些蔬菜，就靠这样来还债，我真的很感动！

像类似这样的事情，我要是看到报道，就给这样的人奖励。因为诚信道德奖就是要奖给讲诚信、讲道德的人，这只是我个人的想法。当然个人力量非常单薄，所以就是先通过这么一些小小的事情，想让社会，让有关部门更多的人把精力投入到这里，为我们的社会诚信建设、道德建设做一些事情。

采访者：这些基金会的资金是你们家人捐出来的？

郑超豪：资金大部分是我出的。我觉得这钱出的值得，最近几年来，我们开展一些评选活动，资金不是全部来自我这个基金，我们宣传部、文明办还有其他有关单位都很支持，他们认为这个是好事情。所以我今年要继续搞，范围还要大一点。

采访者：2012 年您父母亲留下了房产，你们没有将财产分开，而是成立了家庭幸福基金是吗？

郑超豪：对，当时我们是这样想的。现在社会有一种很普遍的现象：父母在，家就在，父母不在的话，兄弟姐妹就各管各的，大家庭观念就淡薄了。所以我想必须有个载体来将我们全家的力量凝聚在一起。父母亲去世以后，他们的房子还在，我们几个兄弟姐妹经济条件都还可以，父母这个房子呢，把它卖掉了，这个钱不要分。我们农村的一些家庭里面，父母过世以后，为了父母留下的财产吵架打官司的也有，我想这个钱还是留着，然后兄弟姐妹们还自愿再出一点，后来我们凑了100 万放在我这里。这钱也不存银行，银行利息低，我每年拿出 10 万块钱的利息用于家庭活动所有费用。主要是几个方面费用：一是用于家庭的聚会。第一次过年的时候大家聚会，以父母的名义摆分岁酒，一般都六七桌，因为我们家庭人多。我们摆个分岁酒，每个人发两百块钱红包，以父母名义发，虽然父母走了，但是钱是父母留下的，发红包，大家觉得好，这个大家庭的温暖还在，不然的话分岁酒在兄弟姐妹中轮流摆，轮着、轮着可能就会断掉，有的时候范围可能就小了，这些情况都是可能出现的。第二次是清明，清明节我们共同去上坟，上坟回来以后在老家是摆六七桌酒，大家来吃一下，共同缅怀一下父母、爷爷、奶奶。第三次是父母忌日，因为我母亲、父亲都是阳历八月份去世的，所以我们就在八月份选定一个日子作为父母的纪念日，然后我们继续在老家搞些活动。比如说我们要求每个人来写一篇小文章，怀念一下当时父母、奶奶给我们留下了的一些东西。去年我把我们家族成员组织起来 40 多个人到了浦江郑义门看他们的家风家训。这蛮有意义的，就像集体旅游一样。另外，做一些其他的费用。我有 4 个舅舅，我们就以父母的名义，每年去他们家拜年，每个舅舅就给 2000 块钱的红包，还买点礼物给他们。村里面经常修桥铺路，比如说前年我们村里有座桥，我们以父亲的名义捐了 3 万块钱作为修桥费用。2017 年重阳节，我已承诺要给村里老人摆酒，我说："今年都让我出，以我家庭基金的名义，摆酒给老人们吃。"另外家里一些共同亲戚的红白喜事，包括我父亲的一些老友去世了，生病了都需要去探望的，就类似于这样的，都从这里支出，一年 10 万块钱足够用了。当然你可以继续捐款，你有余钱有意愿的话，你要捐款，把这个基金做大一点。假如我们家族若干年以后，有哪个小孩品学兼优的，那我们可以给他奖励，社会口碑好的我们给他奖励，获得一些荣誉，对社会有贡献，我们也给他奖励。哪家有困难的我们可以帮扶。一方面，大家庭能够维系下去，我们不期待有十代、二十代维系下来，起码说我们现在看得到的这几代要维系下来。我的老宅在陶山，你们觉得有兴趣的话可以去看看。虽然老宅房产证都办起来了，但是我就当着父亲的面，重新上交，放在我大哥那里，这个房子是大家庭的。2016 年年底瑞安文化局把我们这个房子作为一个古民居保护下来了，是我们大家共同的财富，所以我将基金取名为家庭幸福基金。

采访者：2012 年，你们全家去陶山镇送道德春联是吗？

郑超豪：我记得有一年选了一天纪念日，我也送了一批春联，专门是道德方面，老百姓很喜欢。过春节的时候，我基本上每年都有送。现在不少的春联都是"恭喜发财"之类的，讲道德方面的不多，所以我想送道德方面的春联。因为我自己家里从小的时候就贴春联，受到潜移默化影响，比如说"良言一句三冬暖，恶语伤人六月寒"；"积德虽无人见，行善自有天知"；"话到畅时留半句，理从是处让三分"。这些春联我觉得都蛮好的，从小经常看到的话也能起到一种良好的效应。春联是我二哥写的，类似这样的春联挂了几十副。

采访者：您家里从事医生职业的人很多，他们会给村民进行义诊服务是吗？

郑超豪：过去我们的义诊都是断断续续的。因为几个兄弟他们都在上班，平时就双休天回家去。我大哥原来是村里的一个赤脚医生，所以村里面的人无论什么毛病都找他，对他非常信任。我二哥原来在上望医院上班，现在已经退休了。我准备把自己的老宅修缮一下，让他给村民义务看病，同时我也提供一些常用药品免费给村民们吃，不收钱。但是我哥就是怕有医疗纠纷，或者事故。我觉得这个没大关系，有危难的病，有危险，你要及时叫他们到上级医院去看。人总是有良心的，我们没有收他们钱，他们会要我们怎么样，所以不必担心那么多。我们家准备义诊，免费送一些常用的药给他们。我记得我父亲去世的第二年，我组织我家里的医务人员给村民义诊体检。有一次，我们家族到高楼崇德书院开展了这样的活动。现在农村老百姓的健康意识还不是特别强，现在提出"健康中国"，我们农村也要跟上。

采访者：您还设立了一个与自己妻子有关的基金项目，就是诚济关爱护士基金，是在哪一年？

郑超豪：是 2011 年，因为我爱人是护士，自从跟她认识以后，我总觉得护士的工作其实比较辛劳，而且往往很难被人理解。有的时候比如说这个病看好了，病人一般会说是医生的功劳，不会说是护士的功劳。我们一般医务工作人员有句话叫"三分治疗，七分护理"。其实护理工作也蛮重要的，而且护理工作的确比较辛劳，3 班倒。女护士们的家庭、养育小孩子的压力也比较重。所以我想在 5 月 12 日护士节的时候为护士这份职业先写一篇文章，怎奈一直写不出来。现在我爱人担任了瑞安市人民医院护理部主任，我就和她商量建立一个基金。但是她反对，认为这个事情难弄，也解决不了多少问题。2011 年，我总算将她的思想工作完全做通了，我记得工作做通时可能就快到节日了，已经是 5 月 9 日了，一般护士节的纪念大会都是 5 月 12 日开。我们就想在纪念会上成立这个基金，然后我从 5 月 10 日开始筹划这个事情，我在自己办公室打电话、拉捐赠。我每个电话打出去，企业也好，朋友也好，每个人捐的数目不少于 5000 块钱，1 万、2 万、3 万、5 万都有，所以第一次我们成立的时候就超过 100 万。当时分管卫生工作的副市长本来答应我们是 5 月 12 日开纪念大会的，后来突然温州市有个会议有冲突，5 月 11 日晚上就要开会成立，所以这就没时间了。这个护士基金名称为"诚济关爱护士基金"，主要是用于优秀护士的奖励，给家庭困难或者遭到天灾人祸的护士家庭的慰问、老年护士的慰问、业绩突出的护士的奖励。"诚"是诚信，"济"是悬壶济世的意思。我自己这些基金基本都是"诚"字打头的。

采访者：您的女儿也对这个基金很支持，是吗？

郑超豪：我们平时跟她经常聊到这些事情，也是在潜移默化中影响到她了吧，她在泰顺检察院工作，不用我们动员，第一个月的工资，三千元就捐给诚济关爱护士基金，虽然钱不多，但是也表明了支持态度。

采访者：到 2012 年，您获得了温州市首届慈善大使的称号，当时留守儿童也是您关注的一个问题是吗？

郑超豪：留守儿童这种事情真不像办基金，你一个人出面捐点款、筹点资金很容易，但是留守儿童问题确实是个社会问题。平时我经常坐出租车，出租车驾驶员跟我们聊天的时候，讲自己一方面想回家，另一方面怕回家。有几个方面的怕：一个方面怕回家要花费，另一个就是怕看到儿子。因为儿子没有和他生活在一起，他看到了儿子只想流泪，因为跟着爷爷和奶奶，跟父母的关系就比较疏远了。他害怕看到这些，而且他也非常担心，根本没有时间、精力在教育儿子上，都是靠爷爷奶奶或者靠他自己开车的工资，就怕今后儿子心理会出问题。所以我那个时候一直在想，我们中国很有名气的希望工程你们都知道，后来搞了个营养早餐、营养午餐，我认为比起对留守儿童的心理关怀，后者更加要紧。希望工程当然非常伟大，但是希望工程仅仅是解决了一个物的问题，拿钱建了一所校舍，营养午餐也这样，你拿出钱给他们加餐改善营养。但是留守儿童的健康人格培育谁去关爱？今后社会要出问题就在这里，但是这个事情不是一次、两次，一个人、两个人能解决的，这是长期的工作。我认为现在隔代教育存在很大问题。有的人农村融不进去，城市又融不进去，这些人长大以后怎么办，会成为很大的社会问题，谁去关爱？希望工程非常伟大，但留守儿童需要我们全社会关注。前几年我们政协的几位女干部，把在湖岭的留守儿童组织起来，我是大力支持，我觉得这个工作很好，但是要跟进。这个妈妈不能是临时一天、两天的妈妈，要能够长期教育培养小孩，尤其是发育期前后要特别关注。我觉得这批小孩子人格健康的培育，我们社会还没有真正重视起来。女干部来当临时妈妈，给他们一些关爱是不错。但有的人都不清楚是缺乏父爱还是母爱，没有人教育他们为人处世，树立正确的世界观、人生观、价值观，这是个很大问题。

采访者：当时您是否想成立一个诚善义工互助社组织？

郑超豪：现在已经成立了，我当时就想建立类似于银行一样的机构，为什么要建立这个？现在社会老龄化速度很快，今后的养老是每个人都要遇到的一个问题，那养老靠单个家庭是很难解决的，我们现在不少家庭都把小孩子送到国外，送到大城市，那一旦老了以后，谁在精神、情感方面关爱你？这是个很大、很现实的问题。那靠政府靠国家也靠不了，政府国家只能提供养老金，标准高一点。而且今后的养老主要不是钱的问题。现在有不少的家庭，把孩子送到大城市北京、上海去，一旦自己老的话，就麻烦了。现在的年轻人可以生二胎了，把父母接到大城市，但有的时候跟子女长期住在一起又有矛盾，不去不好，去又不好，很纠结。现在像年轻一代基本上都是独生子女，我们这一辈谁来照顾，只能靠自己了。现在有的人退休了，退休后白白浪费时间，整天就打麻将、打扑克，无所事事，很没意思。大家去做一些义工把时间攒起来，自己今后有用的话，我设计的时间银行会反馈给你时间。这个银行不是给你钱，是给你时间。而且这个时间是多种多样的。你家里水龙头坏了，我有泥水工派给你，你家里电灯泡坏了，电工派给你。你今天需要人烧菜，那我将厨师派给你，是这样一种理念。当时想成立，但是这个工作量确实非常大，一个人很难弄。当然我们现在的崇德互助义工队也保留这么一种风气。我们把义工的工时都记录起来，假如我们义工有需要的话，我们可以提供给他们服务。当然不一定是完全相衔接的一种服务。这些义工来自社会各界，有我们退休的一些老干部，更有来自社会各界、从事各行各业的普通市民。

采访者：其他基金会的情况也请您介绍一下。

郑超豪：还有一个陶南女婿济困敬老奖优基金没有讲到。2012 年是我父亲去世那年。我的丈母娘、丈人与我们是同一个镇的陶南村人。他们村里有一位女婿是做饭店生意的一位老板，刚好到我家里做调研。他就顺便跟我说："郑校长，您的基金搞得这么多，我也想成立一个基金。"他是想假如是拿出十万、二十万块钱，一次花掉，他觉得不乐意。因为他跟我一样，也是陶南村的女婿。那我就给他提议，我说："我们以这个村女婿的名义给丈母娘家乡建立基金。"他觉得这个好。我们的女婿基金假如建立起来叫什么名字呢？我说："叫陶南女婿济困敬老奖优基金。"

他觉得这个好。然后我就顺便问他，我说："你可以出多少钱？"他说："我可以出20万。"我听了很激动。后来他出20万，我出6万，其他11个女婿凑了七十几万块钱。后来村里又拨出了三十来万块钱，现在基金是一百多万块钱，这个在全国都没有的，都是这个村的女婿回报丈母娘的家乡，丈母娘脸上有光。奖优方式和道德示范家庭一样，蛮好的。

温大校友会反哺基金是这样的，2011年，温州大学领导要我当瑞安市温大校友会会长，当会长总要干点事情。我说："是不是利用我们温大的校友，大家资金筹起来，建立一个校友基金。"我们这个校友会，我给它确定的宗旨是"服务校友，反哺母校，回报社会，促进瑞安经济社会发展"。后来我们就筹资。我自己出3万，有几个校友也蛮好的。宁波一个校友读外贸的，他自己做外贸生意，办外贸公司，出了30万元。还有南方寝饰的校友老板出30万，天瑞房开公司出了50万。然后我们校友把钱捐出来，我们每年都拿出10万块钱用于教育事业的建设，第一年我们拿出10万块钱，帮助陶山丰和小学建了一个操场和劳动实践基地。怎么反哺母校，基金会成立的第二年，温大两位教授评上国务院杰出青年奖，一位是蔡袁强校长，一位是化工学院的黄少铭。然后我们就以瑞安校友会的名义给他们奖励，每个人奖励5万，拿出10万块钱。学校里面奖励都没有这么高的。

还有崇德共享基金是崇德系列事业的一部分，你可能看到一些报道，第一个崇德书院，第二个崇德慈爱站，第三个是崇德诚善农场，第四个是崇德文工团，第五个是崇德互助义工队，那么这几项事业需要资金的支撑。我们就在瑞安市慈善总会就设立了一个崇德共享基金。

采访者：您自成立第一个基金会起到现在已经有十一年了，为什么要以基金会这样的形式，您觉得这样的形式有哪些好处？

郑超豪：上一次温州慈善总会会长黄德康问我："超豪，你说公益跟慈善是什么关系？"关于公益，我的理解是公共利益，我们一般的理解更多可能就是物质慈善，富人拿出钱帮助解决贫困人群的问题。但是我想无论公益还是慈善，都需要资金和精力的支持。我想还是那句话最重要：人人可慈善，慈善需人人，慈善惠人人。

另外做慈善工作，我就提出要"三心两意"，第一个"心"就是要有一份热心或者爱心；第二个"心"就是必须要用心去做这个事情；第三个必须要有恒心，要坚持。一年两年，做一件事情两件事情并不难，要长期坚持，这是三心。"两意"呢，第一个意是要"满意"，捐赠人和受捐人都要满意。第二个必须要有"创意"。我创立十来个基金，前期我是做了大量的思考工作。基金成立起来用于什么？怎么样使捐款人自愿把这钱捐出来，这个很要紧，而且这个事情办好以后，后续工作也很需要，人家钱给你，你力所能及地要为大家做一些事情。比如说诚济关爱护士基金，我当时就向一些捐款人说："假如有亲戚朋友或者是厂里的员工要用到我们的时候，需要医院帮助的时候你随时给我打电话，我会力所能及地帮助你。"我们仙降有家鞋厂老板曾经给这个基金捐了 3 万块钱。有一次一个员工的手被机器碾了，到医院没有床位，住不进去。他突然想到当时给诚济关爱护士基金也捐过款，就马上打电话给我，他说："郑校长，我这里有位员工想住院。"我就马上打电话跟我爱人说了，让她来做点好事，回报这些捐赠者。她是护理部主任，我就叫她送一束鲜花。因为这个人曾经为我们诚济关爱护士基金出了力，但住院住不进去，还住在走廊上，里面病房有空的话，早点把他转进去。虽然这个是公共资源，但是作为曾经关爱、支持我们的人，那我们给他一些回报，我认为也是应该做的。送鲜花是护士对他的一种关心，他感觉非常好。后来他碰到我，觉得有面子，下一次假如诚济关爱护士基金还需要捐款的话，他还要捐，所以这点是很关键的。

三　崇德事业

采访者：我们最后来谈谈崇德事业这个主题。崇德书院是您 2013 年

12 月份开始创建的，是您慈善事业当中的一项重要的内容，您当初建这个书院的目的是什么？

郑超豪：我认为这书院建设是跟我本职工作连起来的。因为我们现在选拔干部的方针叫"德才兼备，以德为先"。现在我们的党校课堂，说句实在话，专门搞道德培训的内容很少或者说是没有，我们除了提高干部的水平能力之外，另外内容就是党性锻炼，党性锻炼方面当然有一定的效果，但是我总觉得我们现在的干部，包括我们整个社会，缺德现象是比较严重的。无论是哪个阶层，包括我们当干部的，我不是说我们干部没有德，我是说缺德的现象。习近平总书记提出，我们要把依法治国和以德治国结合起来，有一句话叫法律是成文的道德，道德是内心的法律。所以我想全社会的道德建设非常需要，那么道德建设怎么样来进行？我总觉得要通过优秀的传统文化，找到一个载体。习近平总书记在中央政治局第十三次集体学习中就讲了，培养和弘扬社会主义核心价值观，必须要立足中华优秀传统文化。我们社会主义核心价值观要求：爱国、敬业、诚信、友善。那古代的核心价值观就是孝悌忠信，礼义廉耻，我们把两者结合起来。我就在瑞安高楼办了一所崇德书院，我当时还在党校任职。很简单，就是推崇或者崇尚道德的一个书院，就这样把它办起来。一些部门也很支持，我牵了个头，联合瑞安市政协、市纪委、市委组织部、宣传部、市交通运输局等 16 家单位办起来。从 2013 年 12 月开办到现在，3 年多时间，我们已经举办了 222 期，培训的学员达到 14156 个人。而且他们到我们崇德书院培训了以后，我不敢说百分百有效果，至少说绝大部分感觉到这种培训很有必要，这些对象不仅是瑞安的，瑞安以外的温州市内的，温州市外的绍兴党校、丽水、缙云的都来了。还有省外的哈尔滨工业大学、青海格尔木市的政协、人大，台湾馨艺术基金会的也过来。我们并没有打广告，为什么他们知道，都是学员口口相传。从 2013 年到 2016 年，可以说取得了丰硕的社会成效。2016 年 1 月，温州市委组织部门和温州市委党校把全市唯一一个教学示范基地——

"温州市干部优秀传统文化与崇政道德的现场教学示范基地"的牌子挂在我们崇德书院，温州全市唯一一个点。2016 年 5 月，浙江省委宣传部和省禁毒办开展第二届浙江最美禁毒人的评选，把崇德书院列为全省六家集体基地单位之一。10 月，瑞安市委市政府把我们崇德书院列为瑞安市爱国教育基地。12 月，浙江省人民政府开展第五届浙江慈善奖的评选，把我们崇德系列公益事业评为浙江慈善奖，这是我们浙江省慈善工作的最高奖项，说明社会的认同。

崇德书院院训是"学思悟践"。我想我们党校校训是"实事求是"，那么崇德书院，我也想搞一个院训。当时中纪委书记王岐山书记讲话里面就讲到学习思考，践行感悟，我就把这几个字取过来，所以我们取名叫"学思悟践"，学习思考，然后有感悟，感悟以后要去做，去践行。

崇德书院教材汇编

采访者：请问崇德书院基础设施的开支是从哪里来的？

郑超豪：这些基本投入，除了我们这个院舍是瑞安市交通运输局的培训基地之外，其他装修设备购置跟日常一些教学服务后勤的费用，包括后来我们建的义工房、道德馆，绝大部分都是来自社会各界的捐赠，比如企业中的爱心人士。当然这里面也有我们党政机关的一些帮助与支持。

采访者：崇德书院的培训老师来自哪里？

郑超豪：一般来说短期班的老师都是我们崇德书院的，包括我和其他的义工。假如时间长一点，我们会邀请温州以外的一些道德模范，一些专家过来给他们讲，各行各业都有，充分体现一种公益性质。凡是到我们崇德书院培训的人，我们全免费。凡是到崇德书院来，大家都是客，过来免费吃，免费住，免费提供教学服务。所以我们没有向学员收取一分钱的费用，当然学员自愿捐赠我们也欢迎。我们这个培训所有的教学后勤服务人员都是来自社会各界的义工志愿者，不用付工资。

书院的培训对象，主要是两种，一种我们称为关键的少数，就是各级领导干部各种管理层；另一种是特殊的群体，就是社区矫正康复对象，也就是戒毒人员。当然有普通的一些民众，包括中小学生也有。

郑超豪先生在崇德书院

采访者：书院还有社区矫正康复训练项目，尤其是针对染上毒瘾的人，我们知道戒毒是一项专业而又长久的工作，在这项工作中，是否有戒毒成功的人？

郑超豪：戒毒这个事情我们是外行。通过这几年的接触，我觉得戒毒，在技术和心理方面要跟上，我们也不懂，我们不可能承担这样的业务。我们主要是用心，给他们树立戒毒的信心，传递孝、善、德给他们，同时也用我们这些义工志愿者的一份爱心去打动他们，用心去做他们的工作，使他们树立戒毒的信心，然后坚持下去，这个非常要紧。我觉得做这个事情没有什么特殊的，我们也不是专家学者，也不是内行人，就是要用心去感化他们，现在已经有成功的例子，还蛮多的。

采访者：还有一个是崇德慈爱站，这是 2014 年元旦成立的，您成立这个慈爱站原因是什么？

郑超豪：因为我们崇德书院其中一个建院的原则叫"知行合一"。知行合一就是说跟做要结合起来，这也充分体现我们崇德书院的院训"学思悟践"。我们崇德书院办得再好，没有实际的行动，那可能社会的认可度没有这么高。所以我们 2013 年 12 月 5 日开班以后，我们就着手想做一些践行的活动。当年 12 月份，有一次早上七点多我在高速口等车，有个环卫工人扫地，我就跟他聊天。我说："师傅哪里人？"他说："安徽太和的。"我说："今年几岁？"他说："59 岁，在瑞安七八年时间了。"我说："工资待遇多少？"他说："1800 元一个月。"我说："有没有休息天？"他说："没有，每天 60 块钱。"我问："几点钟上班？"他说："我三点钟左右。"我说："这么冷的天气啊，真早啊。"他说："我不算最早，最早两点半或者两点都有。"我说："你早饭吃了？"他说："还没吃，等一下再扫一会儿，八点多我这里扫好了，检查以后我回去吃饭。家里已经煮了点稀饭，再下点面条，省一点。"我听了就很感动。我想，三四点钟我们还在被窝里，而环卫工人为了一天 60 块钱已经在路上劳作了，他们不论刮风下雨，每天都要坚持。我就告诉他，我说："假如玉海广场有免费的面包，你会不会去拿，因为高速路口离玉海广场不远。"他就仰着头看我说："同志不要开这样的玩笑。现在这个社会还会有什么免费的东西给我们这些环卫工人吃啊？"我说："你把地扫干净会有的。"后来我就跟我们义工商量，我说："我们要做好事就分发面包，因为分发面包相对来说比较方便，工作量不大，面包批发过来就好了，而且河南人、安徽人喜欢吃面食。"开始有的义工和我说："现在实在太冷，要不明年开春暖和点我们开始送，但是事情确实是好事。"我说："大家假如说认为是好事，那就现在开始做。正因为冷就要现在开始做了，我们送出去的不仅是几个面包，送出去的是我们瑞安的一份爱心，一份暖心。"

郑超豪先生与领到爱心早餐的环卫工人在一起

我们义工很好，说干就干，2014 年元旦开始，一直坚持到现在没有间断过，不管刮风下雨，不管正月初一还是其他节假日，我们都会坚持。节假日不仅没有停而且还加发其他的东西。我们就这样坚持下来了，而且确实感动了很多人，有的人路过现场就捐款，有位女士连姓什么都不告诉我们，两个月捐了七万块钱，说明社会上的好心人很多。

采访者：听说当时有一些环卫工人开始领早餐的时候有一些犹豫？

郑超豪：总有个从不习惯到习惯的过程。开始有的人以为我们卖早餐，因为我们开始时规模没这么大，我们想方便环卫工人。我们把义工分成6个组，将面包运过去送给他们，怕他们过来麻烦，但是也有很多问题。开始我们是想要环卫站里面的管理人员送到路面上去，开始他们是接受的，但是每天这样送他们做不到，而且送出去就冷了，后来他们就贪方便，把领过去的几百个放到一个点叫他们自己去拿。有的人拿很多，有的人吃不到，有的冷了也不卫生。后来我们想想还是集中分发，尽管他们过来远一点，还是集中好。首先，这样早餐不会凉；再一个，坐在那里可以安心吃，集中领取就是有秩序一点。

我把崇德书院作为一个系列公益事业来办。崇德书院的培训是第一个事情。第二个事情，崇德慈爱站分发面包的行动也比较成熟了。两个发放点每天分发2500个面包加豆浆，每天坚持。第三个事情就是崇德诚善农场。农场也是比较大的一个事情。尤其是山区地方比较远，面积比较大，而且投入的工作量也相当多。种些果树、茶叶、蔬菜都有一定的技术，加上山上杂草丛生，一般的人待不住，都是比较苦、比较累的一些事情。第四个事情是崇德文工团，我们准备一年演15—20场，就把孝德文化跟禁毒工作以群众喜闻乐见的方式，比如瑞安鼓词、小品、顺口溜等文艺形式送到农村、社区的文化礼堂去，这些是讲本地话的节目。我们把普通话的节目安排到学校、部队、企业去，因为现在企业里有不少外来务工人员。第五个事情是崇德互助义工队，我们的书院、农场、文工团里的人员都是义工，我们这个互助义工队就是干这些活。第六个事情就是崇德共享基金，先做六个事情，总体来说还是比较顺利的，当然要想做好的话，需要社会各方面的支持。

郑超豪先生与崇德义工在一起

采访者：农场现在是设在哪个地方？

郑超豪：在书院旁边，目前是戒毒人员在那里，因为我们这个农场就是为社区矫正对象和社区康复（戒毒）人员提供劳动实践用的。

采访者：做慈善这么多年来，是什么力量支撑您来从事这个事业？

郑超豪：除了一些家庭影响之外跟我的工作经验也有很大的关系。假如我不是大学毕业，分到党校工作30年，假如我调了不少的单位，今天很可能不会做慈善事业了。假如只有家庭潜移默化的影响，仅仅有这个心，没有条件也没用。我们社会上爱心人士很多，比我善良的人多的是，但为什么他们没有坚持做下去，没有做得这么大、这么多，跟他们的社会资源有关系。我的社会资源跟党校的工作经历有很大关系。前段时间我写总结材料，我的事业跟社会资源有很大的关系。因为我在瑞安党校的三十年是党校历史上最辉煌的三十年，这么多的培训量，方方面面的人进党校学习，让我得以认识他们，他们对我的工作也很认同。他们对公益事业认同，所以就支持我做这个事情。因为我在党校时间长，人脉广泛，而且大家都认同我做的这些事情，大家共同参与进来，把这个事情做起来。党校为我提供了做慈善、做公益事业的一个平台。

郑超豪先生获第四届浙江慈善奖时与李强省长合影

四 传承好家风

采访者：请您谈谈您对子女的教育，如何传承好家风。

郑超豪：前面说过，我们家的家风是规矩做人，行孝扬善，厚德循道。做人要善良，要诚实，要包容、友善，恪守孝道，乐于帮助他人，充分体现厚德载物的精神。我就一个女儿，我平时没有刻意教育。有一句话叫身教重于言教，我相信现在的小孩子都非常聪明，都会看得见，听得到的，假如她对我的事业也认同，肯定会积极参与。当然我现在也不会强求下一代一定要怎么样，毕竟年轻，工作第一，首先本职工作要做好，假如本职工作做不好的话，整天做公益事业也不太现实，年轻人还要打好基础。

采访者：对于您将来所要做的慈善事业，您还有什么新的打算或者新的期待？这其实也是家风传承的一种延续。

郑超豪：关于新的打算期待，我还没有这样远大的理想，我想把十个慈善基金做好，另外也要把崇德系列公益事业做好，要坚持健康有序地发展下去，然后更加完善。因为我们做的这些事情不可能尽善尽美，存在这样或那样的不足，那我要对相信我、相信我们崇德事业，对崇德系列事业工作有过支持的人有个交代，对社会有个交代。社会给我这么多的荣誉，我要对得起这份荣誉，要把这些事情做好。作为温州慈善大使要把作用发挥出来，瑞安的道德模范要做到名副其实，关键是怎样完善与坚持。这就是我最大的愿望。

口述者 —— 郑逢民

郑逢民：

悬壶济世　精医勤读

采访者：郑重、曾富城

整理者：郑重

采访时间：2017 年 4 月 15 日

采访地点：瑞安市中医院

口述者：郑逢民先生，1962 年出生于瑞安道院前街著名的中医世家。曾祖父郑绪甫先生（1867—1949）出身生员，早年曾在中国第一所新式中医学堂——利济医学堂学习，后担任利济医院医师，并参与《利济学堂报》的编校工作。他注重收集资料，集临床经验之精华，用毕生精力写就《乞法全书》。祖父郑叔岳先生（1893—1951）也是瑞安一代名医，在悬壶济世的同时，经常习武强体，爱为贫苦人打抱不平。他有着强烈的爱国主义思想，在抗战后期，曾有汉奸劝他把祖传的

郑家祖孙三代人在利济医学堂门口合影

《乞法全书》交由日本人出版，被他义正词严地呵斥了一顿。父亲郑中坚先生（1933—2015）继承家学，他不仅医术高明，且对待病人极有耐心，一视同仁，几十年如一日地兢兢业业耕耘于医坛。他认为医生不仅要有高超的医术为病人解除痛苦，还应以德为重，急患者之所急，想患者之所想。对于祖传的《乞法全书》，他一直悉心保护，在晚年和儿子、孙女一起整理该书并出版。由于特定时代的原因，郑逢民先生少年时失去了读书的最佳时机，但通过几十年坚持不懈的努力，终于成为瑞安市名中医。他的女儿郑乐乐现在瑞安市中医院工作，钻研医学，辛勤工作，传承着祖辈的良好家风。郑先生说："我的祖辈既是行医的医生，对医学钻研很深，又参与办学、传播中医文化。他们经常让下一辈集体学习文化与医术，背诵、讨论医书的内容，这是为了更好地传承与发扬好家风。业精于勤而荒于嬉，要学好中医，就要精医勤读，父亲在世时经常用这句话教导我，这是我们家的家训，我们每个人都要时刻牢记于心。"

一　祖辈誉满杏林

采访者：郑主任，您好！您出身中医世家，您的家庭演绎了一个五代从医、誉满杏林的感人故事。我们想对您进行口述历史采访，通过您口述家族的历史，展现中医世家的优良家风。首先请您谈一下您曾祖父郑缉甫先生的个人情况。

郑逢民：我们老家在金带桥 8 号，就是现在的道院前街 26 号。孙诒让先生就住在玉海楼，我们就是隔壁邻居。其实玉海楼旁边有条小河，以前从温州来的小型船都可以通到这里面去。郑缉甫是我的曾祖父，他出生于 1867 年，在中华人民共和国成立那一年去世了。我的曾祖父是清末的生员。他的晚号"乞法老人"。听我父亲讲，他在晚年的时候就给自己封了一个号，叫作"乞法老人"。其实是一个比较谦虚的自称。他自己是一个有学问的人，想和他人讨论这些学问，特别是医学方面的，大概是这么个意思。后来我也查了一些字典，这个"乞"就是求，向人讨，"法"就是法宝，就是他想跟别人讨法宝，所以说自己是这么一个老人。

采访者：郑缉甫先生，他为什么要选择学医这条道路呢？

郑逢民：他跟陈虬①其实是远亲，他主要是跟陈虬在一起，听说后来陈虬的儿子拜他为义父，他们关系肯定是很好的。所以他可能就是跟随着陈虬一起到利济去学医，大概是这么一个过程。当年我的曾祖父在利济办学、教书、看病。光绪二十一年，也就是 1895 年，利济医学堂和利济医院在温州小高桥下开设分院，第二年出版发行《利济学堂报》。这是我国高校发行学报之始，也是中医药学报的开端。《利济学堂报》以传播维新思想为宗旨，提倡学术争鸣。除了介绍中西医学术外，兼及时事、洋务、农学、艺事、商务、物理、化学等多方面的内容，是综合性学报。它的发行方便了学术交流，提高了教学质量。我的曾祖父郑缉甫先生参与了《利济学堂报》的编校工作。利济医院是温州中医院的前身，其实温州中医院那边的很多教师都是我们利济医学堂这边培养出来的。所以利济医学堂应该说也是比较厉害的，办学也比较成功，如果再办下去的话，也可能会成为浙江某个大学的前身，后来没有继续办很可惜。

关于《史记》的事情我也了解了一下，当时是在温州江心展览。他在当时是手抄，他字写得很好，很漂亮，他把整部《史记》都抄下来了，听说是 20 多卷，那是轰动一时的。不过很遗憾，就是这次展览了以后手抄《史记》不知道被谁偷走了。我的曾祖父很小的时候可能就开始学医了，而且他是博览群书，我自己感觉《乞法全书》出版以后，我们医院

①　陈虬（1851—1904），原名国珍，字庆宋，号子册，后改字志三，号蛰庐，浙江乐清人，后去瑞安创业，是光绪己丑（1889）举人。他出身贫苦，祖父以更夫为业，父业漆匠。陈虬自幼勤奋好学，自学成才。他在戊戌变法前和汤寿潜（字蛰仙）合称"浙东二蛰"，和陈黻宸、宋恕合称"东瓯三杰"，是我国近代著名的改良派思想家，是造诣很深的中医师，是最早的新式中医学校创办人。他的生平以维新变法思想和中医实践两方面的光辉成就载入史册。

里包括我们外面的好几个高年资的
医生、主任看了这本书以后，都说
水平很高。现在书上有些资料留下
来，我们看起来也是很漂亮的，写
得很好，都是自己的一些见解。

郑缉甫先生

他这个人很忠厚，为人很诚恳。
在民国初年，他根据气候的变化与
人体疾病之间的关系，针对性地提
出了预防与治疗的概念。这一辨证
施治的经验之论，迄今仍受到卫生防
疫部门的重视而被广为采用。关于
《史记》这件事我再补充一下，在瑞
安市委宣传部"弟子规书稿第35课"
中，专门提到手抄的《史记》。

采访者：您的曾祖父擅长治疗哪些疾病？

郑逢民：现在的中医都细化了，其实以前老中医什么都会、都通的，
不仅仅是内科、儿科、妇科等。我的曾祖父什么病都看，那时应该说也
没有什么特别的分科。我觉得，有名气的医生什么都会，算是全科医生，
自制一些专治胃病的玩意儿。

采访者：请谈一下您祖父郑叔岳先生的情况。

郑逢民：郑叔岳先生出生于1893年，在20岁左右就参加了全省的中
医考试，获得了执照。当时有一个考试，他获得甲等医生执照。我曾祖
父开诊所的时候他还在利济，可能没有什么批文吧。民国初年可能要有
一个执照。但是这个执照我也没有见过。他当过瑞安国医支馆的馆长，
这可能也是他的最高职位了。他可能跟上层人物也有关系，因为后来我

在书上看到有关"三焦释迷"的内容，国医馆馆长给他题词，这个题词现在还保留着。他也担任过瑞安救济院施诊所的主任，救济院就是一个救济的机构。

他主要有四个特点。一个就是他结友好学。他在担任瑞安国医支馆馆长的时候，就结交了很多有名的人，这一点和曾祖父不同，他就是很会结交人，比如著名大学的医学大家李权、李孟秋、李岳成，还有瑞安著名的医生蔡宅明、池仲炎等。他喜欢向他们讨教。人脉广、爱结交人，这是他的一个特点。他向他们学习医学技能，结合自身的医学研究和祖上传下的医学遗产，融会贯通，不断提高自己的医学水平，终成瑞安一代名医。

第二个特点，他习武强身，还喜欢打抱不平，具有公平仗义的精神。他很小就开始习武，其实他的寿命不长，1951 年去世了。当时也不知道是什么毛病，可能是什么癌症，肚子鼓鼓的、大大的。后来他到临死的时候，他说："自己不行了，说是抽筋抽起来，没得救了。"他其实很小的时候就开始习武，比如南拳、太极拳都会打，而且特别擅长的是棒术。他也向当时很有名的拳师董仲全讨教拳术。有一次他去看病人，以前他都要出诊。我家里有一辆黄包车。当时他可能比较有名，钱也稍微多一点，不然的话黄包车是买不起的，当时有黄包车的人很少。当时有一个人专门给他拉黄包车。有一次他出诊，出诊的时候那个拉车的人不小心把一个当官人的衣服勾破了，那个当官人也不是好惹的，破口大骂，拉住车夫要打他。当时我的祖父是懂拳的，而且他喜欢打抱不平，欺负给他拉车的人还行啊！他下来拉住当官的，就要打。当时那个当官的看见他这个架势，也怕了，就走了，这说明我祖父是个有正义感的人。但是他绝对不会去欺负弱小的人。此事传遍全城，人们纷纷钦敬他的一身好功夫和公平仗义的优秀品德。我的祖父同情穷人，平易近人，讲究邻里和睦。他虽然出身医学世家，有身份地位，但从不恃才傲物。他给予穷人以义助。由于他心地善良，非常受人尊敬。他的朋友，也就是当时瑞安名医蔡宅明的一个儿子和邻居的儿子就认他为义父。

第三个特点，他有强烈的爱国主义思想。在抗日战争期间，他非常痛恨日本人，在言谈举止中无不透露出忧国忧民的情怀。在那段时间，他与友人在一起经常抨击日本人的侵略残暴行为。对于为日本人做事的汉奸，他是非常憎恨的。有一次一个汉奸，就是因为《乞法全书》到家中来。因为那个时候这本书差不多成书了。汉奸劝他将这本书在日本出版，他就破口大骂："我这本书怎么会给日本人出版！这是郑家的珍产，是中华民族医学智慧。"当时他就拒绝了，说明他是爱国的、有正义感的人。不过当时日军也差不多要败退了，如果是再早几年的话，我祖父可能就没命了。还有一个小故事，就是1949年以后，祖父才知道我的大姑妈、大姑父、二姑妈、二姑父都是共产党员。他们为瑞安的和平解放贡献了力量。他以前一点都不知道。到解放的时候，政府要求他到台上去。当时他很激动、很高兴。因为他的两个女儿都是共产党，而且女婿也都是共产党员。他赞扬自己的女儿和女婿优秀，衷心拥护共产党的正确领导，并且非常支持他们的工作，也表现了他可贵的思想政治觉悟与爱国主义情操。我的大姑父是原丽水电业局局长，大姑妈后来是丽水总工会主席。我的二姑父是温州第一任组织部部长，二姑妈也是离休干部。大姑父跟二姑父已经去世了，他们都是很早就加入共产党参加革命，以前都是地下党员。

第四个特点，他有悬壶济世的高尚医德。他开办郑叔岳诊所（就是现在的郑中坚诊所），平时为老百姓治病，有时到利济医院义诊，解除他们的痛苦。在解放以前，有一次瑞安经历了一场大霍乱。他为了救老百姓，不怕辛苦，没日没夜地去出诊，可以说他起码救了几千人。当时霍乱盛行得比较厉害，政府就想到了他，把他请过来，他马上就去了。当时患者不计其数，死亡率居高不下，国民政府在悟真寺、集真观等处设立霍乱临时隔离收治所。我祖父郑叔岳先生作为义务医生，一连数月戴着深度近视眼镜，日夜奔忙在患者中间。临时隔离收治所内污物遍地，秽气冲天，诊治时，他的衣物常被病人的分泌物玷污，而他却一心施救，毫无怨言，使大批霍乱患者得以痊愈。一天，他外出诊治回来已经是深夜 3 点钟，刚要睡下，有病人家属敲门，送亲人要求诊治。他不顾身体劳累，把病人迎进家，一看病人生命垂危，就立即施救诊治，片刻不离病人左右，直到第二天早上，才把病人抢救过来。病人家属千恩万谢，此事传遍全城，受到老百姓的高度评价和赞颂。这说明他对于"医"是很爱好的。另外一个，就是对老百姓很关心。

郑叔岳先生

当时的瑞安县长孙熙鼎亲自赠送"着手回春"四字匾额，以示嘉奖。他坚持弘扬"利济"精神，经常为贫寒患者义诊和免费送药，高尚的医德医风和救死扶伤的慈善之举，受到群众交口称赞。后任的瑞安县长许学彬也感于地方呼声，给他赠送"心存济世"的巨幅匾额。后人有诗赞曰"灭疫克难创奇迹，邑官两任匾褒扬"。

应该说后来他名声是比较大的，只不过他寿命比较短。他也写了一本书，是关于温病的。他其实治疗疾病也是通才，也是全科的。因为我的祖辈治疗消化疾病比较拿手，他也是一样。他可能自己也觉得资料多一点，留下的东西可能也多，但是没有具体的文字留下来给我，方剂都是他留下来给我的。应该说，他对治疗消化疾病很在行，对治疗小儿麻疹也比较拿手。这也是祖辈们所擅长的。当时传染比较难治，比较难控制。

　　我曾祖父编著《乞法全书》后增 7 种时，年事已高，不少内容就在郑叔岳先生相助下完成。对此，池志澂①评说道："所著书皆博赅精实，父作子述，一家自有渊源，三十年来活人无算，大有疗废起疴之誉。"《乞法全书》倒是没有留下他的名字，留下来的是谁的名字呢？是我曾祖父的弟弟的名字，他的儿子也有名字留上去。书上也没有留上我祖父的名字，听我父亲讲，祖父一直是帮忙的，可能就是跟他合在一起了，没有再分开。他肯定会帮父亲，而且他是学医的，曾祖父弟弟的大儿子反倒不是学医的。我的二伯是学医的，他在解放以后是在隆山医院工作，也比较有名。

　　关于郑叔岳先生的一些情况，大致上我了解的就这么多了，我还专门问过大姑妈、二姑妈。如果我父亲在的话，这些他肯定知道，真遗憾他已经过世了，他可以滔滔不绝地讲。他还有很多东西要教我，他本来身体很好，眉毛很长，这是长寿的象征，想不到这么快去世了，很遗憾。

　　采访者：请您谈谈您父亲郑中坚先生的情况。

　　郑逢民：我父亲是 1933 年出生，有三姐妹、三兄弟。他大哥是搞鼓词创作的，瑞安很多鼓词都是他编的，他字写得很漂亮，也擅长写诗，是一个文化人，就在文化馆工作。他自己不会唱，是编给别人唱，也留下了好几本书，现在已经去世了。父亲的二哥解放以后是在工人医院工作，也是比较老的一个中医内科医生，也去世了。我父亲在兄弟里面排第三，前面两个姐姐，父亲下面还有个妹妹，她是教书的。

　　采访者：据说您父亲在小时候也曾经跟郑缉甫先生学过医术。

---

　　① 池志澂（1854—1937），字云珊，晚号卧庐。他少时聪颖好学，颇具天赋，七岁就读私塾，开始涉足书法。清光绪元年（1875），随业师孙衣言（时任湖北藩司布政使）做幕僚，孙衣言调任江宁后，他也随师到南京。池志澂精通中医，回到瑞安后，他便以行医授徒为业。光绪廿一年（1895），他协助陈虬等人创办利济医院，坐堂诊治，在院中设学堂，教讲医学之道。池志澂擅长治疗"伤寒"，名闻当地，每日求医者众。他平易近人，乐善好施，对贫苦乡民上门求医者，常免费为其诊治，为乡里人称颂。

郑叔岳先生100周岁诞辰家庭纪念会留影（1992年）

　　郑逢民：对，我父亲他没有生病的时候，以前跟我们提起过。他在很小的时候跟我曾祖父学过医术，因为他真正出来去工作的时候大概是20来岁，他很小的时候就已经跟着我的曾祖父，他不是跟祖父而是跟曾祖父学的，曾祖父有时间的时候就教他背经典著作，比如《伤寒论》①《金匮要略》②、方剂等，而且都是用瑞安话教他背的。所以我父亲后来教我的时候也是用瑞安话背的。我现在有很多方剂也是用瑞安话背的。当时他回忆说他到了80多岁用瑞安话背这些经典著作背得还是很流利，我倒是背不出来。而且里面的一个个字解释很准，每个字都消化了，所以

---

　　①　《伤寒论》为东汉张仲景所著汉医经典著作，是一部阐述外感病治疗规律的专著，全书10卷。

　　②　东汉张仲景著述的《金匮要略》是古代汉医经典著作之一，是中国现存最早的一部诊治杂病的中医专著。该书撰于3世纪初，作者原撰《伤寒杂病论》十六卷中的另一部分。经晋王叔和整理后，其古传本之一名《金匮玉函要略方》，共3卷。上卷为辨伤寒，中卷则论杂病，下卷记载药方。后北宋校正医书局林亿等人根据当时所存的蠹简文字重予编校，取其中以杂病为主的内容，仍厘定为3卷，改名《金匮要略方论》。

郑中坚先生与姐姐、妹妹在一起

我觉得这跟曾祖父小时候教他是密不可分的。我们现在中医讲究师承，我觉得这个应该是正确的。从小开始接触中医经典，虽然当时可能还不理解，但是当你以后理解的时候那是很厉害的。现在你去背的话背了又忘了，这个是不好，当然学校教学也是一方面，把师承忽略了也不行，两方面要结合，读书也是要师承，我觉得这也是中医传承比较有效的一个方法。从我的父亲看，他对于中医经典就是记得牢牢的，都是以前背下来的，功底很深，我觉得很好。还有一个，我想再说明一下，当时我的父亲在学医，据他说没有公开去学医，就是早上很早的时候在被窝里背，然后晚上的时候在被窝里背。20 世纪 50 年代中期，毛泽东倡导中医，说中医药是一个伟大的宝库，这个我们都知道的。所以毛泽东这个话讲了以后，我们中医才有了一个快速的发展。如果延续以前的这种老概念的话，中医早就消亡了。所以在这么一个背景下，我想这可能也是我父亲当时这样选择的原因，跟当时的形势可能也有关系。所以他说自己是在被窝里学医的。

　　我父亲是 1940 年 8 月到 1946 年 7 月在瑞安东南小学读书，1946 年到 1949 年在瑞安中学读书，1949 年从瑞安中学毕业就开始去工作了。1951 年我的祖父就已经去世了，我想最多只有两年的时间他是可能跟着祖父学习。我父亲 1951 年就参加工作了，可能我祖父去世了以后他就开始参加工作，然后他 1956 年加入了共产党，1959 年 3 月他从浙江中医进修学校毕业，进修了一年，时间是 1958 年的 2 月份到 1959 年的 3 月份。当时的浙江中医进修学校其实就是后来的浙江中医学院，后来就是浙江中医药大学。父亲是在 1980 年 4 月份晋升主治医师，当时可能也是瑞安的第一批吧。他在 1987 年的 12 月份晋升副主任中医师，也是瑞安的第一批。他于 1993 年 7 月份退休，退了以后就开始自己开诊所，一直到他去世，我们才把他的执照注销掉。

郑中坚先生与妻子

1951 年父亲参加工作以后，当时还没有从医，而是在搬运公司担任出纳、文书。后来上级看到他擅长中医，且祖辈都是从医的，就把他调到搬运保健所工作。他其实那时候已经会开方了，那时候也不用考试，直接转过来当医生就是了。1956 年 3 月，瑞安县搬运保健所成立，他就担任中医生。我父亲跟我母亲是在工作期间认识的，我母亲是搬运保健所的护士，我父亲是中医。1959 年 3 月，搬运保健所改成交通保健所。那时候父亲在杭州，还没毕业，单位名称可能就改了，改了以后他就重新回来工作。不是说他在那里进修，这里就不管了，还是要管理的，进修的时候可能还会回来给人看病，也有可能的。当时浙江中医进修学校的何任①副校长是很赞赏我父亲的，这是我父亲亲口对我讲的。何任有好几次晚上找他谈话，叫他留在学校担任教师。因为我父亲这个人比较恋家，他很想回家，所以就回来了。何校长在 1955 到 1959 年都是浙江中医进修学校的副校长，1959 年以后就改成浙江中医学院了。其实他让父亲留校，是因为浙江中医学院快要成立了，要扩大师资力量。何校长一定要让他留下来，还跟他谈了好几次话，他就是不肯留下来。我说："你如果那时候留在那边的话就不是这么回事了，很可能就是一个教授。"所以这其实也是很遗憾的。何院长是在 2012 年去世的，当时是 93 岁。我父亲他跟我提起的时候就这么说，何校长对他很好，他当时在那里担任班干部。何校长对他很看好，他对何校长也是很感恩的，所以在 2011 年年底，我们专程找到他的住处，是我帮他找到的，真的是很难找，他这个住处一般是不给你知道的，但是我了解到他的女儿、女婿都是住在那边。后来我通过一个熟人找到了他女儿的电话。然后我说我父亲要专程去拜访他，后来他女儿就把地址告诉我了。那天谈话只谈了十来分钟，因为

---

① 何任（1921—2012），浙江杭州人。他 1940 年毕业于上海新中国医学院，后随父学中医，曾开业行医。1955 年后，他历任浙江省中医进修学校副校长、校长，浙江中医学院教授、副院长、院长，中华全国中医学会第二届常务理事、浙江分会会长，潜心于中医教育事业，培养了一批中医人才，临床擅长于内科、妇科病的治疗。他喜用"金匮方"，对湿温急证以及胃脘痛、崩漏等疑难杂病疗效显著。他对《金匮要略》的研究，颇见功力，著述甚丰。

他年纪实在是很大了，讲话力气也不是很足了。当时我记得我跟我父亲送给他了一盒参。他看到我父亲之后很长一段时间才认出来，看得出来他也很高兴，他还认得我父亲，当时他已经是 92 岁了。我父亲进到他的卧室里去，他非常高兴，在床上跟他握手，从中可以看出父亲对老师的感恩之情。当时父亲也不知道他病得这么厉害，在他走之前就去看他，父亲也算没有留下遗憾。

采访者：您父亲在交通保健所担任工作的一些经历，您有没有一些印象呢？

郑逢民：父亲在交通保健所应该说我还是有点印象，因为我小时候天天往那里跑，一放学就跑到那边去了，我母亲也在那边。我母亲是那边的一个护士，是专门输液打针的，我父亲是中医，当时他那里一共有两个医生，一个是中医的，一个是西医的。那个西医我也认识，他的妻子也是护士。西医就是专门看西医。那里有药房，药房主要是以西药为主，中药很少，好像也有个小的中药房，但是以西医为主。所以我父亲在那里中医也看，西医也看，他不能专门看中医，当时我看到的是这么一种情景，配药的这些人都是老药工，也比较厉害。当时我父亲在那里看病的名气也比较大，因为周围赶过来看病的人也很多，像附近的邻居都跑过来，都在这里看。而且他们保健所对外也开放，他们内部的看病以后记账，有个单子开出来，你放那里，实际上记一下就可以了。外面的人过来要开发票，要付钱的。那时候也比较开放的，他名气也比较大了，然后整个交通部门可能慢慢就集中在这里了，变成属于交通部门下面的一个保健所。它本来是搬运保健所，这是 1959 年的事。但是医生还是这么几个医生，没有扩充，所以父亲那时候很忙，比如中午 12 点钟、下午 6 点钟都在那里看，到天黑了还在那里。我父亲看病一贯很认真，我们现在好像病人多起来就会快起来，他病人多起来还是这么慢，就这么看，而且有时候还越看越慢。他很仔细，看病的时候基本上没有急躁的情绪，他很有耐心，这个是我最佩服的。我有时候看多了真的会头脑发胀，也会有点急躁。我觉得这个真的是值得我们一辈子学习的。他还有一个特点就是待人非常的热情，不管是谁，都是一视同仁。他也经常教导我说："你看病不要看他是富贵的还是贫穷的，不要看他是当官的还是不当官的，我们都是要一视同仁，一样去看病。"

父亲对待病人比较认真。我总结了一下。第一，他是一个称职的医生。他对自己的医学事业真的是刻苦钻研、精益求精，这句话放在他身上真的是一点也不夸张。他下班回去以后都还要看书。他对经典的内容很熟悉，像《伤寒论》和《金匮要略》，我到现在还读得不完全，他这几本书不知道翻了多少遍，背下来的经文也很多，我不能背的他都能背。他后来80来岁还能背下来，我不能，我现在想想也真的背不下来。讲一个笑话，父亲在退休以后，我弟弟和我都劝他看病少看一点，不要再看这么多了。因为他把自己看病就当自己的生命，他觉得看病是最高兴的事情，他一辈子没有职业倦怠，这个也是很难得的。我们劝他少看点之后，他就少看了。但他在家里又没事干，他不抽烟、不喝酒、不打麻将、不跳舞，交际也很少，就是有时候到几个老同学那里聚一聚，基本上也没有什么特别的活动。他退休后，我叫他在家里看看书。有一天他突然想起来问我："你让我天天看书，我现在看书有什么用呢？"我说："那我们一起整理《乞法全书》吧，我有些不知道、不认识的您帮我再纠正一下。"他后来帮我纠正了，比如这个字搞错了圈起来，然后再查字典，查的是以前的《康熙字典》，但是我都不会查。他后来教我查《康熙字典》。有些字在那里才能查到，我们普通的字典查不到。所以整理《乞法全书》，他真的是有汗马功劳。虽然他不像我们大面积地整理，但是里面的一个字搞不出来都很麻烦。我们有时候半天只能搞出一个字来，就是给我搞一辈子，可能也搞不出来。利济医院温州分院监院兼总理池志澂对《乞法全书》倍加赞赏，作序评价："此书彰明隐奥，方法之辨，厘然各当。"他还说："当年利济医院能立说著书的善医之士不下数十人，唯缉甫最为明辨审问，繁称博引。"晚清大儒孙诒让也很推崇此书，作序赞曰："缉甫皆博综而精择之，而盖以平日所心得者以成长篇。"池志澂的后人对这个序言出力很多。孙诒让的序很难搞，后来就没办法放到前面的序上面，就没有放上去了。我就只能把原稿放上来了，不用翻译了。第二，他对工作任劳任怨，这个也是一点都不夸张。他工作真的是很勤奋，什么事情都想自己上，他其实也参与了很多行政工作。他的工作是很忙的，无论是在人民医院，还是在中医院，他每天下班都是最晚的，工作真的是任劳任怨。他晚上还要开会、看书，家里的负担也比较重，其实是很辛苦的，但是他不计较名利，这一点是很好的。第三，他医德高尚，令人敬佩。不仅仅是我们做晚辈的，在我们整个大家族里，都认为我父亲在家族里德高望重，他们对我父亲都是最尊重的。在我们医务界，不管是卫生局长还是一个普通的医生，只要认识我父亲的都会这么说："他是一个称职的医生，是一个慈祥的父亲。"他为人厚道、平易近人，顾家、节俭、无私奉献，爱护子女、很慈祥，这是对我父亲的评价。

采访者：您可以谈谈父亲对您的一些教育方面的故事。

郑逢民：童年时期的教育方面呢，父亲对我们是比较宽松的一种管理。我弟弟在 1984 年考上了浙江大学，我也考上了浙江职工粮校。当时还没有报志愿的时候，我父亲就坚决要求我弟弟学医，因为当时我还没有学医，还在粮管所工作。父亲叫他学医，我弟弟当时还小，他也不懂，我是反对的。我为什么反对呢？弟弟分数考得很高，北大、浙大都可以录取，但是父亲要求他报考浙江中医学院。但是我觉得这个学校的分数还不是很高，觉得太可惜了，所以我叫他一定报其他的专业。父亲不同意，我后来就跟父亲约定。我对父亲说："弟弟的第一个志愿让我报，接下去的志愿都让您报，如果第一个去不了，第二个、第三个由你决定怎样填。还有一个条件，如果他真的被第一个志愿录取了，那么接下去我去学医。"父亲后来才同意。所以他对我们的学习应该说平时是比较宽松的，但是他也是比较重视的。像我弟弟在读高中的时候，他天天晚上给他做点心。我是读到初中毕业，弟弟是读到高中，然后去准备考大学，他很有毅力。当时报了以后，我弟弟就被浙江大学录取了，录取了以后怎么办呢？我本来对于学医也是懂一点的，但是我也不一定去学。那次以后我真是没办法了，我一定要去学医了。所以我其实在粮校读书的时候，就重新又去学医了，我是一边读粮食学校，一边在看医书的。我回瑞安以后马上就参加了浙江台州一个中专的学习，开始了自学，就是那个时候开始下决心要学医了，因为我已经答应我父亲了，弟弟考到浙大，我就替补上去学医，已经说出去的话就要兑现。

郑中坚先生在玉海楼

采访者：您弟弟后来从事的是什么专业？

郑逢民：他是读电子专业的，当时也是很热门的，毕业回来以后在我们瑞安电视台，后来调到组织部，现在是在交通运输局担任纪委书记，他就是从事公务员职业，不是学医的。

二　个人奋斗历程

采访者：您出生于 1962 年，请您谈谈在您童年时期父亲对您的影响。

郑逢民：我于 1962 年出生。父亲平时对我们管教比较放松，让我们比较自由，但是又把我们的未来一步步定好了，一定要往他铺好的道上走。他平时也教我们，比如说背方剂之类的。他有空的时候是很少的，像我现在一样，也比较忙。他有空时会教我背方剂，这些内容都是用瑞安话押韵的，不是用普通话押韵的，比如说四句的，我可能就改成两句了，这样的话就比较容易记住。

我 7 岁就开始上小学，读了两年初中。初中毕业以后，我就到瑞安钟表修理店去当童工了，当时我只有 14 岁。

20 世纪 70 年代郑逢民先生全家福

采访者：您小学是在哪里读的？

郑逢民：就是现在的实验小学，以前是瑞安第五小学。我读了五年，那个时候是五年制的。初中读了二年，总共读了七年书。

毕业以后我父亲就早早把我送到钟表修理店去当学徒了，我当时只有 14 岁，那时是 1975 年。这可能是他私人的关系，因为钟表店其实也是一个厂，当时的厂长、书记是我父亲的朋友。父亲有几次和他们聊天的时候就讲到我，说想把我送到他们那里去，他们觉得可以，然后父亲就把我送去了。

十一届三中全会后，我自己感觉可能国家的形势有点变化，大家开始要学文化了。我们瑞安总工会办了瑞安县职工业余学校，我自己也感觉文化水平太低，当时普通话也不会讲，拼音也不会，所以我就进了这个职工学校。当时我还在当学徒，那个是夜校。我读职工学校是 1979 年到 1982 年，当时读书主要是数理化，就是所谓的高中，读了三年高中。高中是以理科为主的，主要是数学、物理、化学。毕业以后我又学了日语，也是自学的，在人民医院那时候也办了一个日语班，我就去读。1982—1984 年我又学了两年的语文专业，就是专门读高中的文科又读了两年。所以我高中读了五年。我学现代汉语从拼音这方面重新开始学。当时在读理科的时候读了日语，读文科的时候又读了英语，时间为一年。而且我又读了一个专门的作文班，差不多也读了半年，在那里专门学写作。我觉得那时候读书学得也比较认真，下的苦功夫也不少。

采访者：但您那时候还是有工作的吧？

郑逢民：有工作的，就是在钟表店里工作。我在那里工作了很长时间。我学习的经历很长，有十几年一直在学。所以我觉得不管是后来去了粮食学校，或者后来又在台州卫校，还有浙江中医学院，这一段时间的学习为我今后的行医打下了很好的基础。所以大家很敬佩我，靠自学学到今天这个程度，比如说现在晋升、写文章，我都能应付。论文都是我自己写的，虽然可能写得比别人差一点，但是我觉得自己还是不错的，所以我觉得这跟那一段时间的学习是分不开的。我那段时间真的是下了苦功夫，天天在学，早上 4 点半可能就起床了，在那里学日语、英语、拼音，白天去上班，晚上再去读夜校、做作业，而且我在职工校的时候成绩都是很好的。当时的瑞安总工会办起来的职工校质量是很好的，当时的老师都是从瑞安中学和瑞安师范调派过来的。

采访者：瑞安中学的校长也来教你们吗？

郑逢民：他来教我们的，但当时还没有当校长。老师们教得真的都是很好的，我当时的数理化是很厉害的，还参加过瑞安的竞赛。虽然我读到高中，但学到了微积分。我在职工校的时候，1980 年我是校级的优秀学员，1981 年我也是校级的优秀学员，当时优秀学员是很少的。后来我又去学习文科。幸亏后来转向了文科，再后来就专门去学医古文。

1983 年我去瑞安县城关镇（区）粮管所工作，1984 年我考上了浙江粮食职工中专，1984 年到 1987 年都在粮食学校。调到粮管所这里我想也可以补充一下。一个是当时我父亲对我非常重视，要把医学继承下去；另外一个是我父亲当时在瑞安名气是比较大的，县里的领导都是找他看病的，他也从来不求人，就这次他真的是求人了。他找到县委书记刘晓骅同志，跟他谈起这个事情。他自己很想把中医医术传承下去，现在没有人，只有我了。我的弟弟不可能叫他再改专业了，只有我还可以改，因为我只读到中专，还没有什么名堂。我听我父亲讲，当时刘书记非常重视，后来就召开了三长会议，领导决定把我调过去继承父亲的中医医术。对我来讲，我觉得当时这个决定真的是很伟大的。当时书记能够考虑到我怎么样去继承中医，把我调到这里来。因为我是跨行业的，当时是粮食部门的，要调到卫生部门真的很难，没有他发话的话真的是调不过去，三长会议上通过了这个决定，然后就发文了。劳动局的局长就专门来找我父亲，他说县里已经通过了，教我父亲怎么样去走程序。后来劳动局就把文件发下来，那我就调过去了。所以当时我也非常感动，领导们下这么一个力度叫我去学医，我怎么能不努力呢，所以接下去我学医确实很努力，从自学开始。我是 1983 年调过去的，在读粮食学校的时候我就开始学医了。我 1987 年从粮食学校毕业，后来 1990 年调到瑞安市中医院，那么前面我就已经开始报考台州卫校了。当时知道要调过来以后我心也比较急，我是中专学历，后来有一个通知下来了，大专也开始报考了，我想想我马上读大专可能还要快一点，我就直接到卫生局去报名了。当时在卫生局管理报考的还是我的一个同学，他后来没有同意，我现在还很难过，不知道是什么原因不同意，可能是文件上有规定。其实那一届有两个人都是我父亲的学生，他们开始的时候没有去报考中专，直接去报大专。后来我读出来还是个中专，他们读出来就是大专。我当时心有些急，也说明我当时学医的愿望很强，其实如果能够早一年我也觉得很满足了，就早一年毕业。所以后来读完了中专，毕业以后再去学函授大专，比人家又迟了几年。我常常跟人家说我的经历，别人是一步一个脚印，我是两步才留下来一个脚印，比别人困难得多。

采访者：您在台州读书的时候情况如何？

郑逢民：1988 年到 1992 年，我读完了台州卫校 4 年的中专自考全部课程，获得毕业证书。我们一年大概有四次要到台州去考试。当时台州这个学校是进去容易，但是考出来很难。因为当时我们报上去的人比较多，也是第一批，我记得当时有个女孩就在这边考的，还有一个男孩也在这边考的，他们年纪都比我轻，到最后能够毕业的，听说温州只有几个人，其他人没有毕业，说明这个比较难，全部通过的、能够毕业的很少。

采访者：您的这段学习经历非常艰难啊！

郑逢民：是啊，真的是非常艰难！我天天在看医书，天天在背中药方剂，因为台州卫校的教学也是比较严格的。刚开始的时候，除了理论以外，还有针灸、拔火罐等，这些都要会，要考到的，幸亏我拔火罐拔得很好。但是这些东西也没多少接触，所以我觉得这一段学习是艰苦的。

采访者：您在那边学的课程有哪些？

郑逢民：像中医基础理论、中药、方剂，还有其他科目，比如说中医外科、中医妇科等，中医内科就更不用讲了。那时候在中专，好像还没有读经典。有一本中医经典，合在一起的，很简单地读了一下。我学的是中医内科专业。学校西医专业也有，但是这些都是比较简单的，最主要的还是我们这个中医内科跟临床的一些东西，那时候都要考试的。1992年毕业以后，到1993年，我又参加了浙江中医学院的函授，平时老师不给我们讲课，但一年至少要到杭州四次，每次要待上二十几天，在那里老师专门给我们讲课，讲了以后再考试。函授只有三年，我1996年毕业。

采访者：您进入瑞安市中医院的具体时间是什么时候？

郑逢民：我是在1990年12月底，瑞安劳动局发下来一个文件，我开始正式上班。我读粮食学校的时候竞争很厉害，我们粮管所出去考试，瑞安报上去就八个人，整个浙江省报上去有很多人。我们瑞安的八个人很厉害，八个人全部考上，在学校里我们瑞安的最多了，而且我是以第二名考上去的，都是自学的，他们有好几个都是当教师的，也考不过我。我后来到浙江中医学院，还有浙江省基层名中医的考试，都是一次性通过，从来没有补考。这一方面是我自己努力的结果；另一方面我觉得自己后来在学医道路上也是比较顺利的。比如说像晋升主治医师、主任医师都是一次性通过的。

工作初期我主要还是跟着我父亲，我父亲和我都认为不能先看病，要先抄方。其实我那时候也会看病了，因为我在家里有些方子都是会背的，都能写得出来。当时我父亲对我说我要抄方起码半年，我就老老实实抄方，一个病人都不看。我抄了以后，父亲再修改。我觉得这种经历蛮好的。现在的学生就是缺乏了这种经历。为什么会缺乏呢？这是电脑惹的祸。以前是没有电脑的，父亲看病时是病历排起来，三四个学生都可以带的，假设病人来了把病人分给你，你先把病历写好，写好以后根据病历把药方开好，然后拿过来再让老师改，改了以后你再抄上去，有一套程序，看个病人真的要半个小时。每个学生都会分到病人，学生都会按照步骤一步步学。我觉得师承是一个好方法，失传了就很可惜。我抄方抄了半年，半年之后父亲才让我试诊。试诊也是这样，就让我看，看了以后他再改。我父亲1993年就退休了。

采访者：您在跟父亲半年的学习过程当中有没有遇到过一些印象深刻的病例？

郑逢民：那是很多的，像解决不了的问题我就经常问他，他也经常教导我。印象特别深的是我在杂志上发表过一篇论文，拿麻杏石甘汤治疗"顽咳"。这篇论文当时是受到我父亲的启发，这个方剂叫麻杏石甘汤，就是四味药，即麻黄、杏仁、石膏、甘草。父亲对我说这是个很好的方子，很多治不好的咳嗽用了这个方子马上就好了。他还特别教我，比如说咳嗽要听声音，其实你不用问，病人一进来你就应该知道，因为他进门来看病的时候在咳嗽，你不能叫他在看病的时候刻意咳几声给你听吧，也没什么意思。你马上就能听出来这个病人的咳嗽是病毒的或是细菌感染的，听到咳嗽的声音基本上就知道了。因为咳嗽以声音为主，然后再结合"四诊"，望、闻、问、切，比如把脉、看舌、辨寒热、辨虚实。他说："这个咳嗽声音是怎么来的，比如说他是挟着口过来的，咳起来一定是有痰的，听到这种声音的话，你就不用问病人了，就知道要用什么方剂了。然后你就往这个方剂的组成的范围去问病人，这样的话病人的症状就基本上知道了。"像这一类事情有很多，比如说来治胃病的人一过来你就琢磨，特别注重两方面，一个是虚实；一个是寒热。而且我父亲一贯的治疗方法像李东垣①的《脾胃论》② 一样，比较注重脾胃，所以我现在也是特别注重脾胃。我用药一般都是稍微带温热一点的，不会用带寒的，因为带寒的用进去病人会觉得不舒服。所以带温的给病人吃进去基本上都会比较舒服，我们开膏方也一样，我们非常注重脾胃的功能、脾胃的虚寒。

采访者：您父亲在退休前担任什么职位？

郑逢民：到最后是医院的书记。很有意思，他的学生又跟了我，现在有一个丽岙的院长还叫我郑老师。我说："你叫我老师干嘛，你是我父亲的学生，不是我的学生。"但是他说："我后来不是跟你的嘛。"我也没办法了，所以现在学生聚会的时候我都叫他过来，我父亲退下来太早了，我当时还没有学好他就退休了。他回去以后就办了个诊所，我后来又去诊所帮忙，那时候也可以帮忙的，对我也是有好处的。中医的师承很重要。

1997 年我就到温州去进修西医了。我还记得当时在瑞安县中医院院长的办公室门口，院长问我说："你要不要去进修啊？"我说："进修什么？"他说："你西医也要去学学。"我说："行。"我就到温州附一医去进修了一年。

①　李杲（1180—1251），字明之，真定（今河北省正定）人，晚年自号东垣老人。他是中国医学史上"金元四大家"之一，是中医"脾胃学说"的创始人，他十分强调脾胃在人身的重要作用，因为在五行当中，脾胃属于中央土，因此他的学说也被称作"补土派"。据《元史》记载"杲幼岁好医药，时易人张元素以医名燕赵间，杲捐千金从之学"。

②　《脾胃论》，撰于公元 1249 年，三卷，是李东垣创导脾胃学说的代表著作。卷上为基本部分，引用大量《内经》原文以阐述其脾胃论的主要观点和治疗方药。卷中阐述脾胃病的具体论治。卷下详述脾胃病与天地阴阳、升降浮沉的密切关系，并提出多种治疗方法，列方 60 余首，并附方义及服用法，所创补中益气汤、调中益气汤、升阳益胃汤、升阳散火汤等至今为临床所习用。

采访者：这一年都在那边吗？

郑逢民：都在那边，而且我有补贴的，在读粮食学校的时候也是带薪读书的。我在台州的时候工作单位刚开始是在粮管所，后来到医院以后也可以报销费用的，我觉得这一方面真的很好。

采访者：您在进修西医的时候有什么觉得印象深刻的事吗？

郑逢民：在温州附一医进修的那一年，本来是有一个宿舍床铺分给我的，钱也交了，但后来觉得不行，因为那里人太多，经常有人在那里喝酒，很吵，我后来就没有住在那里。我住在亲戚那边，亲戚专门给了我一个房间，但是远了一点，我都是开二轮助力车去医院的。

采访者：那您是住在温州还是住在瑞安？

郑逢民：我是在瑞安的，星期一过去，星期五回家。我白天在那里收集资料。现在省卫生厅的副厅长，是瑞安人，当时在温州附一医的内分泌科当主任。我那时候就是通过他给我安排好。当时老师是经常提问的，这也是个问题，所以我不得不先回去看看东西，不看的话第二天就回答不出来，因为老师认识我了。第二个，我在那里的时候比如白天看了以后，这个病历我能够复印的就把它复印过来，能够打印的叫老师打印出来给我一份，然后晚上回来我都要整理。比如说门诊有很多老师，我就把老师所有的资料都集中在一起，然后再重新整理他们的特点，在门诊的时候我都是跟了他们的主任，那时候对我来讲应该说收获很大。为什么呢？因为当时我对西医真的一点都不懂，真的是太难了。我父亲不懂西医，他也没法教我西医。当时医院领导叫我去进修西医的时候我很感兴趣，去了以后觉得自己基础太差，我怎么去附一医跟着他们学呢。而且有一次更搞笑的，急诊科医生有事情要出去一下，他叫我在那里代他一下。那天我也很紧张，但是那时候都应付过去了。那边的病人是一个接一个地抬过来的，处理了一个，另一个人又抬来了，你马上要处理，输液什么的马上就挂起来。所以那一段时间对我来讲应该说得到很多的锻炼。那时候他们对我也很好，有时候会照顾我，我都跟着主任在旁边看门诊。那时我每天晚上整理东西都到十一点半、十二点。我回家的时候整理了多少东西呢，大概这么高的一堆叠起来，在家里放了大概好几年。我整理了很多资料，专门笔记本就有很多，都是我自己的笔记。这对我以后担任科主任是一个锻炼。担任科主任的时候我们病房不是中医的病房，是西医的病房，很多的事情解决不了，各种问题要出来的。前几天我跟院长要提拔科主任，院长就说："科主任首先是搞行政的。"我说："那也要考虑他的技术，你如果技术不行的话担任不了科主任。行政的事情能处理，但是这个技术的事情处理不了。"所以我那一年的进修对我以后担任科主任很有帮助，不然的话我真的当不了。虽然到现在为止我的西医跟他们没法比，那些温州医学院、浙江医科大学毕业的真的很厉害，但是我那时候是全科的，他们是专科的，我那时什么都要懂的，不仅中医要懂，西医也要懂，比如西医中消化、肺科、神经科，等等，都要学。那时候整个医院，每个科室我都去。我进修学习的时候都认真做好笔记，然后回来复习怎么抢救、应对，都是那时候做好的工作。在那边的时候，我在医院的工作基本上停了，但是是带薪学习的，工资都还是给我的，如果没有工资的话，是有补贴给我的。

采访者：您当时是哪一年晋升为这个主治中医师的呢？因为您也是一步一个脚印走过来的，可以讲讲您的奋斗之路。

郑逢民：1996 年我在浙江中医学院毕业以后应该就是医师了。因为中专毕业以后就是医士。当时一毕业，证书一拿到，我就有职称了。我在医院是从空白开始的，卫校读好了以后，我就成为一名中医士了。我刚到医院的时候，我这个挂在这里是空白的，就只有一个名字、在哪个科室，后来成为中医士我也很高兴，我中专毕业以后终于有个职称了。我 1996 年大专毕业以后就晋升到中医师。2005 年，我被列入浙江省基层名中医培养对象。2006 年，我晋升为副主任中医师。2011 年，我晋升为主任中医师。前面的都考得很好，想都不用想就过了，就是考主任的时候，我考 59 分，差了 1 分。有人给我打电话说："你现在不要着急。"他是跟我一起考的。当时考试是越来越难考，后来降低了录取分数线，就通过了，当上了主任，所以我觉得这些还是真的很顺利的。当时是上机考试，以前我电脑技术掌握不多，考试是怎么样的呢，就是电脑上一个题目出来让你写，但是你翻过来以后就翻不回去了，而且是答对得一分，答错扣两分。我翻过头了，导致会做的题目没做，回过头看一看，发现翻不过来了，2 分就这么没了。本来我 61 分的，错过的是最好答的第 1个题目，所以我记忆犹新。考完后，我在医院看病，一点都不慌，我觉得还是有希望的。一分没关系，我觉得还是幸运的。后来发现分数线降下来好几分，所以我考试通过了。

郑逢民先生在玉海楼

采访者：您讲一下您继承到了祖辈们哪些治病的独到疗法？

郑逢民：其实上一辈基本上是我父亲，因为我的曾祖父、祖父已经过世这么久了，所以我基本上都是跟我父亲学的。比如说他从小就教我一些东西，然后在医院跟他学大概两年，在这段时间的收获应该说也是比较大的，特别是临床经验，以前的理论当然我都是自学为主，读了四年的台州卫校和三年的函授，还有进修一年，加起来就八年了。

采访者：在这八年里面父亲有没有鼓励教育您呢？

郑逢民：他平时不怎么管我，对我要求也不是很高，没有一定要我成为一个怎么样的人，只要我能够学医就行了，能够把它继承下来就行。但是我当时对自己的要求很高。这就是我的性格，不管做什么事情，别人学的我也一定要学会，比如我不懂电脑，硬是把它啃下来，所以我感觉自己做事还是很努力的。

采访者：您父亲传授给您哪些医术呢？

郑逢民：父亲传给我的主要有那么几手。治疗胃病，这个是他的看家本领。在我们瑞安，他这一方面的声誉也是比较高的。他以前治麻疹很厉害。在我小的时候麻疹病人很多，人家看不懂这个到底是不是麻疹，都要请他去看，这个我没有继承下来，因为到我当医生的时候麻疹基本上没有了，所以这样的病人也很少了。我现在虽然懂一点，但是现在病人不多。我主要擅长的还是治胃病，这个应该说他真的是比较拿手的，基本上百分之九十几的病人都能够看好，病人的症状都能够缓解，而且胃镜做出来都有好转。当然，以前没有说什么胃癌肠化、异型增生，这些东西好像没有，可能也看不出来。像这些，现在难度也很大了，不是你说看好就看好，这个病理检查要好起来才算好。我现在专门在攻克、研究这方面，而且我的课题论文都是针对胃癌前期的一个病变。西医来讲基本上是没有药的，是空白的。所以我在中医这方面的努力和成果，跟我父亲留给我的中医方剂资料是分不开的。而且他对治疗咳嗽、慢性哮喘、妇科带下病、慢性肝病、神经官能症等，也是很拿手的。以前他也处理传染病这方面，后来传染病慢慢变少了，可能跟分科了也有关系，所以后来他慢慢地就集中在内科的消化系统这一类上。我也是越来越集中。我后来想想也不对，我也跟很多的专家谈论这个事情，我们中医是持整体观念的，不能把它分得这么详细，不像西医把它一块块分开来。所以我想今后我还是不要太专，专业的我们搞一个，其他的我们还是要合在一起研究，不能分得这么细。还是要坚持整体观念、整体认知，这样的话今后的发展才是对的。

父亲的理念也是以全科为主，他也不喜欢分得那么细，我们现在分科感觉越来越细了，有重点学科什么的，都是朝着一个方向去的，但是现在觉得不行，不管是什么病，应该跟我们内科联系很大。比如说一个女人过来看病，虽然你现在看她是胃痛的毛病，她为什么会痛起来，这可能跟她身体的其他方面有关系。那么我们为什么不合并在一起看呢？为什么我们只看胃病而不看其他呢？所以我觉得这个不对，今后不要这么细化。中医的方向应跟西医的不同，要保留它的特点，不能跟着西医走。

三 医家精神传承

采访者：您的女儿郑乐乐医生是郑门第五代传人，具体谈谈您女儿从医的情况。

郑逢民：她从小对中医比较感兴趣。她在很小的时候，大约五六岁，在我父亲诊所那边，有病人过来，她想给病人看病。她说："爷爷在诊所里，如果爷爷没有在的话，我可以给你看。"这么一句话把大家都逗乐了。我们上辈都是搞医的，我觉得应该让她往学医的这条道上走，但能不能走我也不知道。我就是平常多跟她聊聊学医有哪些好处。一个是我们学医有优势，因为我们的祖辈都是从事这个职业的，如果学医的话可能以后也会比较顺利；再一个是可以把我们家族的医学继承下去。她也没有反对，就表示同意了。所以高考后就直接去读医了。我就让她自然成长，让她自己去学，有什么疑问过来问我，这也算是一种早期的师承了。她高考第一志愿填的就是浙江中医学院。当时是浙江中医学院，毕业以后学校变成了浙江中医药大学。我让她在浙江中医学院门前拍了照，改名字后让她再来这里拍了照，能够对比一下，这是特殊的记忆。女儿在大学里学习也是很认真的，平时她放假回来，我也没有要求她一定要背什么东西，只要完成学院里的课程就可以了，没有特别的要求。我们也会经常去看她，特别是她生病的时候。有一次她肚子疼，有点发烧，半夜打电话过来。那时候我急死了，因为第二天要上班，我就请假了，我们两夫妻半夜开车出来，直到凌晨四五点钟才开到杭州。她已经在那里打针了，我就带中药过去，当时没有代煎的，所以专门租了人家的一个炉子，煎药给她吃，那一次费了很大力气。后来她慢慢好起来了，我才放下心来，第二天才回来。现在有免煎中药，他们过来看病，我开药给他们，回去泡了喝就行了，不像我那次，一点办法都没有，没有免煎的，只能自己在那边熬。她学习医学也是比较顺利的，读了 5 年，在2009 年毕业。一毕业以后就直接考入瑞安市中医院。

她进入医院以后，是跟我学习的，大概只有一年，而且那时候恰好结婚、怀孕了，也耽误了一点时间。她的水平应该说还是可以的，我的医术她基本上掌握了。我现在感觉最遗憾的，就是我父亲后来经常叫我再跟他学一下，我也没再跟他学。他要我在病床边，再给我讲讲，后来我也没听他讲。我女儿当时听他讲了一些。我后来就没时间，叫女儿在他旁边，听他讲了几课。我想让女儿把家学继承下来，这样就可以了。这个也是我的愿望，也不指望她怎么样，只要职称顺利地晋升上去，把祖辈的医学继承下来就可以了。

她比较热爱自己的本职工作，特别是中医，这对我来讲也是个很大的安慰。如果她不喜欢但硬是让她去学医的话，我觉得不好。她有两个儿子，第一个是跟她丈夫的姓，第二个是跟我们姓郑。二儿子看起来比较文静，很聪明。大儿子现在只有六岁，读大班，下半年要读小学了，现在给他报纸都能念下来，记忆力很好，所以我觉得是学医的料，是个好苗子，我看到了希望。第一个可以学医，但是想想是跟她丈夫姓的，学医了以后不是姓郑的，下次还要跟人家解释，但是二儿子姓郑就不用解释了，所以我觉得二儿子可能更适合一些。但是我肯定不会干扰他的，这个是他们父母自己的事情，这只是自己的一个想法。我认为以后不用留给他们房子什么的，给他们奖学金，哪个孩子读书好给哪个。我觉得这个主意好，接下去谁读书好、想读医的，我就给他奖学金，就资助他去学医，这样可能会更合适一点。

采访者：我们再来谈一下郑缉甫先生的《乞法全书》，它很有科研价值，对后世影响也很深，你们三人在整理《乞法全书》的过程当中发生了哪些故事呢？

郑逢民：《乞法全书》的出版和我父亲的一个朋友李珍有关，这个人在我们温州中医界也是比较有名的，他是浙江省文化研究会的副会长，大家都非常尊重他。有一次他到我们瑞安来，到我父亲家，两个人在那里聊天。我父亲一高兴就把那个书拿出来给他看，说："我祖辈有一套书在这里，有八本，你看看这个书怎么样？"他看了以后很高兴，这个地方怎么还有这么一本书没有出版，让父亲出版。我父亲当时的想法

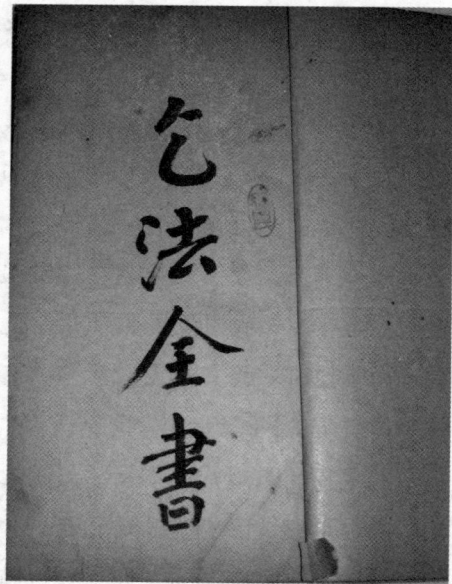

《乞法全书》手抄本

也不一定是想出版，觉得自己读读就可以了。但是他说："放在这里会被虫蛀掉，以后就没用了。"被虫蛀掉了还有什么价值，所以父亲就想要出版了。后来这个朋友到程锦国同志那边做了汇报，当时程锦国是温州市卫生局副局长。李珍给他打了一个报告，说："郑缉甫先生有一套书很好，要出版。"后来程局长给我打电话，问我是不是真的有这么一套书。我说："有。"他说："能不能给我看看？"我觉得可以。后来我经过父亲同意以后给他看一下。

这里插一个故事。程锦国局长看了差不多半个月的时候，突然给我打了个电话："我把你的书丢了。"当时他也很惊恐，发现丢了以后马上给我打电话。我问："怎么丢的？"他说："不知道是不是出差丢的。"我问："你出差到哪里，我自己过去找。"他说已经派人去找了。我说："那你先找找，真的找不到再说，我先不告诉我父亲。"过了几天，他又打电话给我说找不到，他感到很内疚。我说："你不用内疚，我只能先告诉我父亲了，慢慢跟他说通，因为他年纪大了，把这本书当成宝贝一样，怕他接受不了。"我后来跟我父亲解释了，丢了其中的一本，不是整套都丢了。再过了几天，大概是早上 7 点多，程局长又给我打电话，很高兴、很兴奋地说："书找到了。"我问："是在哪里找到的？"他说："在女儿的书包里找到的，可能是女儿放到书包里去了。"找到以后，程局长仔细看过之后，认为这本书可以出版。后来他就在温州中医药学会立了一个项目，他叫我打个报告，把这本书的整理申请一个课题，给我资助 20 万。

我记得父亲每年都要把书拿出来晒晒太阳，晒完以后又把针插进孔里去，然后买丝线把它穿起来，我们想去帮忙，他不准，一定要自己来。晒书的时候他是坐在那里看着，不让我们动，所以以前我从来没有碰过这个书，也没看过。因为曾祖父在这本书里写过不懂的不要动，父亲是一个很孝顺的人，不能动就是不能动，他甚至可能自己也没看。他很守祖训，别人每年上坟是上一次，他要上两次，春节上一次，6 月份的时候又要我们带他去上一次，到八十几岁还是照样跑到山上去。而且他到去世前几天，我们把公墓搞好了，他再三强调把他葬到祖坟，不要葬到公墓。他的想法是，你们把我葬到那边去，我又不认识路，我都不能回家，祖坟我是认识的，有时候我还可以回家去看看，我们尊重他的意愿。

我们和温州卫生局的老局长一起立项，他的书也是刚刚去年出版，我这本书也是 2016 年出版，稍微迟一点。立项下来以后，我当时正在考正高职称，那时候耽误了很多事情，所以搞了两年多。刚开始我自己把书拆了，然后专门用日本进口的照相机一张张地拍照，拍好后按顺序编起来，然后再输到电脑里，再一张张打印出来了。那时我就让我的学生，包括我的女儿乐乐，全部分给他们打字，打进去以前先要认字，有些不认识的就先把它放在一边，以后再辨认。接下去就是我父亲帮助我们去认字。他就又把书翻开来，因为书上的内容他熟悉一点。然后他再去查《康熙字典》，他也帮了我们很多。我们把八本书编成合本，然后就送到卫生局，当时印了 12 本，花了好几千块钱，后来瑞安电视台也过来采访。12 本书中有 10 本都送到温州去了，有 2 本我自己留着，我父亲一本，我一本。这个书完成以后，我写了一个后记，后来 2015 年我父亲就去世了，这是件遗憾的事。在 2015 年年初的时候，我就打电话到中国中医药出版社催了，问能不能再快一点，因为我父亲可能等不及了。但是到 2016 年 9 月份才正式出版，父亲没有看到就去世了。书出版了以后，我就专程拿了两本，到我曾祖父和我父亲的坟前，这是我们的心意，想着要给他们看一下。

采访者：这本书有哪些方面的价值？

郑逢民：全书分为《经释》《脏腑求真》《脏腑解剖图说》《释药分类》《医学循循集》《伤寒论读法》《伤寒方论》《金匮读法》《金匮方论》《三焦释迷》十部分，综中医学之要略，精究古训，参西方医学以创新，集临床经验之精华，对后世习中医者临床及科研具有一定的参考价值。第一方面，这是一个地方的医学书，如果当时马上出版的话可能价值会更高，因为当时是清代，我觉得应该还是跟得上形势的，特别是中医的"三焦"，这在以前就没有解释清楚，上焦、中焦、下焦，合起来就是整个的脏器，才叫作"一个三焦"。另外有一种解释，"三焦"就根本不存在，只是功能上的一种讲法。但是我的曾祖父从十个方面解释了"三焦"，不管讲得对不对，他有自己的一套说法、

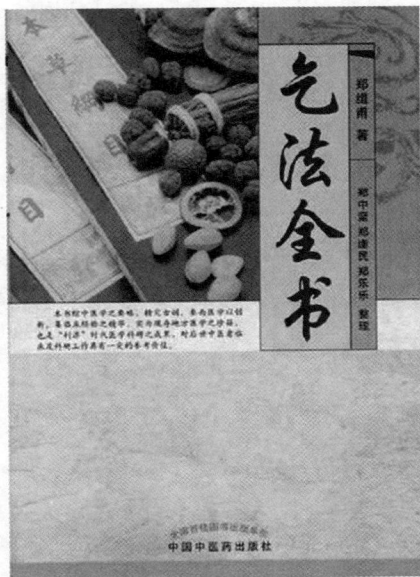

《乞法全书》

有自己的想法，我觉得这个是难能可贵的。"中央国医馆"馆长焦易堂①还亲笔为《三焦释迷》题词。所以这个价值就更高了。我觉得如果当时这个书出版的话，会引起一定的轰动和影响，或者会引起大家的讨论。对与不对，我觉得无关重要，医学的东西可以像文学一样，百家争鸣，不是对的才能说，错的就不能说。

第二方面，在《乞法全书》中，特别是中药方面，有很多的内容都是经验。我这本书送给我们老院长以后，过了一个月，他就写了一个读后感。他说："这本书我看得太迟了，如果能早点看到该多好，这本书真的是难能可贵。这本书可以跟以前那些有名的医书相比。"他给出这么高

---

① 焦易堂（1879—1950），陕西武功人，中华民国时期政治家。焦易堂酷爱中医学，极力提倡发扬中华中医药，保存国粹。他曾被聘任为"中央国医馆"馆长数十年，提出以现代科学研究中医药，力主中西药结合，拟定中医药发展方案。他主持国医馆不仅逐步建立起各类研究委员会，创办了中医药杂志，编辑出版了部分中药教材，而且在各省市和国外华人居住地区建立起国医馆支馆。

的评价。因为这本书没有人去发掘、宣传，所以没有这么有名。如果当时能出版的话，也可能会成名。里面很多东西都是前人没有说过的，比如说它里面有一个排序，全书以"释血"为开头，"释气"为第二，这个排法是前人没有的，突出了气血，特别是血在人体的重要地位。

我初步统计了一下，中药有 1265 种，都是"屡试、屡验"之药，都是他自己经过试验效果等之后写出来的。它跟前人记载的内容区别应该是比较大的，很多都是他自己的想

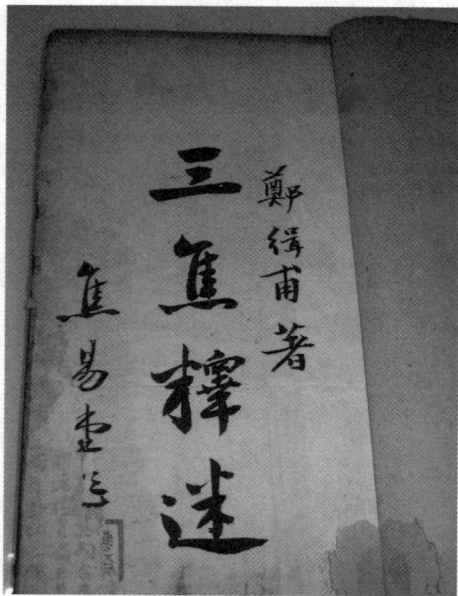

"中央国医馆"馆长焦易堂亲笔为
《三焦释迷》题词

法或经验，我觉得这很值得我们今后再去探讨。该书其他的特色还有很多，因为我现在太忙了，也没有仔细地再去看《乞法全书》。这书出版以后，乐清中医院的院长和他的助理向我提出一个问题，我真的不会回答，我自己还没有仔细去研讨，只是把这本书整理出来了。我现在觉得会讲错，一个是我自己的知识不够；另一方面我还没有仔细地去研究过它。

采访者：您只是参加了整理是吗？

郑逢民：我只是在整理的过程当中解读了一些东西，但是还没有仔细去研读。如果仔细研讨的话还要再摘录出来，如果有时间研讨的话，我自己可能也可以专门针对《乞法全书》再出一本书。《乞法全书》价值大，里面有很多东西值得我们今后再去探讨，没有人去探讨的话可能也

没有什么特别的价值被提出来。像张仲景①的《伤寒论》内容不多，但是后人把它推到这么一个地位，我觉得也是因为大家的研讨和宣传。

采访者：您和您父亲，还有您的女儿，你们三人之间也写过不少的文章，可以讲讲这方面的事情吗？

郑逢民：其实我父亲以前也写文章。他的论文在中医院的论文集中也发表过，不是在正式的医刊上发表。他写的论文算起来有十来篇，比如有治疗胃病的、治疗神经官能症的文章等。有一次我本来想把他的一些手稿进行打字，那时候没有扫描，没有拍照什么的，比较麻烦。他的论文我们没有全部转成电子版，所以留下来的也不多了。后来写的论文应该说基本上是以我写的为主，那时候我女儿刚刚开始读书，我父亲年纪比较大了，他写一些经验之类的是可以的，但是写发表的文章很难。因为那段时间都要写几十例的病例，没有几十例论文发表不了。所以后来为了我的父亲，我写了他的经验，分开来写，比如治疗慢性萎缩性胃炎的经验、治疗咳嗽的经验等，我写出来以后让父亲自己去改，我也怕不符合他的意思。

后来女儿乐乐学医了以后，我叫她帮我收集一些资料，比如我想写治疗慢性萎缩胃病几十例，那么我就要先把同类的论文找出来，让乐乐帮我找电子版的，这方面她擅长。然后我有个对照，知道怎么样去发表。其实后来的这些论文我父亲是顾不上的，只能把他的名字放上去，让他稍微过目一下，所以基本上都是我写的。我现在还有一个省级课题没有完成结题，也是关于萎缩性胃炎，伴有癌前病变的，其他的都已经结题

① 张仲景（约公元150—154年——约公元215—219年），名机，字仲景，东汉南阳涅阳县（今河南省邓州市穰东镇张寨村）人。东汉末年著名医学家，被后人尊称为医圣。张仲景广泛收集医方，写出了传世巨著《伤寒杂病论》。它确立的辨证论治原则，是中医临床的基本原则，是中医的灵魂所在。在方剂学方面，《伤寒杂病论》也做出了巨大贡献，创造了很多剂型，记载了大量有效的方剂。其所确立的六经辨证的治疗原则，受到历代医学家的推崇。这是中国第一部从理论到实践、确立辨证论治法则的医学专著，是中国医学史上影响最大的著作之一，是后学者研习中医必备的经典著作，广泛受到医学生和临床大夫的重视。

了。如果有时间的话，我要再从头到尾地看看《乞法全书》，但是鉴于自己的水平有限，只能把它的经验再整理一下，看看能不能有一些体会。我曾祖父的水平比较高，我不可能超越他，我把希望就寄托在乐乐这些后辈的身上了。第二个事情是我要对癌前病变、消化系统的研究再稍微深入一下，不是想发表什么文章，而是想在临床上有所提高，能够把病人治好，这也是一个事情。

最后一个事情是我自己身上有银屑病，已经有几十年了，这一直困扰着我，对我学医的影响很大，一忙起来病情就会加重。大家都叫我休息，但这病不是休息几天就能好起来的，得一辈子都躺在那里休息。所以我现在决定把自己的病也研究一下，当然能钻研出来也是很难的。我前段时间用药之后突然很快就好起来了，但不知道是哪个药让我好起来的，是喝了中药好起来的，还是用了药膏好起来的？我现在无从下手。所以我自己的病还是要自己关注，让人家去研究，现在也研究不出来。

采访者：您在治疗萎缩性胃炎方面的论文比较多，在这方面您有哪些独到的经验呢？

郑逢民：治疗萎缩性胃炎这方面我现在有一个优势，这是浙江省批下来的，给我们温州的唯一一个项目，当时给了我一百万的资助，我现在也还在做。我自认为还是可以的，但是理论上的解释还不能让人家信服，特别是中医专家。但在临床上我还是满意的，很多病人都好转起来，我自己感觉90%左右的病人都能好转过来。刚开始的时候都是采用汤药，现在我把治疗手段的范围扩大开来了，我到广西、广东去考察学习，带回来中医外治的方法。我把中医外治结合起来，直接用中药贴到病人肚脐上，包括毒性的、剂量比较大的，我们都可以放进去，因为口服的话病人的胃、肝受不了。我现在把它用到自己的银屑病上，也用这种方法研究治疗，能不能成功很难说，但我还是要去做。我把希望也寄托在下一代身上，让他们把临床经验再提升到理论。我们是先读书学理论，再到临床，再回到理论。这方面我可能自己做不了，我知识不够，所以我只能把临床经验给他们。

我女儿现在在瑞安中医院，有拜其他老师，在我们医院里我是她第一个老师，后来她师从温州市名中医郎玮主任，虽然没有举行仪式，但也是拜他为师的。郎主任每个星期六都到这边来，以前我女儿跟在他身边学习。还有一个是中国中医科学研究院院士周超凡①教授。我女儿是正式拜他为师的，我们医院里就两个人拜他为师，一个是我女儿，另一个是学心血管内科的。我打算有空的时候再去拜访一下他，和他沟通一下。周教授也是一有消息就马上打电话过来，告诉她们这次在哪里讲课，有什么课录了视频让她们看一下，有什么专业书出版了就叫她们买过来读一下，而且还给她们布置课题，比如给我女儿的课题是让她用中医去治疗幽门螺旋杆菌。

采访者：你们父女二人受到祖辈影响最大的方面有哪些，您觉得你们五世医家中最重要的精神是什么？

郑逢民：我们家的家风是"悬壶济世，精医勤读"。这体现我们五世医家的精神。我父亲经常讲到这么一句话："业精于勤荒于嬉"，这是我们家的家训。他说学中医要精医、勤读。这句话是我父亲给我最初始的

---

① 周超凡，1936 年出生，浙江平阳人，1957 年考入上海中医药大学中医系，1963 年毕业分配到中国中医科学院中药研究所，从事中药方剂研究，致力于把传统的中药方剂理论与现代生药、药理、药化、制剂等多学科知识结合起来，做到知古通今，融会贯通。1985 年秋，他被调到中国中医科学院基础理论研究所筹建中医治则治法研究室并任主任，从事中医治则治法的学科建设和古今中医治则治法的文献、理论、临床与实验研究。其间共培养研究生、进修生 20 名，发起并主持召开了第一届至第四届全国中医治则治法研讨会，主编《历代中医治则精华》，参加了《全国中草药汇编》（此书荣获全国科学大会奖）等 20 部书的编写；发表了《加味四物汤治疗血管性头痛的临床观察与体会》等近百篇学术论文。临床上擅长治疗血管性头痛、糖尿病、老年性痴呆、支气管炎。他是第七、八届全国政协委员，第五、六、七、八、九届中华人民共和国药典委员会委员，国家中药保护品种审评委员，国家科委秘密技术审查专家组专家，《中国医药卫生学术交流文库》编委，中国中医药学术促进会常务理事，中国中医科学院专家委员会委员，享受国务院特殊津贴。

教诲，也是他最后给我留下的一个教导，这也正是我们家族的家风。我把范围扩大一点，可以把它简称为"医读家风"，古代有"耕读家风"，说的是农家的种田耕耘，一有时间就坐下来读书，学习文化，这个例子很多。但是我的祖先是行医的，像我的祖父和曾祖父，对医学很有钻研精神，而且他们又参与办学和传承、普及中医文化，鼓励我们下辈或者年轻人去学医，所以现在我们家族里有很多人都学医。他们经常让下一辈集体学习文化与医术，背诵、讨论医书的内容，这是为了更好地传承与发扬好家风。我祖父的一个兄弟，也就是我的二公，他就是从事中医职业的，解放以后在隆山医院，七十几岁了还在那里工作，没有退休，在瑞安也是小有名气的。还有我祖父的二儿子在工人医院，去世的时候是 79 岁，他也是一辈子从事医务工作的，经常跟我父亲在一起讨论医术。他们讨论经典的东西，当时我们没有接触过，只是背下来了一点点，没有去理解，所以听不太懂，插不上话。下一代人也有很多人学医，比如我大姑妈的大儿子现在也在从事医务工作，他原来是主治中

祖孙三代在利济医学堂博物馆合影

医，现在也退休了。再下一代也有好几个从事医务工作，或者从事卫生事业的。

我们家族除了从事医学外，很多人是从事教育事业的，做教师的比较多。所以我觉得我们的家风是很好的。这里还可以插上一句，我的祖父很勤快，一有空就坐下来读书，他看的书比较多，我祖父是高度近视，他的眼镜一圈一圈的。我的二姑妈跟我讲：他在看书的时候有个小故事，他看书离书本很近，鼻子经常被擦得黑黑的。因为以前的书都是有墨的。他非常热爱学习，鼻子一黑说明又在看书了。虽然我们家族里面没有名气特别大的人，但是都忠于医学和教育事业。我有个侄子是浙江大学的教授，去年年底得了一个全国性的大奖，说明也不错。我有一个课题昨天获奖，是浙江省中医药科学技术三等奖。所以在家风方面，我把它简称为"医读家风"，这个是适合我们整个大家族的。大家虽然不都是学医的，但都懂一点，就算不是学医而是搞教育的，对这个"读"也是非常重视的。我们家族省级优秀教师也很多。我们整个家族包括先辈，都遵纪守法，我们后辈在这方面做得也都是比较好的，没有人去违反法律制度。这也是我们家族的一个特色，大家是小心翼翼地去做事。

我们家庭中家风之一是"医读家风"，还有一个是"悬壶济世"精神。关于悬壶济世，我父亲在这方面做得比较好，他几十年如一日，包括他对待职业、对待病人都是一样的。他以前在家里给人看病是不收钱的，义务给人看病，从来不觉得委屈。到了年底，有很多病人都是拿着钱或者东西过来表示感谢，比如乡下的病人给一些鸡蛋、送一只鸡，我父亲基本上都拒绝了，让他们拿回去，偶尔拿一点点，钱是全部拒绝的。不知道从什么时候开始，别人到我们家里来看病了，他有段时间是收两毛钱，后来涨到五块钱。后来诊所办起来之后就按规定收二十块钱。所以他的悬壶济世精神真的令人敬佩。他不是一次、两次，也不是一年、两年，而是几十年如一日地做好本职工作。我觉得像毛泽东赞扬雷锋一样：一个人做一件好事并不难，难得的是一辈子做好事。我父亲真的是在一辈子做好事，几十年如一日，对待亲戚、对待朋友、对待病人、对待自己的子女，都是这么去做的。所以你让我讲一个典型的例子可能讲不出来，但是他平常的这些行为都是在做好事，就是一点一滴积累起来的，我觉得这是难能可贵的。

口 述 者 —— 朱庆局

朱庆局:

勤俭持家　艰苦创业　爱国爱乡　热心公益

采访者:郑重

整理者:郑重

采访时间:2017 年 6 月
6 日

采访地点:华侨新村

口述者:朱庆局先生,
1948 年出生于著名侨乡瑞安桂
峰。他的父亲朱益对先生早在
1937 年就前往意大利谋生。
1978 年,31 岁的他出国与父亲
团聚。1979 年,他到荷兰创
业,凭着自己的勤劳、节俭,
事业终于有了起色。自 1988 年起,他先后开了 5 家酒楼,生意红火。
朱先生的子女也都已在国外成家立业,但他们从未忘记勤俭持家的
优良家风。朱先生不仅是一位出色的商人,还是一位著名的侨领,
他热心于侨团工作,经常帮助刚到荷兰的同胞为他们排忧解难。朱
先生一家身在海外,心系祖国,对家乡的公益事业格外热心。难能
可贵的是,在他刚到国外的第二年,就将自己 4 个月的薪水捐献给

家乡用于修路。从 20 世纪 80 年代至今，他们一家不遗余力地捐资支持家乡建设，数额达到 300 多万元，深受群众好评。

一　早年经历

采访者：朱先生，您好！您是著名的荷兰侨领，从意大利到荷兰，从洗碗工到 5 家餐厅的老板，您的事迹无不体现着瑞安人的拼搏与聪睿，您对自己近乎严苛，却对家乡建设慷慨解囊，不管是修桥造路，还是捐资助学，处处体现着您的故乡情结。请您先简要介绍一下您的出生年月和家庭情况，您对出生地有哪些深刻的印象？

朱庆局：我是瑞安桂峰河上垟板寮人，现在这个地方属于湖岭管辖，我出生于 1948 年 10 月 26 日。桂峰位于瑞安西北部，群山环绕，因为水田少，土地贫瘠，这里的百姓一直过着饥寒交迫的贫穷日子。从清朝末年开始，乡民们为谋生就不畏艰险在外闯荡。勤劳智慧的老乡们追随着前人的脚步，一批又一批地走出桂峰山区，足迹遍布五洲四海。河上垟板寮坐落在"东瓯第一山"金鸡山景区内，平均海拔 800 余米，地处瑞安、文成、青田交界处。1949 年前，那里居住着 20 来户农家，100 余口人。板寮还是革命老区。1948 年 11 月 25 日，浙南游击纵队在板寮正式宣布成立，配合人民解放军主力正面战场作战。中共浙南特委书记龙跃①

---

① 龙跃（1912—1995），江西万载人，原名龙兆丰，1930 年 9 月参加中国工农红军，并参加了一至五次反"围剿"和浙南三年游击战争，先后任宣传员、保卫组长、连政委、军分区政治部主任、浙南特委委员兼鼎平中心县委书记、特委组织部长兼共青团委书记、闽浙边临时省委委员等职，参与创建浙南游击根据地。抗日战争时期，他担任新四军闽浙边留守处副主任、中共浙南特委书记，中共浙江省委委员、常委、组织部长。解放战争时期，先后任中共闽浙赣区（省委）党委常委，浙南游击纵队司令员兼政委等职。1995 年 2 月 1 日，他因病在上海华东医院逝世，终年 83 岁，骨灰被安放于宣布中国人民解放军浙南游击队成立的浙南山区——瑞安市桂峰乡板寮。

任司令员兼政委，郑丹甫①为副司令员。1949 年 5 月，浙南游击纵队在浙南各县武装和广大民兵的配合下，英勇战斗，一举解放瑞安等 14 座县城和浙南全境，为浙南的解放做出了卓越的贡献。

我的爷爷早年在河上垟板寮一直种田。他有五个儿子——朱益聪、朱益明、朱益双、朱益对、朱益洪。朱益洪一人留在家种田。其他几个都走出山村，到国外做生意。我的父亲朱益对，又名朱铭锐，他于 1937 年 3 月 21 日到意大利谋生，当时跟同村人外出闯荡。那时候因为我们家庭困难，我们一个老乡在上海，帮助父亲出国。从上海乘轮船去意大利要四十多天，父亲的护照用的是别人的。我的父亲和两三个兄弟一起到了意大利，在意大利干了十年左右，先是替人做皮包，那时候收入不怎么好，钱寄回来也不多。第二次世界大战结束以后，我父亲几兄弟回家乡，大约是 1947 年。我父亲以后又去了意大利，卖皮包、卖花领带，后来自己开了皮具店。我们家人之间的联系主要靠写信，后来就是打电话和写信，他在外面生活也是一般，钱寄给我们不多。

早年，龙跃同志的队伍长期驻扎在板寮祖屋里，我的祖辈陪伴着龙跃同志队伍从事地下革命工作。他们是农夫，挑东西供游击队员吃饭，在湖岭附近找吃的东西，像菜、粮食等，挑来给他们吃。我们的祖屋从 1944 年至 1948 年陆续驻扎过中共浙南特（地）委机关所属的工作人员和武装游击队。我父亲当时回国了，与共产党的浙南游击队有联系，经常给他们送信、放哨。1948 年农历十一月，国民党军队到桂峰清乡。国民党军队来的那天，全村的老幼妇女都躲在山林里面。国民党军队说我们家亲共产党，把我们朱家五间祖屋放火烧成灰烬，现在的房子是在原址

---

① 郑丹甫（1910—1983），福建福鼎人，1935 年加入中国共产党，1948 年 11 月，任浙南地委常委、组织部长兼中国人民解放军浙南游击纵队副司令员。1949 年 1 月 8 日，任浙南地委暨游击纵队驻青景丽地区代表，兼办事处主任。2 月，他与余龙贵一起率部攻占泰顺县城，歼敌一个营。5 月 7 日，温州解放后，他任温州市军事管制委员会主任、浙江省农村工作部副部长。1950 年 3 月，他调至福建省工作，历任省农业厅副厅长，福安地委副书记兼专员、地委书记，省林业厅厅长，省高级人民法院院长，第一届中共福建省委委员，第四、第五届福建省政协副主席，第五届全国政协委员，第三届全国人大代表，1983 年 8 月 19 日病逝于福州。

上兴建的。那时，父亲不在家乡，而是在意大利，听到家乡传来消息，他对国民党很痛恨。当时我出生还只有 26 天，听祖母讲我们没有房子，在露天过了两个夜晚，也影响到我的身体健康。父亲在意大利的生意有了起色，生活稳定后，就把桂峰老家的兄弟、内侄、外甥一个个都带到国外。新中国成立后，他很支持中华人民共和国政府。1970 年，中国与意大利建交，大使馆对我父亲很重视。当时国内访问团到意大利，由我父亲作为华侨代表到机场迎接他们。1976 年周恩来总理逝世，我父亲作为意大利华侨代表专程到北京参加周总理追悼会。从 1980 年开始，他带房族、亲属到意大利、荷兰、德国、西班牙，让他们一批批出国。他于 1997 年逝世。

朱益对先生

父亲在国外时，母亲留在老家陪伴我和两位姐姐。这两位姐姐，一位已经过世了，一位现在八十多岁了。我 7 岁开始在河上垟村小学读书，后来在我 13 岁时转学到桂峰元底村读小学直至毕业。后来的三年自然灾害影响很大，粮食很紧张，我们只好去山上采挖野菜吃。因为我们家中日益困难，我 14 岁就停止读书了，小学上半年读好了，下半年就参加劳动，没有读过中学。我那时候年轻，跟着生产队里的队长干活。虽然我当时只有 14 岁，有些劳动也是可以参加的，当时是算工分的，工分多少看你劳动的情况。工作要积极一点，家庭劳动力多点，工分就多，我们家就不是很多。1966 年"文化大革命"爆发，我因为家庭成分好，前辈也参加过革命活动，我的职业就是农民，没有受到很大影响。1967 年 1 月 12 日，我和杨翠英女士结婚，那时我每天起早贪黑，一日三餐都难以保证。我们育有一女四男，生活相当艰难。正是因为这样，我当时心里想着出国。

二　海外岁月

采访者：您是在什么时候申请出国的？

朱庆局："文化大革命"结束后，生活开始好转，形势开始稳定，我想趁此机会出国。1976 年，我开始向瑞安公安局外事科要求申请出国，领导当时对我说："你要出国没那么容易的。"我说："容易不容易看机会，请你给我拿几张申请表，我填一下试一试。"当时我来瑞安城很多次，去外事科询问申请情况。我的家乡到瑞安路途遥远，要六十多公里，住宿、吃饭等开支都很大。所以外事科的同志很同情我。申请期为两年，那时候要转浙江省公安厅，一年半左右没消息。我先后去杭州两趟。我把一头猪卖掉作路费。省公安厅厅长姓张，他通知我到他办公室。我说："请你帮帮忙，我从瑞安桂峰到这里路途很远，路费要很多开支，我没有钱，我把猪卖掉了作路费。"他笑了。我第二次到那里，他就批下来给我，因为比较同情我。1977 年，省公安厅批复护照。这之后，我就开始准备向地方上的亲戚与邻居借路费到欧洲。1978 年农历二月二十一日，我当时 31 岁，要只身去意大利菲林茨打工谋生。父亲当时也在菲林茨，我去那里的名义是看父亲。我离家那年，上有 65 岁的母亲，中有在家中忙碌的妻子，下有五个子女，小儿子刚刚满月不久，我是流着热泪出门的。尽管我眷恋家乡，心中不舍，但还是踏上了出国之路。我先坐火车从金华到北京，到北京订好机票、办手续，过了多个夜晚。然后我先坐飞机到巴基斯坦，过了一夜，第二天转飞机平安到达意大利菲林茨，飞过去要十几个小时，真是飘洋过海的岁月。

到了菲林茨，我休息了一个礼拜。有个中国人开的餐馆，我去问有没有什么工作可以做。那里有 4 个老板，其中有个中意混血人，有个瞿溪人，有个瑞安人。他们说："有工作，你洗碗可以吗？"我说："可以啊，有工作就可以。"我在他们那里洗了 8 个月的碗，每个月 100 里拉换成人民币只有 68 元。初到意大利的第二个星期我就开始干活，每天起早摸黑要干上 14 个小时，累得腰酸背痛，在中餐馆里洗碗、切菜、掌勺。那时候即使工作再辛苦，即使语言不通带来的障碍再大，我都能忍受，都能克服，但我却有着思乡之苦。在夜晚，我辗转反侧，难以入睡。

为了早日与家人团聚，我十分努力，一有空闲就研究餐馆的厨艺。但是我想想家里有五个小孩、我妻子、妈妈七个人，意大利工资太低，收入差，这样生活下去没办法。我动脑筋想去荷兰，当时要办出关证，意大利有朋友帮我办手续。我在 1979 年 1 月 12 日早上 7 点钟开始乘火车，到晚上 6 点多钟到荷兰莱顿。那里的东亚酒楼老板是文成人胡志敏。胡老板很关心我，帮我安排工作。在荷兰的酒楼打工，头三年是没有居留证的，但我很勤劳。三年后，我在胡志敏等几位老板的帮助下才办了居留证。我开酒楼的经验都是从打工期间学过来的，等过几年自己准备好，自己开店。他们的店是很好的，生意很忙。生意好的店里有好的经验。

为了省钱，我连休息日也不外出，每月就花 50 元荷兰盾，长年累月穿着厨房里的工作服。创业前几年，我连续几年没买新衣服，甚至连双皮鞋都舍不得买，只是买了一双拖鞋。这双拖鞋破了补，补了破，最后只得用钢丝把鞋面吊住，而且一穿就是整整 8 年。这双拖鞋就是我们家的"传家宝"，我要告诉下一代，当年祖辈是如何艰苦创业，"成由勤俭破由奢"的家训永远也不能丢。以后如果子孙铺张浪费，忘记了这条家训，我就会把这双拖鞋拿出来。

采访者：1980 年，您家族里面出国的人是不是很多？

朱庆局：是的，堂兄弟、亲戚都是我带出去的，那时候改革开放了，只要有身份证，通过公安局里面，护照马上就批下来了，很方便。1980 年、1981 年很好批的，很多人都在那几年出去的。我们家族其他人也是一样，都是挺爱动脑筋的。我带堂兄弟，他们带他们的家人，所以带出去很多，到现在我们家族有 400 多人出去，其中有些人是很优秀的。

朱庆局先生一家在荷兰（20 世纪 80 年代）

采访者：1986 年，您是否也将自己的家人接到国外？

朱庆局：1986 年，我将家人接到国外。1986 年 1 月 8 日，我们一家人在荷兰团聚了，终于又可以享受久违的天伦之乐了。几个大的小孩可以帮忙了，他们在人家餐馆里面洗碗。我们夫妻两个做长工。1988年8月1日，我自己开了一家小店，慢慢经营，慢慢学经验，赚了一点小钱，慢慢地把它开成大饭店，在鹿特丹市拥有了自己的第一家酒楼"长城酒家"。到了1995年，我又陆续开了4家餐馆。我认为经营酒店的秘诀是先要把自己的家庭照顾好，家庭和睦，大家思想统一，才会齐心协力。

朱庆局先生与家人在荷兰（20世纪90年代）

三 侨团工作

采访者：下面请您谈谈您在旅荷华侨总会的工作。

朱庆局：我早在1985年就参加旅荷华侨总会这个侨团，担任理事。这个侨团是荷兰最早的，解放前就有。我在1997年担任副会长；2007年担任常务副会长，经常帮助刚到荷兰的同胞为他们排忧解难；2016

年担任荣誉会长。

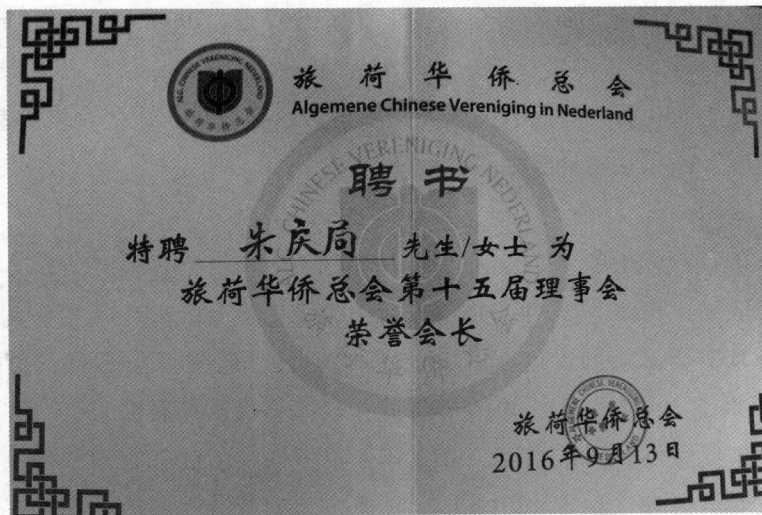

朱庆局先生被聘为旅荷华侨总会荣誉会长（2016 年）

　　我来介绍一下这个侨团。第二次世界大战结束后，荷兰百废待兴，物资供应奇缺。我们浙江侨胞经营小本生意时，经常遭受荷兰当局特别是便衣警察的刁难和敲诈，国民党政府驻荷使馆常常不闻不问。为了谋生、自救，人们更强烈地意识到必须抱成团，联合起来才有出路。当时文成人余忠等人倡议成立同乡会。1947 年 11 月 27 日，以"集体进货，团结互助"为目的，瓯海同乡会成立，首届会长是余忠，1968 年定名为旅荷华侨总会。经过几代人的努力，旅荷华侨总会在荷兰华人社会中扎下了深厚的根基，成为有影响力的侨团。

　　旅荷华侨总会为祖国的公益事业做了很多工作：1986 年给温州大学捐赠多座教学楼；1987 年，为大兴安岭火灾捐 7 万荷盾；1991 年，中国南方 18 省遭百年罕见大水，总会与荷兰 23 个华人社团专门成立荷兰华侨华人赈济中国水灾委员会，筹集 75 万荷兰盾捐给灾民。1993 年，旅荷华侨总会捐助金温铁路 45.4 万荷兰盾。从 1994 年起，我们总会特设"希望工程"基金会，资助失学儿童千名以上；捐给浙江省"希望工程"办公室 5 万以上荷兰盾，建成文成、洞头两所希望小学，还向浙江省青年成才基金会捐 2 万荷兰盾，向全省失学儿童献爱心。1994 年夏天，浙江省受 17 号台风影响，损失严重，旅荷华侨总会中的浙江籍侨胞开展赈灾活动，募集 19350 荷兰盾捐给灾区人民。至于总会会员个人为家乡办教育、修桥筑路、赠车和各种善举不胜枚举。

采访者：您还参加了其他侨团组织吗？

朱庆局：我在 1999 年参加瑞安荷兰教育基金会；2004 年担任瑞安荷兰教育基金会副会长，参加了很多公益项目，也捐了很多钱，例如在 1999 年捐了 2 万多欧元。2016 年，我担任基金会的荣誉会长。我在各级侨联还担任海外委员和顾问。2012 年，我担任了浙江省归国华侨联合会第八届委员会海外委员。2014 年，我还被聘为荷兰中厨协会第十三届理事会高级顾问。

朱庆局先生被聘为荷兰瑞安教育基金会荣誉会长（2017 年）

朱庆局先生被聘为荷兰中厨协会第十三届理事会高级顾问（2014 年）

四　热心公益

采访者：您自己做了很多公益事业，早在出国初期就做了一些工作，下面请您谈谈您回报家乡的情况。

朱庆局：早在我出国的第二年，也就是 1979 年，当我听说村里要修路后，躺在床上睡不着。我回想童年时，雨天在乡间泥泞小路跋涉的情景，尤其是乡亲们在泥水中挑担、拉板车的艰难生活状态，我心痛不已。我知道，村里的那条路真的很难走。我自己可以艰苦一点，乡亲们出行方便就好了。后来我立即往家乡汇了 3000 元荷兰盾。当时我还没有将家人接出国，这笔钱是我整整 4 个月的工资。当时我家里比较困难，家里人多，开支很大，我妻子还要去借钱。1981 年我回国了，买了价值 5000块钱的碾米机，让村民碾米方便一点，不用拖到其他地方碾米，因为原来碾米要走 5 公里。现在每个人家里都有碾米机，生活和过去真是今非昔比。

采访者：1992 年，您回乡，在回乡的路上，由于路况糟糕，又萌生了为家乡修路的想法，请您讲讲这件事情。这条路的修建为家乡的经济发展起到哪些作用？

朱庆局：从 20 世纪 90 年代开始，我捐资支持家乡桂峰的建设，修路造桥、扶贫助困，为当地群众做的好事、实事就更多了。不管是公益事业，还是个人的大事琐事，能帮忙能出力的，我从来不说二话。我所资助的公益事业遍及桂峰、湖岭、高楼等地，受到群众好评。

1992 年，我的事业有了起色后回家，雇了辆出租车，因为路况差，车子在坑坑洼洼的泥路上承受不了，车子开到桂峰板寮附近时抛锚了。出租车司机边推车边抱怨："这种破路怎么开车？"我听到后感到非常刺耳，可路况实在太差了。当时我就下定决心，一定要把这条路修好。那年我自己带头捐了 15 万元，我还积极宣传，让更多的华侨为家乡贡献力量。我动员在国外的亲戚、朋友一起出资。因为这条公路有 8.5 公里长，中途资金断链，我又回到荷兰，在华侨中筹款，自己又再捐钱。当板寮的这条广阔、宽敞的公路落成后，我才放心。为这条公路的建成，我确实付出了很多心血。

采访者：20 世纪 90 年代，您为家乡还做了哪些公益事业？

朱庆局：1991 年，当时河上垟村板寮要建文化楼，建设美丽乡村，我回来看到了，捐了 7 万元人民币。同年，我捐资建造瑞安华侨新村给老人们活动的亭子，当时捐了 3 万元。1992 年瑞安侨联三胞联谊会活动，我支持侨联 2 万元。

我每年都回国，1998 年，我在西龙村水口建桥一座，亭一座，花了 21 万元。因为那是我母亲的家乡，在瑞安高楼那边，这座桥很大、很好，这也是为纪念我的母亲。我对瑞安高楼也很有感情。1999 年，我捐资 7 万元建了枫岭大藏乡的一幢文化楼。2002 年，我在高楼镇社后村支援贫困户，捐了 3 万元。

在 1998 年，湖岭镇派出所一个刚调过来的所长跟我说："朱先生，我们所已经造好了，但地是不平的，您是不是可以出一部分?"他这么说，我就给他们出5万元。枫岭有个文化楼要建设，我们夫妇也去帮忙，出了7万元。1999年，桂峰的平坑自然村筑路，我捐了1万元。1999年，通过瑞安市侨办联系，我结对2个贫困中学生，我把钱交给侨办。后来，我还捐助、培养了多位贫困生。

采访者：您还捐资修建了桂峰华侨卫生院，这座卫生院是什么时候修建的?

朱庆局：也是在1998年，我看到家乡桂峰的卫生院破旧不堪，很不适应医疗事业的发展，当时政府钱不够，我捐资5万元。桂峰乡华侨卫生院现在发展很好，这原来是我的亲戚魏先生工作的地方，现在他调到湖岭了。当时政府出一点。以前桂峰没有卫生院，大家看病要到湖岭，很不方便，现在不一样了。我现在是这个卫生院的名誉院长。

桂峰华侨卫生院

采访者：2002年，您携夫人回乡探亲，看到村里的泥泞小路，您又与自己远在国外的堂兄联系，两人共同出资修建这条小路，请您谈谈这件事的来龙去脉。

朱庆局：2002 年，我们夫妇回家探亲，看到家乡桂峰乡板寮村的一条 2 公里的小路很泥泞，交通很不方便。我看在眼里，急在心里，立即与在国外的堂兄联系。堂兄二话没说，我们两人共同出资 25 万元修造水泥路。为了使水泥路早日投入使用，我又亲自到工地上管理，经常亲自动手搬石头、挑东西。后来我们夫妇还捐助家乡的道路建设和自来水建设。

采访者：在 2002 年回乡时，您就想建立一个红色纪念馆，这件事请您介绍一下。

朱庆局：那次回乡，我把老屋前前后后认真地修葺了一番。前面说过，1948 年农历十一月二十二日上午，此屋前来被"围剿"的国民党军队烧毁，龙跃同志曾派人慰问。现在的房子是在原址上兴建的。为了追忆先人，教育后代，我想在原址上建立一个纪念馆，用历史告诉子孙后代，做人永远不能忘本，永远不能忘记革命先烈洒下的鲜血。近年来，河上垟村村民对红色旅游文化的保护意识越来越强，他们积极打扫纪念馆周边的环境卫生，捐献自家与革命有关的东西。我和堂兄弟共同出资修复老房子，努力恢复当时的情景，想把老房子纳入板寮红色旅游的旅游规划。我们为了这件事已经花了 60 多万元。其实，为了让红色革命精神在板寮发扬光大，更好地教育下一代，在有关部门的支持下，河上垟村很早就开展了工作。1996 年，河上垟村就整合了中共浙南特委机关驻地暨浙南游击纵队成立旧址、纪念亭和纪念碑、中国人民解放军浙南游击纵队纪念馆、《浙南周报》（《温州日报》前身）纪念碑和龙跃司令陵园——怀英园等红色资源，还成立板寮纪念馆，修订、收集、完善了有关资料与各种陈列品，对外开放。

采访者：这之后，你们夫妇还做了哪些公益事业？

朱庆局：2008 年，我们为四川省汶川地震灾区捐款 10 万元；2010 年助建云南省金平县的一所学校。2016 年，我们给桂峰金鸡山至青田通道工程捐资。这项工程建成后，将极大地缩短湖岭到青田的往来时间，对推动湖岭镇旅游经济发展具有重大的意义。

采访者：2015 年 6 月，您和夫人还慰问了 10 名湖岭困难协警，并送上了 1 万元的慰问金，请您谈谈此事。

朱庆局：我们夫妇出资慰问 10 名湖岭困难协警，并为他们送上 1 万元慰问金。当时由于湖岭派出所运作经费不足，一批协警家庭困难。为此，由湖岭镇侨联主席林小华牵线，我们夫妇对他们进行一次慰问。这次慰问也加强了我们华侨和协警队伍的沟通与交流，激发了公安协警的工作积极性。

朱庆局先生慰问湖岭困难协警（2015 年）

其实，在 2015 年我还做了一件事。2015 年 7 月 15 日湖岭镇侨联爱心基金成立，基金主要用于慰问和资助侨界困难群众、空巢老人和留守儿童等急需关爱的群体。当时的认捐额为 105 万元。我认为爱心基金是对侨属、侨眷的关心，有利于华侨在国外安心工作，我们对此都很支持，也都愿意贡献微薄之力。今后我们会继续努力，带动更多的人为湖岭的公益事业贡献力量。当时我也捐了 1 万元。

截至目前，我们夫妇做公益事业已经捐了 400 多万元。

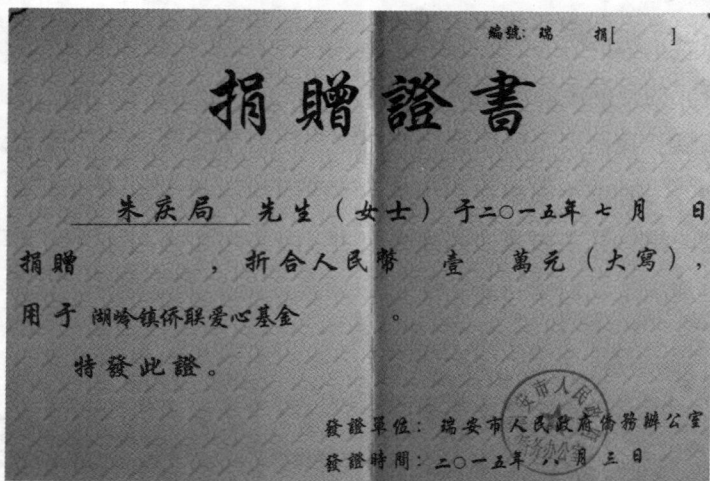

朱庆局先生为湖岭镇侨联爱心基金捐赠 1 万元（2015 年）

旅荷华侨总会全体同仁祝贺朱庆局先生获瑞安市"道德模范"荣誉称号（2016 年）

五　家庭与家风

采访者：您有几个子女？请您谈谈他们的情况。

朱庆局：我有 4 个儿子，1 个女儿。4 个儿子分别叫朱宝瑞、朱宝德、朱宝信、朱宝峰；女儿叫朱瑞妹。他们现在都已在国外成家立业，个个事业有成，家庭美满。他们每个家庭分管一座酒楼。我经常教他们要牢记创业的艰难，事业有成后千万不能忘记故乡。受我的影响，我的子女们也爱国、爱乡，也都有意回国投资。我的孙子、孙女们虽然出生在国外，长在国外，但个个都会中文，瑞安话说得很好。孩子们都非常热爱中国，热爱自己的家乡。我认为岁月可以改变一个人的容颜，但改变不了浓浓的乡情。对故乡的亲人，我想用一首诗表达自己的情感："异国终须别，故乡更温存。树高虽千丈，叶落总归根。"

采访者：朱先生，你们家的家风是什么？谈谈您的看法。

朱庆局：我们家的家风是勤俭持家，艰苦创业，爱国爱乡，热心公益；家训是"成由勤俭破由奢"。爱国爱乡是很重要的一点。我们夫妇就是这样，侨界评价我们的思想境界很好，为家乡的社会公益事业无私奉献，有突出贡献，是社会和侨界的榜样。我在今年还入选温州好人榜。无论是我的家人，还是朱家的堂兄弟，为家乡建设出力，为扶贫济困，大家从来不怠慢，都会慷慨解囊。我们把祖国、把家乡看作华侨们的靠山，虽然身穿洋装，心却永远是中国心。

我们桂峰华侨虽然身处异国他乡，但却无时无刻不怀念祖国和家乡。当我们的事业有了发展时，总想为家乡做贡献，为家乡的公益事业、为家乡兴办教育，为救助遭受自然灾害的同胞慷慨解囊。我们明白：祖国是广大华侨的坚强靠山，家乡是我们的根脉所系。我们知道：

只有祖国繁荣富强，华侨在海外才能安居乐业，我们的事业才能欣欣向荣。

朱庆局夫妇深爱着祖国

编后记

当下推进家风建设是弘扬社会主义核心价值观的必要要求，是抓常抓新精神文明建设的重要内容，是促进党风政风改善的有效途径。习近平总书记关于"注重家庭、注重家教、注重家风"的系列重要讲话充分说明了家庭家教家风建设在社会主义核心价值观培育践行、国家发展、民族进步与社会和谐中的重要地位与意义。他在讲话中指出："家庭是社会的基本细胞，是人生的第一所学校。不论时代发生多大变化，不论生活格局发生多大变化，我们都要重视家庭建设，注重家庭、注重家教、注重家风，紧密结合培育和弘扬社会主义核心价值观，发扬光大中华民族传统家庭美德，促进家庭和睦，促进亲人相亲相爱，促进下一代健康成长，促进老年人老有所养，使千千万万个家庭成为国家发展、民族进步、社会和谐的重要基点。"

作为家庭建设的核心内容，优良家风家训（家教家规）的挖掘、提炼、传承与弘扬则是重中之重。在家风家训建设工作实践中，我们长期停留在对于名人家庭和望族的较为抽象的家风家训的征集、梳理与传播上，其公众影响力与辐射度则相对有限。而对于普通家庭家风家训的传播又更多局限于"文明家庭"、"好人好事"的媒体报道与宣传，其公众阅读兴趣也较为有限。

事实上，任何优秀家风家训都是基于其家庭故事与家族历史的积淀、凝练与传承，而作为记录、保存与传播个人与集体历史经历与记忆的重要手段，近年来，口述历史在个人与家庭（家族）史书写中扮演着日益重要的作用。上海著名主持人曹可凡 2 年前就以口述历史方法出版了一部呈现其家族 120 年五代人的生活变迁史——《蠹园惊梦》（上海交通大学出版社，2015 年），在社会与公众当中引起较大反响。而作为全国人大代表，他也曾"建议宣传部门，可联合档案馆、图书馆，以家风、家训、家史为主题，让普通民众书写家庭故事，家族历史，了解家族发展脉络，增强家庭凝聚力，从中找寻能够体现中华优秀传统文化的闪光点，弘扬崇德，重建家庭型社会。"口述历史正是由于其生动性、叙述性、真实性与互动性等特征而引起公众的广泛兴趣与关注，2012 年《纽约时报博客》（New York Times Blogs）的一篇评论文章甚至宣称我们正在进入一个"口述历史的时代"（The Age of Oral Histories）。

基于此，2017 年 2 月瑞安市精神文明建设指导委员会办公室与温州大学口述历史研究所联合启动瑞安市家风家训口述历史项目，本着"口述家庭故事、传承家风家训、建设和谐家园、打造至美瑞安"的目标，希望通过现代技术手段（录音、录像），利用口述历史的方式挖掘、记录、整理与传播体现优良家风家训的瑞安故事。

项目组依托瑞安市各乡镇（街道）、有关部门单位和社会组织，广泛征集和寻找在家风家训建设领域具有充分代表性与影响力的个人与家庭（家族），通过前期整理、查询资料等环节，确定第 1 期家风家训口述历史受访者为以下 10 人：非遗文化传承人阮世池先生；世界瑞安人——华侨潘世锦、朱庆局先生；企业家林学凑、吴永安先生；教育界名人黄良桐先生；热心慈善公益事业人士郑超豪先生；五代中医世家传人郑逢民先生；瑞籍知名家庭（家族）代表蔡笑晚、俞雄先生。

本书是该项目的主要成果之一，在整理访谈录音时，项目组成员尽可能尊重原始录音，但出于行文与阅读需要，对部分内容进行了适当修改与删减。本书篇章按照受访者姓氏首字拼音顺序排列，所采集的口述历史关注家庭（家族）的发展脉络、亲情关系；注重家庭（家族）成员个人的人生经历，通过细节展现鲜活的人物形象，展现这些家庭（家族）的人文内涵与其中凝结着的智慧、丰富的治家经验。同时，本书也突出了瑞安家风家训的时代性与地域性特征，体现了瑞安较为独特的历史与文化，对于家风家训中"家"的理解有新的认识与突破，上升至"家庭、家族、家乡、家国"等更为广泛的概念层次，以呈现家庭、社会与国家之间的互动性与联系性，挖掘出中华优秀传统文化的闪光点，起到弘扬社会正能量的作用。

瑞安市家风家训口述历史编委会

2017 年 9 月